U0959818

权威·前沿·原创

皮书系列为

“十二五”“十三五”“十四五”时期国家重点出版物出版专项规划项目

GREEN BOOK

智库成果出版与传播平台

青海科技绿皮书

GREEN BOOK OF QINGHAI SCIENCE AND TECHNOLOGY

青海科技发展报告（2020~2021）

REPORT OF QINGHAI SCIENCE AND TECHNOLOGY DEVELOPMENT (2020-2021)

青海省科学技术信息研究所有限公司 / 主　编

社会科学文献出版社
SOCIAL SCIENCES ACADEMIC PRESS (CHINA)

图书在版编目（CIP）数据

青海科技发展报告. 2020－2021 / 青海省科学技术信息研究所有限公司主编. -- 北京：社会科学文献出版社，2022. 3

（青海科技绿皮书）

ISBN 978－7－5201－9732－8

Ⅰ. ①青… Ⅱ. ①青… Ⅲ. ①科学研究事业－研究报告－青海－2020－2021 Ⅳ. ①G322. 744

中国版本图书馆 CIP 数据核字（2022）第 022612 号

青海科技绿皮书

青海科技发展报告（2020~2021）

主　　编 / 青海省科学技术信息研究所有限公司

出 版 人 / 王利民

责任编辑 / 薛铭洁

责任印制 / 王京美

出　　版 / 社会科学文献出版社 · 皮书出版分社（010）59367127

地址：北京市北三环中路甲 29 号院华龙大厦　邮编：100029

网址：www. ssap. com. cn

发　　行 / 社会科学文献出版社（010）59367028

印　　装 / 天津千鹤文化传播有限公司

规　　格 / 开 本：787mm × 1092mm　1/16

印 张：18　字 数：267 千字

版　　次 / 2022 年 3 月第 1 版　2022 年 3 月第 1 次印刷

书　　号 / ISBN 978－7－5201－9732－8

定　　价 / 158. 00 元

读者服务电话：4008918866

《青海科技发展报告（2020～2021）》
编 委 会

摘　要

《青海科技发展报告（2020～2021）》是集综合性、原创性和前瞻性于一体的研究报告，充分体现了2020年青海省科技发展工作，重点就科技体制改革、科技创新体系建设、重大科技创新、基础研究和科技成果转化过程中的突出问题展开研究，翔实充分、客观全面地反映了2020年青海省科技发展的总体情况。

本书由青海省科学技术信息研究所有限公司组织长期从事科技研究和管理工作的专家学者与专业人士撰写，旨在为青海省各政府部门的顶层设计提供参考，为科研机构、企事业单位和社会公众等开展科研活动提供客观的信息参考。

本书包括总报告、分报告和专题报告三个部分。总报告重点对2020年青海科技发展、科技体制改革和科技创新体系建设等举措和成就进行了客观总结，并对2021年的科技工作进行了展望；分报告对农业农村科技发展、科技支撑社会发展、科技合作与交流、大众创业万众创新、科技企业发展、农业科技园区发展等六个方面的整体运行情况进行了回顾和分析，对未来发展趋势进行了展望，并提出了进一步推动创新发展的思路和建议；专题报告围绕科技计划与重大科技项目评价、科技投入、科技成果、区域创新能力建设、科技人才、第二次青藏高原综合科学考察研究工作等六个方面进行梳理和研究分析，充分体现了青海科技发展工作的整体态势和特色，探索了一条科技助力新青海发展的新路径。

关键词： 科学技术　创新发展　青海省

Abstract

Qinghai Science and Technology Development Report (2020 - 2021) is a comprehensive, original, forward-looking research report. It fully reflects the science and technology development work of Qinghai Province in 2020, focusing on the reform of the scientific and technological system, the development of the scientific and technological innovation system, major scientific and technological innovation, basic research and the application of scientific and technological achievements which is accurate, objective and fully reflecting 2020 overall situation of scientific and technological development in Qinghai Province.

This report organized by Qinghai Institute of Science and Technology Information, is written by experts and scholars from the professional departments who have long been engaged in scientific and technological innovation research or scientific and technological management. The aim is to provide reference for the top-level design of all government departments in Qinghai Province, and also to provide objective information participants for scientific research institutions, enterprises, public institutions to carry out scientific research activities.

This report consists of three parts: general report, sub-report, special topic. The general report mainly summarizes the measures and achievements of Qinghai science and technology development, system reform and other measures and achievements in 2020 and prospects the science and technology work in 2021. Sub-report reviews and analyzes agriculture rural science and technology development, technology support for the social development, science and technology cooperation and exchanges, mass entrepreneurship and innovation, science and technology enterprise development, development of agricultural science and technology parks in six aspects, such as the overall operation of the review and analysis of development trend is prospected for the future, and put forward the thinking and suggestion of further promote the innovation and development.

This part also prospects the future development trend and puts forward ideas and suggestions for further promoting innovative development. This special part, sorts out and analyses on the six aspects, surrounding of science and technology plan and major science and technology project evaluation, investment in science and technology, scientific and technological achievements, regional innovation ability construction, science and technology talent, the second comprehensive scientific survey research work and research of the Qinghai-Tibet plateau. It fully reflects the overall situation and characteristics of Qinghai science and technology development work and explores a new way of science and technology to assist the development of new Qinghai.

Keywords: Science and Technology; Innovation and Development; Qinghai Province

目 录

I 总报告

II 分报告

Ⅲ 专题报告

皮书数据库阅读**使用指南**

总 报 告

General Report

G.1

2020年青海科技发展形势及2021年展望*

摘　要： 2020年，青海省科技部门坚持以习近平新时代中国特色社会主义思想为指导，围绕省委、省政府重大决策部署，深入实施创新驱动发展战略，不断深化科技创新体制机制改革，推动科技创新与经济社会发展深度融合，全省科技创新工作取得了积极进展。经过五年努力，“十三五”科技创新工作圆满收官，全省科技事业持续健康发展，科技创新能力实现总体提升。2021年全省科技工作立足新发展阶段、贯彻新发展理念、融入新发展格局，全面开启“十四五”创新型省份建设新征程，重点工作为：坚持战略规划引领，全面实施创新型省份建设战略；主动融入新发展格局，打造青海战略科技力量；加强基础研究和应用基础研究，增强创新能力和后劲；强化企业技术创新主体地位，打造“产学研用”一体化生态；打好关键核心技术攻坚战，引领重点产

* 课题组成员：莫重明、苏海红、许淳、张银廷、姚长青、苗希春、杜帅。

业高质量发展；加大民生科技供给，保障人民健康和民生福祉；全面深化科技体制改革，完善创新制度和组织体系；打造高层次科技人才团队，筑牢高水平创新生态体系；扩大科技援青和东西部合作，加速创新资源向青海集聚；强化作风学风建设，营造科技创新良好氛围。

关键词： 青海科技　创新发展　科技体制

2020 年是青海发展史上极不平凡的一年，也是青海科技事业攻坚克难、砥砺前行的一年。在青海省委、省政府的正确领导下，全省科技系统坚持以习近平新时代中国特色社会主义思想为指导，围绕省委、省政府重大决策部署和全省发展大局，深入实施创新驱动发展战略，不断深化科技创新体制机制改革，推动科技创新与经济社会发展深度融合，全年完成省级财政科技专项投入 4.76 亿元，组织实施新开科技计划项目 349 项，验收完成各类科技项目 287 项，新增产值 8.46 亿元，争取国家项目 152 项，获批资金 2.48 亿元，登记科技成果 580 项，全省科技创新工作取得了积极进展。

一　2020年青海科技发展形势

（一）提高政治站位，把准政治方向，党对科技工作的领导全面加强

坚持以党的政治建设为统领，深入学习贯彻习近平新时代中国特色社会主义思想和关于科技创新的重要论述，切实增强“四个意识”、坚定“四个自信”、做到“两个维护”，在政治上、思想上、行动上自觉与党中央保持高度一致。2020 年初制定印发《关于推进 2020 年科技创新工作的实施意见》，把全面从严治党有效融入科技管理、脱贫攻坚全过程。全力配合省委第四巡视组开展常规巡视，抓好省委巡视反馈问题整改。扎实推进作风突出

问题集中整治专项行动，对13家转制院所企业开展巡察整改“回头看”。大力开展“人员大培训、岗位大练兵、环境大整治”工作，运用支部联学联建联促机制，跨支部、跨区域、跨部门打造党建品牌，科技系统红色教育基地在班玛县红军沟揭牌。持续巩固深化“不忘初心、牢记使命”主题教育成果，为做好新时期科技创新工作提供坚强政治保证。

（二）开展应急科研，助力复工复产，科技响应抗疫攻坚发挥硬支撑

统筹科学防疫和服务经济社会发展，第一时间成立专家组，启动实施7个应急科研专项，开放“绿色通道”，开展“包干制”试点，集聚省内科技力量研发，加班加点组织突击生产，向湖北和省内抗疫一线医务人员捐赠“九味防瘟黑药粉香囊”2000份，组织科技型企业制取含氯消毒液5000余吨。建成青海省传染性疾病分子生物学省级重点实验室，由中科院西北高原生物研究所江磊团队承担的“新型快速检测试剂盒”应急科技专项取得重要突破，对新冠病毒检测显示高灵敏度效果。制定出台加强新冠肺炎疫情防控科技支撑九项措施、科技创新支撑复工复产和经济平稳运行十项举措，开展科技人员服务企业专项行动。组织西宁市、青海国家高新区和西宁国家农业科技园区参与“科技抗疫－先进技术推广应用‘百城百园’行动”，43个项目获科技部“科技助力经济2020”重点专项立项，落实资金2600万元。联合举办核酸检测和新冠肺炎救治技术培训班两期，应急科普宣传覆盖全省手机用户。

（三）强化战略导向，融入国家战略，为全国创新发展贡献青海力量

积极对接国家科技创新规划和中长期发展规划，编制了《青海省“十四五”科技创新规划（征求意见稿）》。全力配合积极参与第二次青藏综合科学考察，先后为100多批次1500余名科考队员提供服务保障，组织参与了三次大规模综合科考活动，三江源地区冰川、生物等综合科学考察获得重大进展。在全国科技活动周启动仪式上刘鹤副总理视频连线慰问青藏科考队员。青海省与中科院签署共建青藏高原科学数据中心青海分中心战略

合作协议，开发的科考综合信息服务保障系统已完成与国家青藏科考信息平台的对接，并链接至国家科学数据中心服务器开始上线运行，完成三个野外综合科考基地建设初步方案。国家科技数据灾备中心建设方案获科技部批准，海南州创建国家可持续发展议程创新示范区通过部际联席会议审议上报国务院，藏语智能信息处理及应用国家重点实验室通过科技部专家论证，将获国家批复。青海省与国家天文台等单位签署9个共建协议，5个天文望远镜项目先行落地冷湖，天文大科学装置建设取得实质性进展。黄河上游生态保护与高质量发展实验室挂牌成立，初步构建三江源国家公园星－空－地一体化监测体系，建成祁连山高寒草地生态试验站。省科技厅组织实施的“青海生态价值评价及大生态产业发展综合研究”重大科技专项有效揭示了各大生态系统和生态区的碳储量及碳汇格局，形成的碳汇研究成果将为青海在全国范围内率先谋划实施“碳达峰和碳中和”提供重要科技支撑。

（四）加强基础研究，破解关键技术，引领全省产业转型升级新路径

坚持把基础研究和应用基础研究摆在重要位置，全年组织实施基础研究计划项目172项，推动青海省加入国家自然科学基金区域创新发展联合基金，共安排涉及青海省指南方向项目20项，直接资助经费5188.5万元。支持藏药国家标准样品研制等9个基础条件平台项目建设。坚持围绕产业链部署创新链，一批关键核心技术取得突破，科技先导示范引领建成50兆瓦塔式光热发电站，实现光热熔盐储能时长达7小时，开发了低翘曲度的锂电铜箔和4微米高抗拉高延伸率极薄无载体电解铜箔，建成30吨/年的区熔多晶硅棒生产线。春油菜青杂系列16号、18号品种通过国家审定，青薯9号马铃薯品种首次在海拔3800米的青南地区试种成功。早熟型甘蓝首次实现高海拔地区越冬苗培育，化肥减量增效种植示范实现化肥减量30%、农药减量50%。青海省自主研发的中药一类新药梓醇片进入二期临床实验，建成国内首条黑果枸杞绿色智能制造线，特色优势产业实现稳步发展。按照省委、省政府的统一部署和要求，省科技厅积极参与木里矿区生态修复，结合

适宜草种储备、渣山土壤改良、监测评估等技术需求，形成了科学治理综合举措。

（五）完善体制机制，提升治理效能，良好创新生态正加速生成演进

组织召开省科技体制改革和创新体系建设工作领导小组会议，研究出台了《青海省关于优化科技创新体系　提升科技创新供给能力的若干政策措施》，颁布了《青海省促进科技成果转化条例》《青海省科技奖励办法》，印发了《青海省深化自然科学研究人员职称制度改革实施方案》等文件，推进科技人才分类评价机制改革。建立省政府科技顾问制度，聘请7位院士成为首批省政府科技顾问。改革组建3家厅属事业单位，搭建起了省级科技创新服务建设管理体系。加强科技计划科研诚信管理，开出青海省科研失信行为首张“罚单”。组织开展省内外科技成果转化对接活动，促成科技合作72项。青海科技创新专板开板，首批15家科创企业在青海区域性股权市场集中挂牌。科技创新券连续两批累计支持561.4万元。第六届大学生创新创业大赛圆满举办，全国“双创”活动周期间，信长星省长出席启动仪式，调研指导双创工作，掀起了全社会创新创业热潮。

（六）决胜全面小康，服务保障民生，科技惠民助力创造高品质生活

坚持以人民为中心，扎实推进科技行业扶贫和定点帮扶工作，组织实施“1020”项目31项，投入7371万元，实施科技扶贫项目5项，资助经费620万元，青海省科技厅获得年度脱贫攻坚先进单位称号。开展巩固科技扶贫成果“补针点睛”专项行动，选派1000名“三区”人才深入基层开展科技服务，实现了贫困村科技特派员服务全覆盖。实施科技示范项目，达日县特合土乡夏曲村离网光伏电站建成并网，实现了村集体经济“破零”，可可西里管理局5个保护站光伏供电供热供氧一体化项目建成运行。投资2100万元支持7个县域创新试点县（区）建设。促进科技和文化深度融合，助力旅游和青绣产业发展，青绣项目荣获中国创意优秀奖。青海省6家省级临床医学研究中心获得国家临床研究中心分中心备案。在科技部支持下，青海

省建成国家级青藏高原人类遗传资源库，搭建了青海首个基因测序科研平台。

（七）培育创新主体，壮大人才团队，科技创新能力进一步优化提升

完善实验室体系，持续支持省部共建三江源生态与高原农牧业国家重点实验室建设，全力推进筹建先进储能技术国家重点实验室，新认定6家省级重点实验室、4家青海省科研科普基地。新认定高新技术企业57家、科技型企业141家。青海省首个国家科技资源支撑型双创特色载体落户海东河湟新区，首个国家技术转移人才培养基地揭牌运行。青海黄南国家农业科技园区获批，海西农业高新区建设方案进入论证阶段，国家牦牛技术创新中心创建工作有序推进。完成“青海学者”初选和何梁何利基金科技奖候选人推荐，向省委组织部推荐“青海省高端创新创业人才”引进培养人才52人、团队3个。选拔科技创新领军人才7名、科技创业领军人才1名、科技创新创业团队9个，引进外国专家25人次。青海师范大学获批青藏高原语言与文化大数据学科创新引智基地。

（八）强化区域联动，扩大合作交流，科技创新资源向青海流动集聚

不断完善科技援青与东西部科技合作机制，分别与14个省区市达成平台、项目、园区等各类合作50余项，近50%的重点研发计划项目采取东西部合作方式联合实施。深化省院合作，组织实施“西部之光”项目10项。申报引智项目20项，组织省级国际合作专项11项，“中欧科研快车”首次驶入青藏高原，拓宽了青海省与欧盟各国加强国际合作交流的新路径。

2020年取得的显著成绩为全省“十三五”科技创新工作画上了圆满句号。经过五年努力，全省科技事业持续健康发展，科技创新体系不断完善，战略科技力量得到加强，科技创新活力逐步释放，取得了阶段性、历史性成就。截至2020年底，“十三五”规划确定的12项主要指标基本完成。2016～2020年，全省取得科技成果2623项，农业科技园产值从150.6亿元增加到

248.4亿元，国家级科技创新平台数量从25个增加到59个，科技创新能力实现总体提升。

但是，面对建设创新型省份的艰巨任务，青海省创新能力与新时代发展要求存在较大差距，问题和短板突出表现在：一是高层次领军人才、高端技术人才紧缺，科技人才总量不足、结构不合理；二是企业创新主体作用发挥不充分，区域科技创新资源不平衡，整体创新活力弱；三是科技体制改革政策协同配套性差、终端落地应用难；四是部分重点领域关键核心技术缺位，技术和成果供给转化不足，等等。需要加以研究解决和改进。

二　2021年青海科技发展展望

2021年是开启全面建设社会主义现代化国家新征程和“十四五”规划的开局之年，也是青海全面建设创新型省份的起航之年，全省科技工作的总体思路是：紧密地团结在以习近平同志为核心的党中央周围，以习近平新时代中国特色社会主义思想为指导，深入学习贯彻党的十九届五中全会、中央经济工作会议、全国科技工作会议和省委十三届九次全会精神，深入学习贯彻习近平总书记关于科技创新的重要论述，认真贯彻落实王建军书记和信长星省长对全省科技工作的重要指示，立足新发展阶段、贯彻新发展理念、融入新发展格局，坚持创新驱动发展，坚持“四个面向”，深入实施创新驱动发展战略，围绕实施“一优两高”战略、保护“地球第三极”、培育“四种经济形态”、创建“五个示范省”的总体布局，深化科技体制改革，打造战略科技力量，加强基础研究和应用基础研究，打好特色优势领域关键核心技术攻坚战，强化企业技术创新主体地位，建设创新平台载体，培育创新人才队伍，扩大科技交流合作，大力弘扬科学精神，激发全社会创新创业活力，以战略科技力量支撑青海新发展格局，以科技创新催生新发展动能，不断向科学技术广度和深度进军，迈好“十四五”开局第一步，顺利开启“十四五”创新型省份建设新征程，以优异的工作成绩庆祝建党100周年。要着力抓好十个方面的工作。

（一）坚持战略规划引领，全面实施创新型省份建设战略

发布实施科技创新规划。深入对接国家“十四五”科技创新规划和中长期发展规划以及青海省规划纲要，紧跟国家重大政策走向、重大项目布局，聚焦省委、省政府重大决策部署，明确全省科技创新战略目标和重点任务，尽快发布实施《青海省“十四五”科技创新规划》，系统谋划好全省科技事业发展布局，建立规划任务台账和重大科技专项技术路线图，完善配套政策和资源配置，构建战略、规划、任务一体化衔接的实施机制，形成推动新时期创新型省份建设的重要指南。

（二）主动融入新发展格局，打造青海战略科技力量

深度参与第二次青藏科考。深入学习贯彻习近平总书记致中国科学院青藏高原综合科学考察研究队贺信精神和中央第七次西藏工作座谈会精神，积极履行国家第二次青藏科考领导小组副组长单位职责，加快推进国家青藏高原科学数据中心青海分中心和野外综合科考基地建设，强化与各科考专题承担队伍协作，积极开展人才培养、培训交流等活动，为青海省建设储备一支高水平研究青藏高原的科技人才队伍。依托青藏科考十大任务，围绕青海绿色发展，梳理研究形成一批“用得上、有影响、留得下”的重大科考成果，推动科考成果转移转化，服务支撑青海经济社会发展。

服务国家生态安全。扎实推进海南州国家可持续发展议程创新示范区建设，打造区域生态保护和可持续发展样板。推进中科院三江源国家公园研究院和高原科学与可持续发展研究院建设，开展绿色可持续发展关键技术集成与示范，服务三江源、祁连山等国家重点生态功能区生态保护。积极推进黄河战略国家实验室建设，加强与沿黄省份科技合作，助力黄河上游生态保护和兰西城市群高质量发展。加强木里矿区等脆弱生态区生态修复、高海拔地区城镇生活污水处理、盐湖固废资源化利用、生态系统固碳技术等研究，助推生态、生产、生活良性循环。探索谋划实施“碳达峰和碳中和”、应对全球气候变化和江河径流时空变化规律等方面的研究，为确保“一江清水向

东流”做出科技贡献。

建设高水平实验室体系。充分发挥国家大院大所和高校科研团队作用，全力支持藏药新药开发和省部共建三江源生态与高原农牧业、藏语智能信息处理及应用等国家重点实验室建设。积极推进黄河战略国家实验室和多能互补绿色储能国家重点实验室筹建工作，谋划建设青藏高原特色种质资源国家重点实验室，打造国家牦牛技术创新中心。持续加强省级重点实验室建设，鼓励支持与省外共建联合实验室，开展省级重点实验室优化整合试点，进一步完善重点实验室评估体系和运行机制，不断提升青海省实验室建设发展水平。

（三）加强基础研究和应用基础研究，增强创新能力和后劲

强化基础研究系统部署。主动跟进国家基础研究十年行动方案，围绕青海省特色优势产业，聚焦基础研究重点方向，坚持鼓励自由探索和目标导向相结合，以应用研究带动基础研究，促进基础研究与经济社会发展需求紧密结合，集中力量突破关键问题，增强青海省科技储备和原始创新能力。抓好国家自然科学基金区域创新发展联合基金项目组织实施，编制好指南，为青海省生态文明建设和盐湖资源综合利用提供支撑。优化基础研究管理模式，探索“项目 + 团队 + 基地”的基础研究长效支持机制，开展基础研究差别化评价试点，激励企业和社会力量加大基础研究投入。

搭建创新基础条件平台。整合、重组、优化全省科技基础条件资源，坚持动态管理和稳定支持相结合，构建布局合理、开放高效的资源共享信息平台，健全评估机制，提升综合服务水平。增强基础研究保障能力，实施好“天文大科学装置冷湖台址监测与先导科学研究”重大科技专项，打造冷湖世界级天文观测基地。推进野外科学观测研究站点建设，开展长期稳定连续观测、试验研究和科技示范，促进青藏高原原创性重大科技成果产出。

（四）强化企业技术创新主体地位，打造产学研用一体化生态

提升企业技术创新能力。充分发挥企业创新主体作用，实施企业技术创

新能力提升行动计划，继续开展科技人员服务企业专项行动，深入推进创新型领军企业培育行动，加大政策落实力度，推动创新要素向企业集聚，形成省级科技型企业、国家科技型中小企业、高新技术企业、“科技小巨人”企业梯级培育层次。鼓励企业加大研发投入，支持领军企业牵头组建创新联合体，加强共性技术平台建设，积极参与国家和青海省重大技术攻关及重点研发计划，支持大中小企业和各类主体融通创新，建立以企业为主体、市场为导向、产学研用深度融合的技术创新体系。

释放企业创新创造动能。围绕产业链布局创新链，顺应新型工业化、信息化、城镇化、农业现代化叠加优势，把基础产业作为重要支点持续做强做优，把新兴产业作为战略重点不断培育壮大，把未来产业作为发展要点超前布局突破，不断壮大创新型企业规模，提升产业核心竞争力。大力支持青海国家高新区建设，扩大在建省级高新区数量，统筹推进园区、基地、众创空间、孵化器等企业创新载体建设，加快构建科技服务综合平台。用好用活科技创新券，完善以科技创新引导基金为主的科技金融供应链。推动“双创”高质量发展，最大限度地释放全社会创新创业创造动能。

（五）打好关键核心技术攻坚战，引领重点产业高质量发展

加强关键核心技术攻关。把科技自立自强作为区域发展战略支撑，加强重大科技专项和重点研发计划布局，加快盐湖水氯镁石脱水、高原特色种质资源、高原医学、中藏药与生物技术等关键核心技术攻关，突破一批传统优势产业和战略型新兴产业技术瓶颈，增加科技成果有效供给。探索建立新型科技攻关体制，促进科技创新和产业融合发展，引领促进盐湖资源高值化利用、新能源、新材料、高原特色农牧业、高端装备制造、大数据等产业高质量发展，助力培育“四种经济形态”，提升青海省产业链供应链现代化水平。

（六）加大民生科技供给，保障人民健康和民生福祉

推进疫情防控科技创新。强化应急科技专项攻关，加快科研成果转

化和推广，推进新型快速检测试剂盒的应用。支持青海省传染性疾病分子生物学省级重点实验室建设，提高青海省传染性疾病检测能力水平。建立完善重大科技任务应急反应机制，加强公共卫生、重大自然灾害等方面的应急科研攻关能力建设，为促进经济发展、民生改善和保障国家安全奠定坚实基础。

助力乡村振兴战略实施。实施乡村振兴科技支撑行动与县域创新能力提升行动，开展乡村振兴科技示范县试点，扎实推进海西农业高新区创建和省级农业科技园区提质增效。抓好“科技特派员”“科技小院”“星创天地”等政策措施落地，壮大科技社会化服务体系建设。加速农业科技成果集成转化和关键技术攻关，重点开展油菜、马铃薯、青稞、枸杞、蚕豆、冷水鱼等科技支撑项目，引领青海省特色农牧业实现绿色、有机、品牌化发展。继续推进青绣智能设计、科技文旅融合技术研发，助力青海省特色产业发展壮大。

强化民生保障科学支撑。积极推进青海临床医学研究中心和高原转化医学中心建设，开展包虫病新型高效抗原表位靶向诊断与药物前期研究，提升青海省医疗卫生领域临床研究、协同创新与成果转化水平。重点支持中藏药、生物医药等领域突破关键共性技术，增强高原病、地方病、鼠疫防控等大健康科技创新支持力度。开展绿色节能建筑、装配式建筑示范及智慧城市建设，以及消防安全、地下空间安全等领域关键技术研发，有效防范城市安全风险。

（七）全面深化科技体制改革，完善创新制度和组织体系

完善科技创新政策体系。以优化科技资源配置、激发创新主体活力、完善科技治理机制为着力点，深化新一轮科技体制改革，全面推动《青海省关于优化科技创新体系　提升科技创新供给能力的若干政策措施》落实，细化配套政策举措，不断完善科技创新政策环境。以制度创新、流程再造为抓手，持续改革科技评价制度，破“四唯”、重实效，有效融入项目评审、人才评价、机构评估全过程，出台减轻科研人员负担专项行动实施方案，全

面优化科技创新生态。

改革项目组织管理模式。加大科研领域“放管服”改革力度，推进项目管理流程再造，强化放权、减负、激励，开展基于信任的科学家负责制、“揭榜挂帅”科研项目管理改革试点，吸引全国一流团队和科研人才来青海开展技术攻关。扩大科研经费“包干制”试点范围，建立以市场需求为导向的科技项目形成机制，推动重点领域项目、基地、人才、资金一体化配置，在人员选用、成果转化、收益分配等方面给予各类创新主体更大的自主权和决策权。

促进科技成果转移转化。加大《青海省促进科技成果转化条例》贯彻力度，理顺科技成果转化中心职能，培育做强成果转化服务机构，推动省内外相关单位建立新型合作模式，分领域举办成果转化对接活动。继续开展“百城百园”行动和“企业科技体检”，加强国家级技术转移人才培训基地建设，畅通科技成果转化渠道。出台《青海省科学技术奖励办法实施细则》，强化科技奖励激励导向，让科技人员通过成果转化“名利双收”。

（八）打造高层次科技人才团队，筑牢高水平创新生态体系

壮大培育科技人才队伍。树立正确的科技人才使用导向，开展创新人才队伍建设行动，优化科技人才计划组织实施，加大各类人才选拔培训力度，探索离岸创新、柔性引才引智新模式，大力引进战略科技人才、科技领军人才和高水平创新团队，加快壮大青年科技人才队伍。充分尊重科技创新和人才成长规律，加强对科技人才的政治引领和政治吸纳，搭建科技人才管理信息系统服务平台，完善人才培养支持体系，强化优秀科技人才宣传，营造科技人才成长环境，为全省新旧动能转换提供智力支撑。

深化人才评价制度改革。进一步强化创新能力、质量、实效、贡献评价导向，研究制定与岗位特点、学科特色、研究性质等相适应的科技人才分类评价标准，优化评价方式和程序。统筹人才遴选使用、跟踪服务和考核评价，把人才培养纳入科技计划组织实施和创新基地建设，实

现项目、基地、人才相互促进，不断优化科技人才结构，提升人才治理能力水平。

（九）扩大科技援青和东西部合作，加速创新资源向青海集聚

集聚全国科技创新资源。全面总结第三次部省会商工作，筹备召开第四次部省会商会议。召开第二次全国科技援青工作座谈会，开展新一轮科技援青合作，构建合作共赢新模式。实施科技援青专项，推进科技数据灾备中心建设。推动签署《青海省人民政府　中国科学院科技合作协议（2021～2025年）》，高质量实施“西部之光”项目，借助“国家队”力量开展人才培养和项目联合攻关。深入实施厅市（州）会商制度，统筹协调国家、省级、地方三级科技创新资源，培育区域创新增长极。

拓展对外科技合作交流。主动融入“一带一路”建设，加大引才引智力度和国际合作项目实施，运用“中欧科研快车”活动成果，拓展与欧盟间科技合作，实施“发展中国家技术培训班”项目，充分利用中阿、中俄、中日、中欧等国家科技合作交流平台，拓宽国际合作交流新渠道。依托高等学校学科创新引智计划、引智成果示范推广基地等平台，引进高层次专家和团队，开展外国专家服务。积极参与“进口博览会”等活动，为各类创新主体搭建合作交流平台。

（十）强化作风学风建设，营造科技创新良好氛围

大力推进科研诚信建设。推动落实《青海省省级科技计划科研诚信管理办法》，建立以诚信为基础的科技人才和科技计划监管机制，推进科研诚信信息共享，完善有利于诚实守信的激励和约束机制。强化科技监督和评价，将科研诚信建设要求贯穿到科技管理全过程，加大对违规和科研不端行为的查处力度，推进全面实施科研诚信承诺制度。进一步强化科研诚信保障，建立容错机制，支持科研人员大胆探索，在全社会形成崇尚创新、宽容失败的浓厚科研氛围。加强作风和学风建设，推动弘扬科学精神、恪守诚信规范成为科研人员的共同理念和自觉行动。

加强全省科普能力建设。参与编制《青海省全民科学素质行动计划纲要》，修订《青海省科学技术普及条例》，进一步发挥科研科普基地、农村信息化服务平台阵地作用，促进科技资源科普化，完善应急科普知识宣传机制，多渠道、全方位、不间断地开展科普宣传，加大科普产品制作及推广力度。通过科普讲解大赛、微视频大赛、科普作品大赛等不断丰富科技活动周内涵，提升科普宣传力度和群众知晓度，营造浓厚的全民科普环境。

G.2

2020年青海科技体制改革和科技创新体系建设报告*

摘　要： 2020年，青海省科技部门加强顶层设计，用改革精神推动创新，用创新方式深化改革，围绕实施创新驱动发展战略，加强重点实验室、工程技术研究中心、临床医学研究中心、科技基础条件平台等各类科技创新平台建设，加强科技创新人才的引进和培养，加快推进创新型省份建设，不断强化以企业为主体、市场为导向、产学研深度融合的具有青海特色的科技创新体系建设，科技创新主体活力和能力持续增强。

关键词： 科技体制改革　科技创新体系　青海省

2020年，青海省切实发挥青海省科技体制改革和创新体系建设领导小组顶层设计作用，用改革精神推动创新，用创新方式深化改革，全省科技创新体系建设不断完善，科技创新主体活力和能力持续增强。

一　2020年青海科技体制改革重点举措

（一）提高政治站位，全面履行主体责任

青海省科技厅党组始终高度重视改革工作，将改革工作放在首位，

* 课题组成员：苏海红、瞿文蓉、赵长建、赵以莲、颜有奎、多杰措、俞成、李冰、杨灿、彭文博、孙艳丽、符琳琳。

重大改革任务主要负责人亲自安排、亲自部署，全年各项改革任务圆满完成。一是落实“一把手”负责制。厅党组书记、厅长围绕改革重要工作亲自部署、重大问题亲自过问、重点环节亲自协调、重要案件亲自督办。二是注重改革任务落实。召开了科技体制改革专题会议，对照《青海省委全面深化改革领导小组2020年青海省全面深化改革工作要点》，结合科技部1号文件精神，研究制定《青海省科技厅2020年科技体制改革工作要点》，明确改革任务，责任到人。三是完善政策体系构建。通过体制机制改革，提升科技治理能力，制定出台《青海省关于优化科技创新体系　提升科技创新供给能力的若干政策措施》，提出十八条务实举措引领全省科技创新高质量发展。修订印发《青海省科技型企业认定管理办法》《青海省众创空间认定管理办法》《青海省科技企业孵化器认定管理办法》，制定印发《青海省科技企业孵化器和众创空间绩效评价细则（试行）》。

（二）强化责任落实，统筹推进各项改革任务

1. 基础研究和应用基础研究不断强化

把基础研究和应用基础研究摆在科技工作更加重要的位置，突出重点领域，完善项目形成机制，增加科技创新能力的底蕴和后劲。修订《青海省基础研究管理办法》和评价指标体系，加强“从0到1”的基础研究，提高源头创新质量。组织实施2020年基础研究计划项目172项、当年资助经费6165万元。支持“青海省藏药国家标准样品研制科技基础条件平台建设项目”等9个基础条件平台项目建设，资助1300万元。扩大科研基础设施和大型科研仪器开放共享，大仪共享服务平台共有入网单位105家、入网仪器1477台（套），2020年共补贴17家单位、补贴金额209.2万元。

2. 科技支撑疫情防控和复工复产持续发力

统筹科学防疫和服务经济社会发展，坚持两手抓、两手硬，促进科技与经济深度融合，服务高质量发展。第一时间成立专家组，开放项目

申报“绿色通道”，及时调整项目有关管理事项，对受疫情影响的在研项目实施期自动延长6个月。启动并组织实施7个应急科研专项，支持经费400万元，打破常规采取“包干制”试点，加强中藏医药防控、病毒快速诊断、体外消毒剂等研究及技术集成示范与推广，培育并建成青海省传染性疾病分子生物学省级重点实验室。“新型快速检测试剂盒”专项取得突破性进展，由中科院西北高原生物研究所江磊博士承担研发的新型冠状病毒抗原检测试剂盒通过荷兰药监局审查，取得了欧盟IVDD其他专业类体外检测试剂注册，获得欧盟国家销售许可。制定出台《关于加强新冠肺炎疫情防控科技支撑九项举措的通知》《科技创新支撑复工复产和经济平稳运行的工作举措》。推进开展科技人员服务企业专项行动，提升全省科技型中小企业抗击疫情、复工复产和创新发展的能力。

3. 为科技创新活力迸发营造良好社会氛围

尊重科技创新规律，大力弘扬科学精神，加强科研诚信建设，普及科学知识，推动形成科技创新良好生态。落实《青海省省级科技计划科研诚信管理办法》，完善“一处失信，处处受限”的联合奖惩体系，依规对失信责任主体“碱金属钨青铜纳米吸波隔热材料的新型制备工艺探索及其性质的系统研究”项目负责人郭效瑛开出青海省科研失信行为首张“罚单”。青海省科技厅与35部门签订《青海省对科研领域相关失信责任主体实施联合惩戒合作备忘录》，青海省社会信用体系建设领导小组办公室于2020年3月25日正式印发。积极协调省信用中心在青海省科技计划项目管理系统、科技成果登记系统、人才评审系统等科技服务平台加装青海省信用联合惩戒系统IE插件，依托青海省信用信息共享平台联合惩戒系统，对失信责任主体进行联合惩戒。对申报2021年科技计划的1000余项项目进行核查，无失信责任主体可申报2021年科技计划项目。此项工作标志着科研领域联合惩戒将贯穿科技计划申报、立项、验收全流程，落实了“一处失信，处处受限”的联合奖惩体系。

二　2020年青海科技创新体系建设与发展

（一）科技创新体系建设工作概况

1. 主动融入国家创新发展新格局

一是认真学习贯彻习近平总书记在黄河流域生态保护和高质量发展座谈会讲话精神，积极融入黄河国家实验室建设，组建了黄河上游生态保护与高质量发展实验室；海南州创建国家可持续发展议程创新示范区申报方案通过部际联席会议审核上报国务院，先进储能技术国家重点实验室筹建方案通过两轮专家评审正式上报科技部待批；黄南州国家农业科技园区获批，海西州国家农业高新区建设方案进入论证阶段。二是根据国家建立科技管理信息系统异地数据灾备体系计划，积极争取科技部支持，国家科技数据灾备中心落户青海；青海省与中科院签署共建青藏高原科学数据中心青海分中心战略合作协议，成功创建数据镜像并实现异地备份。三是青海省委、省政府高度重视冷湖天文观测基地建设，成立省领导小组高位推动，青海省与国家天文台、紫金山天文台等科研院所和高校合作，中科院大学 2.5 米大视场巡天望远镜、紫金山天文台多应用巡天望远镜阵等 9 个项目落地冷湖，省政府与清华大学正式签署总投资 13 亿元的 6.5 米“宽视场巡天望远镜（MUST）项目”建设协议，天文大科学装置建设取得突破性进展。四是积极对接国家和省相关规划和战略布局，编制完成《青海省“十四五”科技创新规划（征求意见稿）》。五是组织实施《青海生态环境价值评估及大生态产业发展综合研究》重大科技专项，研究成果为青海省在全国范围内率先实施“碳达峰和碳中和”提供了重要科学依据。

2. 区域创新体系建设迈出实质性步伐

2020 年完成科技投入 70804.55 万元（其中省级财政科技专项资金 47593.4 万元），实施新开科技计划项目 349 项，科技研发经费投入强度 0.7%，登记科技成果 580 项，科技进步贡献率达到 55%，青海国家高新区在全国高新区中综合排名较上年提升了10个位次。完善多元科技投入体系。青海科技创新专板开板，首批15家科创企业在青海区域性股权市场集中挂牌。启动实施国家自然科学基金区域创新发展联合基金，共安排涉及青海省指南方向项目20项，直接资助经费5188.5万元，促进青海省创新高质量发展。加强科技援青和东西部合作，与14个省区市分别达成平台、项目、园区等各类科技合作意向50余项。着力解决省内科技资源分布不平衡问题，在科技援青专项和中央引导地方科技发展专项中对黄南、果洛、玉树三州给予支持，在2021年科技计划中向玉树、海南、海北等创新资源稀缺地区倾斜，加强科技资源统筹配置，有效推进了区域协同创新。

3. 科技创新支撑能力进一步提升

在科技部支持下，省部共建藏语智能信息处理及应用国家重点实验室成功获批并正式启动建设，成为青海省第三个国家重点实验室；三江源草地生态系统国家野外科学观测综合研究站获得科技部批准落户果洛，青海省首个国家科技资源支撑型双创特色载体落户海东河湟新区，首个国家技术转移人才培养基地揭牌运行，青海师范大学获批青藏高原语言与文化大数据学科创新引智基地。推动省级科技创新平台建设，建成各类科技孵化器15家、众创空间53家、省级重点实验室72家、工程技术研究中心71家、青海省科研科普基地8家；新认定高新技术企业57家（总数218家）、科技型企业141家（总数457家），圆满完成“十三五”“双倍增”目标。

4. 创新人才队伍建设取得新成效

建立省政府科技顾问制度，聘请王浩、张伯礼、姚檀栋、段雪等7位两院院士为首批省政府科技顾问，围绕水资源保护和利用、镁资源多元化高效利用、生态环境保护及生态补偿机制的研究与示范、清洁能源和锂产业创新发展以及“十四五”规划等，积极为青海省开展咨询服务，提供了一批高水平的咨询和建议报告。配合开展“院士夏令营”，青海大学承办2020年“工程科技进展”技术科学论坛，百余位院士和专家学者来青海探讨工程科技最新进展。充分发挥自然科学联合基金这个国家平台，吸引和集聚全国的科研人员，解决制约青海生态环境保护和盐湖化工领域关键科学问题。完成“青海学者”和何梁何利基金科技奖候选人推荐，选拔科技创新领军人才7名、科技创业领军人才1名、科技创新创业团队9个，引进外国专家25人次。选派1000名“三区”人才深入基层开展科技服务，实现了贫困村科技特派员服务全覆盖。

5. 科技成果转化取得新进展

《青海省促进科技成果转化条例》正式颁布实施。举办省内外科技成果转化对接活动，促成科技合作72项、技术成果成交额10.56亿元。科技创新券累计支持561.4万元。加快关键核心技术攻关，建成50兆瓦光热塔式熔盐发电站，实现光热熔盐时长达7小时；开发低翘曲度的锂电铜箔、4.5微米高抗拉高延伸率极薄无载体电解铜箔达到世界领先水平。青海省研发的春油菜系列青杂16号、18号品种相继通过国家审定，马铃薯青薯9号品种首次在海拔3800米的青南地区种植成功并通过绿色有机认证；建立国内首条黑果枸杞绿色智能制造线，有力助推了特色优势产业的发展。

6. 第二次青藏高原综合科考有序推进

青海省深入贯彻落实习近平总书记关于第二次青藏科考贺信精神，认真履行国家科考领导小组副组长单位职责，主动服务国家战略，积极展现青海担当，及时召开省第二次青藏科考领导小组会议研究部署推动科考工作，认真贯彻落实第七次西藏工作座谈会和中央有关文件精神，青藏科考服务保障平台和野外综合科考基地筹建工作积极推进。开发建设成第二次青藏科考综合信息服务保障系统上线运行，先后为省内外100余批1400多人次科考队员提供服务，切实保障了科考任务在青海省顺利推进。2020年组织开展3次大规模科考活动，可可西里生物多样性和三江源地区冰川科学考察取得重大发现，在阿尼玛卿雪山成功钻取170米长连续冰芯，首次在北纬35°发现海洋性冰川，填补多项科研空白，具有重要的科学研究价值。

（二）创新体系重点工作进展情况

1. 青海省重点实验室建设

重点实验室是科技创新体系与创新平台建设的重要组成部分，主要围绕青海省经济社会发展战略目标、学科领域发展的需求，开展以基础和应用为主的创新性研究，获取原始创新成果及自主知识产权，为相关学科领域、行业发展提供理论依据和技术支撑；创造良好的科研环境和实验条件，培育高素质的科技人才及学术带头人，建设专业知识和年龄结构合理、科技创新能力强的高层次科研队伍。2020 年青海省重点实验室建设总体科研水平稳中有进，人才结构进一步优化，基础条件不断改善，开放交流有所减少。

（1）青海省重点实验室布局。青海省重点实验室是全省科技创新体系的重要组成部分，是全省科技资源的重要载体和科学研究的重要平台。截至 2020 年底，青海省共有 72 个省级重点实验室、1 个省部共建国家重点实验室和 1 个企业国家重点实验室。

①领域分布。青海省 72 个省级重点实验室分布在 15 个学科，其中医学 8 个、药学 7 个、信息技术 5 个、新能源 4 个、土木 3 个、食品科学 2 个、生物 7 个、生态环境 7 个、农业 8 个、矿物加工 1 个、化学化工 3 个、电气 1 个、地质环境 8 个、畜牧 3 个、新材料 5 个。

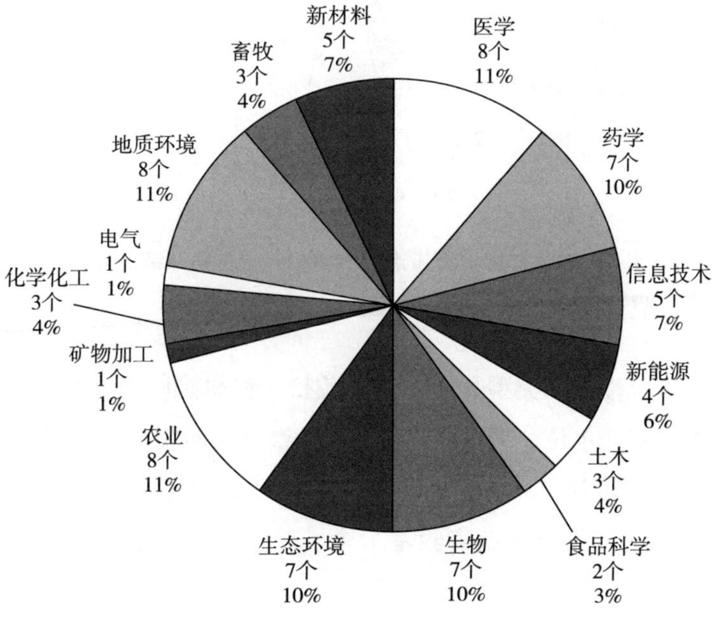

图 1　2020 年青海省重点实验室领域分布

资料来源：2020 年度重点实验室评估。

②所属部门分布。青海省重点实验室依托单位所属部门以省教育厅、中国科学院、省自然资源厅、省卫健委为主。72 个省级重点实验室中按照所属部门保有数量依次为：省教育厅 26 个，中国科学院 8 个，省自然资源厅 8 个，省卫健委 7 个，省国资委 4 个，省科技厅 2 个，省农牧厅 2 个，省交通厅 1 个，省环保厅 1 个，央企 3 个，其他部门合计 10 个（见图 2）。

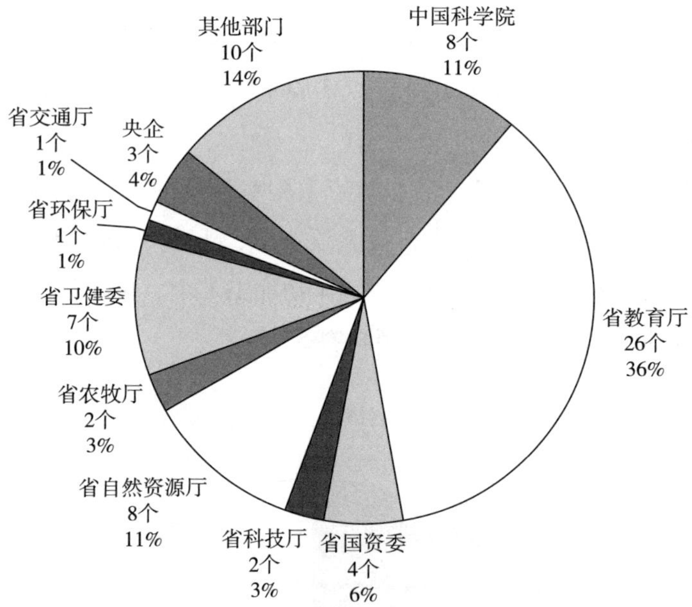

图 2　2020 年青海省重点实验室依托单位所属部门分布

资料来源：2020 年度重点实验室评估。

③依托单位性质和类型分布。高等院校、科研院所和企业是青海省重点实验室的主要依托单位。青海省 72 个省级重点实验室中，以高校为依托单位的重点实验室共 18 个，以科研院所（含转制院所）为依托的重点实验室 32 个，以企业为依托的重点实验室 7 个，以其他事业单位为依托的重点实验室 15 个（见图 3）。

④所在地域分布。按照所处地域分布统计：青海省 72 个省级重点实验室仅集中在西宁市和海西州两个地区，其中西宁市有 68 个，占总数的

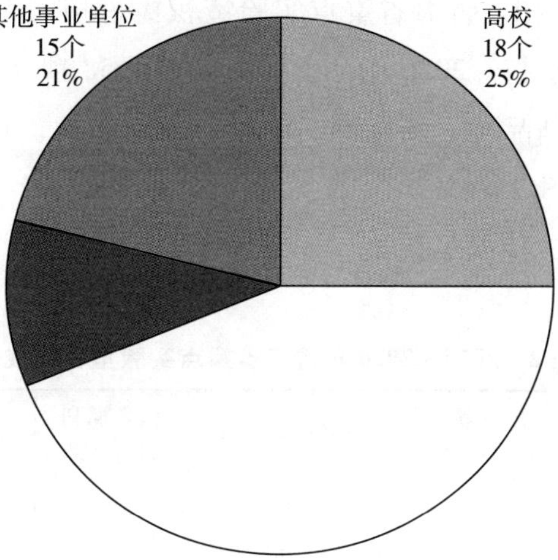

图 3　2020 年青海省重点实验室依托单位性质分布

资料来源：2020 年度重点实验室评估。

94%；海西州有 4 个，仅占总数的 6%；其他州市到目前还没有省级重点实验室。

（2）人才培养和队伍建设。青海省重点实验室通过各种渠道培养、引进人才，特别注重青年人才的培养和高层次人才的引进工作，优化人才结构，不断壮大科研队伍。2020 年，实验室共有固定人员 2671 人，其中博士 601 人、硕士 766 人，学科带头人 351 人，优秀中青年人才 1445 人（见表 1）。

表 1　2017～2020 年青海省重点实验室人才培养分布

统计年份	实验室固定人员总数/人	其中*		
		博士/人	硕士/人	学科带头人/人
2017 年	2188	382	548	218
2018 年	1992	349	497	254
2019 年	2428	567	675	272
2020 年	2671	601	766	351

*注：其中博士、硕士、学科带头人指标数据仅为突出人才单独统计数量，并不构成总数。
资料来源：2020 年度重点实验室评估。

（3）科研产出。青海省重点实验室积极承担国家及省部级科研项目，多渠道争取经费支持。2020 年共承担国家项目 58 项，争取国家经费 4423.1 万元；取得国家新品种、新标准 7 项，省级新品种、新标准 38 项；发表论文 965 篇，其中 SCI 收录 397 篇、核心期刊收录 322 篇；出版专著 39 部；获得发明专利 153 件（见表 2）。

表 2　2017～2020 年青海省重点实验室科技成果情况

年份	承担国家项目/项	取得新品种、新标准/项	SCI 收录/篇	核心期刊收录/篇	出版专著/部	发明专利/件
2017	61	10	303	166	13	76
2018	97	25	285	405	44	124
2019	65	57	431	236	43	111
2020	58	45	397	322	39	153

*注：其中博士、硕士、学科带头人指标数据仅为突出人才单独统计数量，并不构成总数。
资料来源：2020 年度重点实验室评估。

（4）开放交流。青海省级重点实验室加大开放交流力度，加强科技合作，定期或不定期地举办各类学术会议，积极参加国内外学术会议，开展学术交流。举办学术会议 33 场次，参加各类学术会议 160 次。承担各类科技合作项目 132 项，争取经费 3090.1 万元。

（5）重点实验室专项资金支持情况。2020 年青海省创新平台建设专项计划支持实验室 24 个，当年资助 2340 万元，其中支持全面评估优秀重点实验室 6 个，当年资助金额 1200 万元；支持年度成果产出单项业绩优良的重点实验室 23 个，当年资助金额 540 万元；支持省部共建国家重点实验室 600 万元（见图 4）。

（6）开展省级重点实验室年度评估。为推动省级重点实验室快速发展，提升创新能力，组织开展了重点实验室年度单项评估工作。2020 年度各重点实验室在发表高水平论文、争取国家项目经费、人才培养、开放交流等方面均较为稳定。

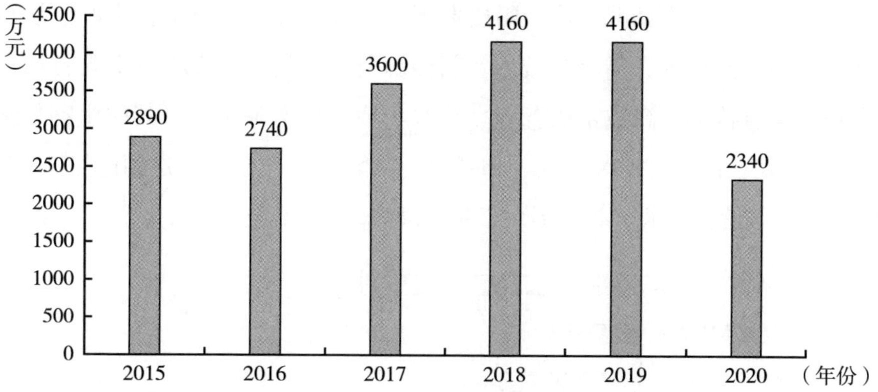

图 4　2015～2020 年青海省重点实验室经费资助情况

资料来源：2020 年度重点实验室评估。

2. 青海省工程技术中心建设

工程技术研究中心是科技创新平台的重要组成部分，是建设以企业为主体、市场为导向、产学研深度融合技术创新体系的重要载体，是开展共性关键技术研发、技术集成、科技成果转移转化、技术创新人才聚集、培养面向社会开放服务的技术创新平台。

根据《青海省工程技术研究中心管理办法》（青科发高新〔2018〕50 号）要求，2020 年 10 月，省科技厅联合省发改委、省工信厅、省财政厅对在效省级工程中心进行了年度评价，评价数据周期为 2019 年 1 月至 2020 年 10 月①。本报告以此次评价内容为主，从总体运行情况、绩效产出情况、合作交流情况介绍青海省省级工程技术研究中心（以下简称“工程中心”）2020 年度的发展情况。

（1）基本情况。截至 2020 年 10 月，青海省拥有在效工程中心 71 家，分布于 4 个市州园区，涉及七大技术领域。71 家省级工程技术研究中心拥有在职人员 3185 人，近三年依托单位在工程中心研发方向累计科研投入超 21 亿元，在激发科技创新活力、提升带动整体研发水平方面起到良好的促进作用。

---

① 已独立工程中心按独立数据进行填报，未实现独立的工程中心按工程中心研究内容投入及产出业绩情况进行统计。

①工程中心分布情况。按所属技术领域划分，青海省级工程中心建设涵盖了生物与新医药技术、新材料技术、新能源与节能技术、先进制造与自动化技术、电子信息技术、高技术服务业、资源与环境技术等领域，其中生物与新医药技术22家、新材料技术14家、新能源与节能技术11家、先进制造与自动化技术3家、电子信息技术6家、资源与环境技术12家、高技术服务业3家（见图5）。

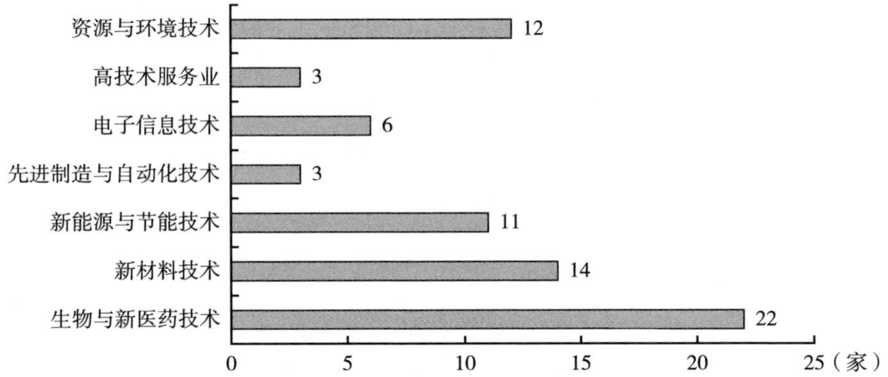

图5　2020年青海省工程中心分布情况（按技术领域划分）

资料来源：2020年省级工程中心考核评价。

按地域划分，西宁市51家，海东市4家，海西州13家，海南州1家，海北州1家，省外1家（康普南京分中心）。按主要园区分布情况划分：分布于西宁市各园区内29家，包括青海省国家高新区15家，西宁经济开发区14家（东川工业园10家、南川工业园3家、甘河工业园1家）；海东工业园2家；柴达木循环经济区12家（德令哈工业园9家、格尔木工业园3家）（见图6）。

按依托组建单位性质划分，工程中心组建依托企业53家，其中依托民营企业组建31家、依托地方国企组建14家、依托中央企业组建7家、依托合资企业组建1家。依托高校院所18家，其中依托科研院所组建14家、依托高校组建4家（见表3）。

②建设面积和仪器设备情况。截至2020年底，青海省71家工程中心建设面积达46.96万平方米，其中：科研试验面积21.26万平方米，占45.3%；中试及扩大化面积19.5万平方米，占41.5%；办公面积6.2万平方米，占13.2%。与2018年相比，青海省水资源高效利用工程技术研究中

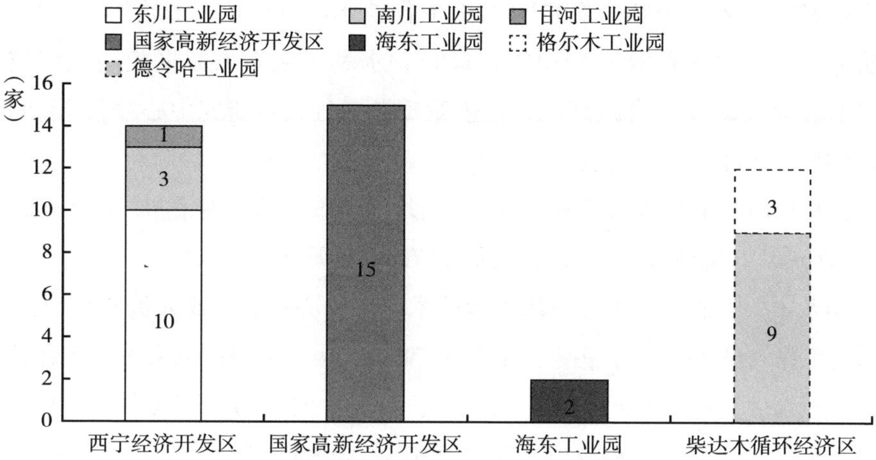

图6　2020年青海省工程中心分布情况（按地域划分）

资料来源：2020年省级工程中心考核评价。

表3　2020年青海省工程中心分布情况（按依托组建单位性质划分）

依托民营企业组建(31家)	生物与新医药技术领域11家
	新材料技术领域6家
	新能源与节能技术领域7家
	先进制造与自动化技术领域2家
	高技术服务业领域1家
	资源与环境技术领域2家
	电子信息技术领域2家
依托地方国企组建(14家)	生物与新医药技术领域3家
	新材料技术领域4家
	资源与环境技术领域5家
	电子信息技术领域2家
依托中央企业组建(7家)	新能源技术领域4家
	新材料技术领域1家
	资源与环境技术领域1家
	电子信息技术领域1家
依托合资企业组建(1家)	新材料技术领域1家
依托科研院所组建(14家)	生物与新医药技术领域7家
	电子信息技术领域1家
	资源与环境技术领域4家
	高技术服务业领域2家
依托高校组建(4家)	生物与新医药技术领域1家
	电子信息技术领域1家
	新材料技术领域2家

资料来源：2020年省级工程中心考核评价。

心增长89%、青海省牦牛奶精深加工工程技术研究中心增长53%、青海省春油菜研究开发中心增长16.3%、青海省水利及生态大数据应用工程技术研究中心增长25%、青藏高原特色生物资源工程技术研究中心增长15.4%，5家工程中心面积增长较显著。

工程中心拥有仪器设备较2018年新增551套，设备原值1.18亿元；新增50万元以上设备数58套，设备原值7140.7万元。

③人才队伍情况。71家省级工程技术研究中心拥有在职人员3185人，其中固定工作人员2495人，占职工总数的78%。从人员层次上来看，工程技术研究中心人员呈现高技术水平、高学历、年轻化发展趋势，其中拥有高级职称661人，占21%；本科及以上学历2019人，占63.4%（见表4、图7、图8）。工程中心拥有院士7人、“青海省高端创新创业人才”入选者59人，“万人计划”入选者6人、“人才推进计划”入选者28人、学术带头人125人。

表4　2020年青海省级工程技术研究中心人员情况

单位：人

人员总数	3185	
按工作性质分	从事科技活动人员	2285
	其中：科技活动人员中固定人员数量	1800
	研发人员数量	1635
	研发人员中固定人员数量	1468
按学位学历分	博士生	230
	硕士生	444
	本科	1345
	其他	1166
按技术职称分	高级职称	661
	中级职称	637
	初级职称	578
	其他	1309

资料来源：2020年省级工程中心考核评价。

④投入情况。2020年，工程中心总投入为11.27亿元，其中研发投入8.42亿元，研发投入中财政科技专项经费2.33亿元、依托单位投入5.07亿元、中心内部投入0.78亿元。

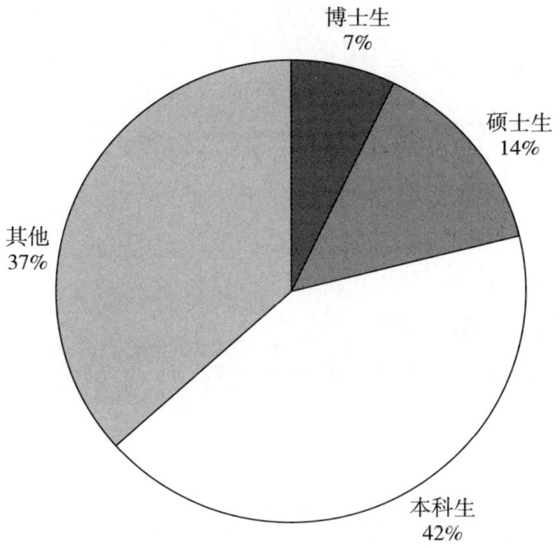

图7　2020 年青海省工程中心人员构成情况（按学历划分）

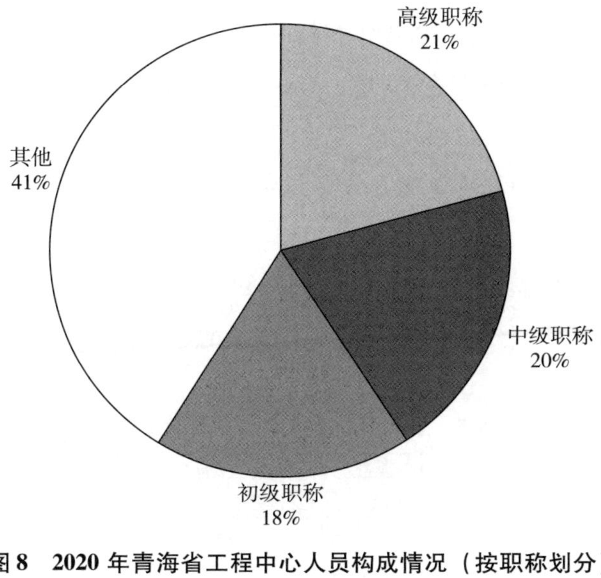

图8　2020 年青海省工程中心人员构成情况（按职称划分）

资料来源：2020 年省级工程中心考核评价。

截至 2020 年 10 月，工程中心配合承担各类科研项目共计 416 项，其中国家级 81 项，项目总经费 1.3 亿元；省部级 214 项，项目总经费 2.88 亿元；自主开发项目83项，项目总经费2.78亿元；企事业单位委托开发项目38项，项目总经费0.53亿元。

⑤法人资格情况。截至2020年，71家省级工程技术研究中心中已建成独立法人单位的共11家。

（2）绩效产出情况。绩效情况主要包括工程中心技术创新情况和经济效益情况两部分。

①工程中心技术创新情况。

a. 专利专著：截至2020年10月，工程中心申请发明专利296件、实用新型127件；发表论文756篇，其中EI论文29篇、SCI论文258篇、中文核心269篇。

b. 标准制定：2020年工程中心参与制定各类标准152项，其中参与制定国家标准25项、行业标准12项、地方标准32项、团体标准19项、企业标准64项。

c. 工程化能力情况：2020年青海省有23家工程中心购置大型仪器设备，其中国产仪器设备114台/套、进口仪器设备33台/套，主要分布在生物与新医药领域8家，仪器设备58台/套；新能源与节能领域3家，仪器设备39台/套；资源与环境领域6家，仪器设备22台/套；新材料领域4家，仪器设备10台/套；电子信息领域1家，仪器设备9台/套；先进制造与自动化领域1家，仪器设备9台/套（见表5）。

工程中心当年新建生产线29条/个，新增基地8个。

表5　工程中心拥有大型仪器设备情况

技术领域	工程中心数量（家）	拥有大型仪器设备(台/套)	国产（台/套）	进口（台/套）
生物与新医药	8	58	42	16
新能源与节能	3	39	31	8
资源与环境	6	22	16	6
新材料	4	10	8	2
电子信息	1	9	8	1
先进制造与自动化	1	9	9	0

资料来源：2020年省级工程中心考核评价。

②工程中心经济效益情况。2020 年青海省工程中心实现技术服务收入共4. 84 亿元，提供检验检测收入 0. 31 亿元，其他收入 0. 23 亿元，通过发挥工程技术研究平台效应不断提升行业的技术发展水平。目前，青海省工程中心依托企业组建的科研服务主要以对内为主，通过示范引领进而带动行业发展；高校院所工程中心主要以基础研究及对外成果转化服务为主，通过产学研合作带动成果转化提升。

（3）合作交流情况。

①技术合作与协作。截至2020 年10 月，工程中心与159 家国内外大专院校、科研机构、企业开展技术合作，其中大专院校 37 家、科研机构 35 家、企业87 家，分别占合作单位总数的23. 3%、22. 0%、54. 7%。工程中心开展合作方式主要有共同研究开发、委托生产加工、咨询服务等。2020 年合作单位中共同研究开发 96 家、委托生产加工 18 家、咨询服务 24 家、其他21 家，分别占合作单位总数的60. 4%、11. 3%、15. 1%、13. 2%。

表6　2020 年工程中心合作单位情况

单位：家

合作单位类别		合作单位数量	共同研究开发	委托生产加工	咨询服务
国内机构	大专院校	37	96	18	24
	科研机构	35			
	企　　业	87			
合　　计		159	96	18	24

资料来源：2020 年省级工程中心考核评价。

②学术交流及培训服务。2020 年，工程中心举办国内外学术报告会及专题讲座159 期，参加国内技术交流会与展销会55 次，参加国际学术交流16 次，召开学术报告会与专题讲座88 次。通过现场指导等方式对外开展服务，培训人员5286 人，其中管理人员 551 人、技术人员 1484 人、工人465 人、农民1117 人、其他1669 人。

近年来，为充分调动企事业单位对青海省工程中心发展的重视程度，进一步提升工程中心的功能成效，青海省科技厅会同省发展改革委、省工信厅、省财政厅对各省级工程技术研究中心采取年度绩效评价的形式，择优进行资金支持，发放奖励补助资金累计达到4800万元，对引进培养高层次创新人才、提升科技成果转移转化、促进企业创新能力和核心竞争力发挥着重要作用，有效支撑了地方特色优势资源经济发展。

3. 青海省科技基础条件平台建设

青海省科技基础条件平台围绕青海省科技创新规划布局和经济社会发展需求，针对现有科技基础条件资源进行整合、重组、优化，有效配置科技资源，运用共建共享机制，构建布局合理、开放高效的资源共享信息平台，提升科技基础条件平台综合服务能力和水平。

（1）整体情况。2020年，青海省支持基于标准化评估体系的科技三评服务平台、青海省藏药国家标准样品研制科技基础条件平台建设项目、青海省重要盐湖资源环境承载力监测及预警平台、青海省“三型企业”后备培育云服务平台、藏药质量管理体系红外光谱信息技术服务平台、柴北缘典型盐湖湖面扩张－外溢预警评估及其对钾硼锂铍资源影响的多源信息平台构建、高寒草地－家畜系统适应性管理技术平台、基于3D打印的数字化骨科精准医疗创新服务平台建设、青海省技术交易服务平台优化升级建设共9项科技基础条件平台建设项目，资助经费1300万元，平均资助强度为144.44万元。

根据青海省科技计划项目抽查工作部署，对2020年度在研的科技基础条件平台项目进展情况进行了抽查，对项目研究内容实施进展情况和财务支出情况进行了综合评价，抽查率为100%。项目执行情况检查中绝大部分项目进展顺利；针对个别进展较缓项目，以“双随机一公开”的方式进行了检查通报及限期整改。

2020年青海省科技基础条件平台项目全年执行资金总额2890万元，其中财政拨款1400万元，执行经费513.55万元，年度资金总额全年执行率达到17.77%。2020年度科技基础条件平台取得的成效：申请省级科技成果1项；发表论文6篇；申请发明专利1件，授权发明专利1件，授权实用新型专利1件；取得软件著作权3项；培养人才16名（见图9）。

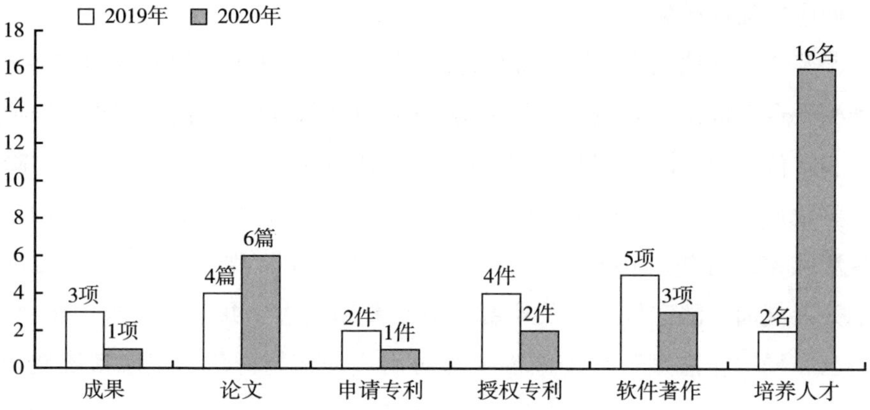

图 9　2019～2020 年青海省科技基础条件平台项目科研产出情况

资料来源：青海省科学技术厅。

（2）成效及亮点。

①基于多源数据集成与应用导向的盐湖科学数据中心平台。“基于多源数据集成与应用导向的盐湖科学数据中心平台”针对以往盐湖科学数据存在的数据分散、标准不统一、缺乏科学数据共享环境，以及异源、异构、不同分类体系、不同内容结构、不同语义和格式等导致的信息孤岛问题，整合多源科学数据建立了以多源海量数据为基础、以应用为导向、以开放协同为目标的科学研究新范式盐湖科学数据共享平台。建立了一套适合盐湖资源特点的数据标准和科学数据库规范体系；梳理了数据关系图谱；实现了虚拟和物理的逻辑架构设计；完成了支撑层、数据层、平台层和应用层的设计。为加强平台服务功能，扩展建设了数据中心机房，集成了网络设备、服务器设备和基础软件等资源，为更大尺度的数据交换与共享平台提供了可靠的支撑环境。盐湖科学数据平台以“平台 + 人才 + 服务”的运行模式，顺利培养了一批从事盐湖化工产业研发专业技术人才，形成了一支从事盐湖资源研究的高水平科研团队。同时，平台汇聚优势科研力量，突破了一批盐湖资源高效利用的关键技术难题，为盐湖产业高质量发展发挥了重要作用。平台的多源数据将持续为政府资源战略规划、盐湖区可持续发展以及保障生态安全等

多方面应用提供科学决策支持。

②柴达木盆地北缘湖泊多源信息观测平台。柴达木盆地北缘湖泊多源信息观测平台选取了托素湖、可鲁克湖、小柴旦湖、苏干湖四个湖泊，完成气象站和水位观测计的安装和调试工作，对湖泊所在区域风速、风向、降水量、蒸发量、温度、湖泊水位和月尺度盐湖资源元素变化等多个相关因子进行观测和室内分析。目前该平台已对柴北缘"资源型"湖泊和"生态型"湖泊开展湖面上涨定量观测及外溢阈值预警和周边公共基础设施影响评估，同时已布局"生态型"湖泊湖面上涨对周边动植物群落和生态系统变化的研究、外溢对周边盐湖资源开发的影响研究，将为青海柴达木盆地盐湖生产安全、基础设施保护等多方面提供科学依据，对国民经济的发展和国家安全具有重大的战略意义。

③中国火星类比区（选址区）与火星环境综合信息数据平台。中国火星类比区（选址区）与火星环境综合信息数据平台在红崖地区开展了多次野外考察和室内研究工作，获取了一系列重要科学数据和重要成果，充分挖掘了红崖地区类火星地貌潜在的科学与文化生态旅游价值，为该地区类火星地貌文旅资源开发提供了扎实的科学数据支撑。大柴旦金陵雅丹旅业有限公司拟投资3.2亿元进行红崖火星村开发，以期在保护红崖地貌和周边生态环境的前提下，以"生态优先"为出发点，以带动周边旅游经济增长为落脚点，为海西州大柴旦红崖地区打造一张独一无二的文化生态旅游名片。红崖火星村景区5年内将打造成大柴旦3A级生态文化旅游胜地，10年内打造成大柴旦4A级生态文化旅游胜地。海西州以"全域旅游·全景海西"作为旅游业发展的战略目标，大柴旦红崖火星村投资项目的实施，是青海省"产学研"结合的一个典范，也必将助推提高海西州国内外知名度，对培育新业态、推动资源型地区产业转型和高新技术的发展起到引导和推动作用。

④青海省科技文献资源共享服务平台。青海省科技文献资源共享服务平台自2017年4月建设完成并上线运行，持续运行情况良好，系统平台不断升级优化，力求实现科技信息资源支撑服务职能。

为了提供便捷全面的科技文献资源服务，2017～2020年，整合文献数据库资源，将原数据库与中国硕、博论文全文数据库（全文）、维普全文数据库（全文）、国家科技图书文献中心（NSTL）西宁服务站（全文）、PubMed（题录）、CNKI 新平台（全文）、谷歌学术（全文）等文献平台资源进行深度整合，实现了文献类型的全面拓展，平台能够为青海省用户提供科技期刊、学位论文、会议论文、标准文献、专利文献、科技报告、科技成果、科技智库等全面的文献内容，实现了资源的深度拓展。截至 2020 年 12 月，平台容量达 12.46 亿多条，科技文献超过 3.3 亿篇，科技文献全文超过 1 亿篇，可提供服务的数据库及相关信息资源已达到 127 个，数据储存量达 20T 以上。

青海省科技文献资源共享服务平台持续为青海省科研院所、高等院校、企业及科研人员提供科技文献服务，截至 2020 年 12 月 31 日，平台累计访问量达到 17.4 万次，文献浏览量达到 16.88 万次，累计文献下载量达到 8.9 万篇；平台累计注册用户 564 家（包括集团用户：仅统计母账户，子账户由集团管理自有分配），其中公司企业用户 158 家、科研机构用户 98 家、医疗机构用户 91 家。

⑤青海省科技数据价值挖掘与动态监测服务平台。通过挖掘青海省科技数据资源，收集整理了包括科技计划项目、科技成果、专利、科技奖励等在内的十大类 32 个子类的 1200192 条数据资源，进行了数据的清洗加工，建立了统一的数据信息资源平台，以标准化为基础，建立了多维度的数据标准包括信息资源分类标准、编码准则、元数据标准、数据格式等。通过信息资源整合建立模型库和样本库。项目建立了统一的数据交换机制，制定统一信息资源管理规范。建立了科技信息资源目录整套技术体系，解决科技大数据分散、相对独立、管理不统一的问题。通过大数据分析应用、挖掘处理，满足数据应用、预测预警、辅助决策和应急指挥需求，带动科技数据的增值性、公益性开发和创新应用。

⑥青海省知识产权公共服务平台。该项目在充分调研青海省创新主体对知识产权公共服务的需求基础上，设计特色服务、融资服务、在线办事等内容。参照青岛市知识产权局建设的公共服务平台，搭建青海省知识产权公共服务平台的主要模块架构；已完成资源的整合及子系统的建设。平台现有信息利用、维权援助、交易实施、交流合作、政务服务、教育培训等模块，实现企业

与专利信息服务有效对接，提供一站式的创新知识产权服务平台。已开展平台推广应用培训 14 场，测试应用企事业单位 13 家，不断优化完善系统功能模块，累计更新数据资源超 500 万条，更新政策、资讯、知识产权转化等各类信息上千条。以知识产权公共平台和服务核心促进知识产权权利化、商用化、产业化。

4. 青海省科普发展情况

科普工作作为青海省创新发展的重要组成部分，以科普能力和创新文化建设为重点，对扎实推进青海省创新驱动发展战略起到有力的支撑作用。统计数据表明，2019 年青海省科普工作总体情况保持稳定。以政府投入为主的科普经费投入持续稳定增长。科普人员队伍总体稳定，科普专职人员队伍结构继续优化、学历水平不断提高。科普人员年度实际投入工作量持续增长。全省科普场馆数量保持稳定，展厅面积不断扩大。科普传播媒介继续发挥作用，科普活动群众参与度明显提升。高校、科研机构科普场所对外开放力度进一步加大，科普活动日益成为提高公众科技意识和科学素养的重要途径，以科技活动周为代表的群众性科普活动产生了广泛的社会影响。

（1）科普专职人员队伍结构继续优化。2019 年青海省共有科普人员 15337 人，同比增长 39.41%。其中科普专职人员 1077 人，同比增长 26.11%，占科普人员总数的 7.02%；科普兼职人员 14260 人，同比增长 28.84%，占科普人员总数的 92.98%，科普兼职人员成为科普队伍的主力军。青海省科普兼职人员共投入工作量 45529 人月，同比增长 92.48%。青海省共有中级职称以上或大学本科以上学历的科普人员 11021 人，占科普人员总数的 71.86%，同比增长 102.78%，表明科普人员结构更加合理优化。科普人员持续稳定增长，年均增速 1.14%，科普工作人员的整体素质不断提高，人员结构更加优化。

2019 年青海省共有 6209 名女性科普人员，占科普人员总数的 40.48%，同比增长 55.38%；青海省共有农村科普人员 2808 人，占科普人员总数的 18.31%，同比增长 78.74%，农村科普人员持续稳定增长。

2019 年青海省共有科普管理人员 189 人，占科普人员总数的 1.23%，同比增长 9.25%，科普管理人员总体规模仍然较小。2019 年青海省专职从事科普创作的人员共 140 人，占全省科普人员总数的 0.91%，同比增长 72.84%。

2019年青海省共有注册科普志愿者10970人，较上年增长422.28%，但与“十三五”初期相比降幅较大，下降了73.72%，几年数据波动比较明显。

（2）科普场馆总体规模持续增加。科普场馆作为重要的科普基础设施，其主要功能是展览和教育，不同场馆可以从不同领域、不同侧面来提供更深入的科普服务。通过常设和短期展览，以激发科学兴趣、启迪科学观念为目的，用参与、体验、互动性的展品及辅助性展示手段，对公众进行科学技术的普及教育。2019年青海省共有科技馆3个，与上年保持一致，科技馆建筑面积合计41213平方米，科技馆展厅面积达到18378平方米；科学技术博物馆6个，与上年一致，建筑面积合计39717平方米，展厅面积达18273平方米；城市社区科普（技）专用活动室74个，比上年度减少45个，减少37.82%；农村科普（技）活动场地570个，比上年增长85.06%；科普宣传专用车（辆）13辆，较上年增长23.08%；科普画廊539个，较上年略有减少。城市科普活动场地减少明显、移动科普宣传力度有所下降，但总体来看，科普场馆建设趋于平稳，展厅面积不断扩大。

（3）以政府财政拨款为主的科普经费稳定增长。科普经费是科普场馆等科普设施建设的有力保障，是开展各项科普活动的重要保证。2019年，青海省科普经费大幅增长，达到20725万元，比上年增加10561万元，增长103.91%。其中，政府财政拨款18262万元，占总额的88.12%，比上年增长110.56%。在政府拨款的科普经费中，科普专项经费6700万元，占年度科普经费总额的32.33%，比上年增长了8.47%。年度科普经费及政府拨款已连续三年持续增长，政府拨款成为科普经费的主要来源。

2019年青海省科普活动支出经费6601万元，同比增长32.47%；科普场馆基建支出8077万元，较上年增长467.21%；其他支出1374万元，较上年增长54.73%。从2019年青海省科普经费支出情况可以看出，科普场馆基建支出稳步增长，其中展品、设施支出225万元，占科普场馆基建支出经费的2.79%。可以看出2019年科普经费支出中科普场馆基建支出占主流，占支出总额的41.58%，科普活动支出占支出总额的33.98%。总体科普经费支出呈增长态势。

2019 年青海省科技活动周经费筹集额 229 万元，比上年下降 44. 55%，几年数据呈波动增长趋势，其中政府拨款 186 万元，占科技活动周经费筹集额的 81. 22%；企业赞助约为 13 万元，占科技活动周经费筹集额的 5. 68%。

（4）科普宣传媒介呈现多元化。由于科普传播手段应用更加广泛，以互联网为传播渠道的网络化科普传媒快速发展，微博、微信和微视频等新媒体在科学传播中的使用日益显著，传统形式的宣传媒介呈逐年下降趋势，以适应新时期的科普宣传的需求。

2019 年青海省共出版科普图书 31 种，同比下降 22. 50%，出版总册数约为 44030 册，同比减少 39. 68%；共出版科普期刊 13 种，同比提高 8. 3%，出版总册数为 70501 册，出版量比上年减少 21. 84%；发行科技类报纸 117. 1 万份，同比减少 48. 12%。2019 年青海省广播电台播出科普（技）节目总时长为 7469 小时，较上年大幅增长，增加值为 7449 小时；电视台播出科普（技）节目总时长为 538 小时，同比增长 292. 7%。2019 年青海省发行科普（技）音像制品 25 种，同比增长 13. 64%；发行科普（技）类光盘 8376 张，录音、录像带 2000 盒，连续几年持续下降。全省共有科普网站 18 个，较上年增加 3 个。

（5）形式多样、内容丰富的科普活动广泛开展。2019 年青海省共举办科普（技）展览 850 次，各类机构共举办科普（技）竞赛 165 次，参加人数为 5. 97 万人次。2019 年全省科技活动周共举办科普专题活动 738 次，参加人数为 50. 93 万人次。

2019 年青海省共建有青少年科技兴趣小组 343 个，参加人数 32854 人；青少年科技夏令（冬）营活动共举办 23 次，参加人数 1490 人次。全省共有 56 个大学、科研机构的科普场所向社会开放，约有 2. 3 万人次参加；科普国际交流 3 次/年，参加人数 47 万人次。举办实用技术培训 2461 场次，培训人数约 29. 91 万人次。举办重大科普活动 446 次。科技活动周期间，共举办科普专题活动 738 次，参加人数为 509323 人，略微下降。

（6）科普工作对“创新创业”起到一定的助推作用。2019 年，科普工作在推动科技资源开放共享、提升改进创新创业服务方面发挥了独特作用。近年来，创新创业科普活动载体持续增加，科普工作对创新创业的助推作用不断增强。2019 年青海省共有众创空间 18 个，比上年增加了 6 个，同比增长 50.00%；服务创业人员人数 1754 人，比上年下降 17.15%；孵化科技类项目 178 个，比上年减少 39.04%；创新创业培训 244 次，培训参加人数为 26335 人次；举办科技类创新创业赛事 25 次，比上年减少 4 次，参加人数为 10819 人次。

5. 科研机构绩效评价

为贯彻落实《青海省贯彻〈国家创新驱动发展战略纲要〉实施方案》，深入开展“三评”工作，创新政府配置资源模式，激发科研机构创新活力，青海省科技厅组织开展了全省科研机构创新绩效评价。

（1）总体情况。

①科研人员情况。2019 年，参与科研机构绩效评价的 32 家科研机构人员总数达 3775 人。从学历构成来看，大学以上学历 2194 人，其中，具备博士学历 244 人，占 32 家科研机构人员总数的 6.46%；硕士学历 458 人，占 12.13%；大学学历 1492 人，占 39.52%（见图 10）。从技术职称来看，具有职称的人数为 2143 人，其中，高级职称 827 人，占 38.59%；中级职称 815 人，占 38.03%；初级职称 501 人，占 23.38%（见图 11）。

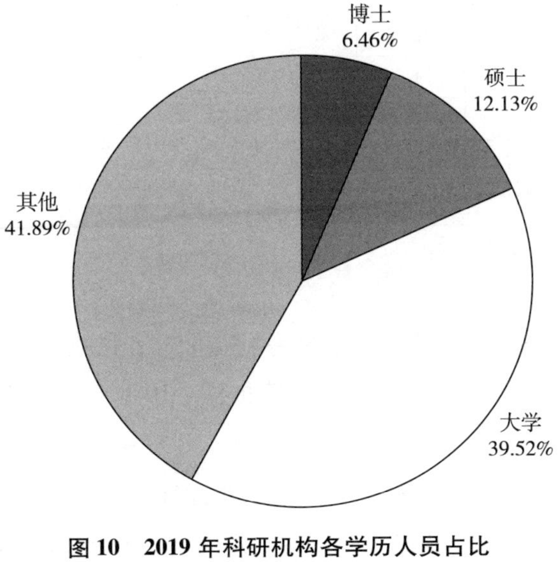

图 10　2019 年科研机构各学历人员占比

资料来源：青海省科学技术厅。

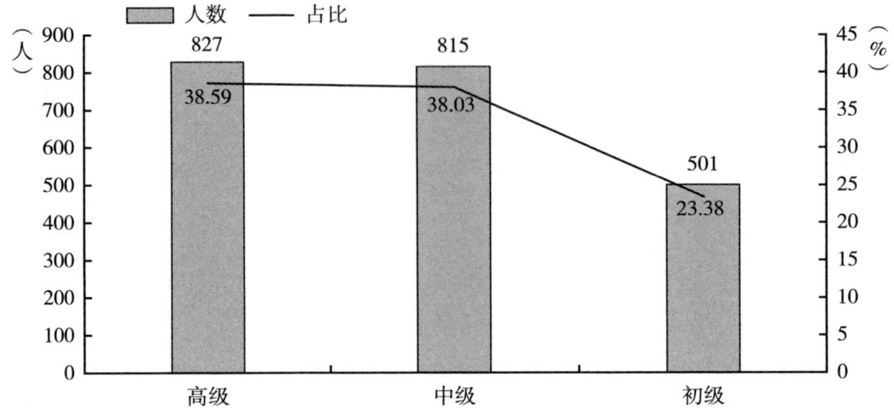

图 11　2019 年科研机构具备学历人员职称分布

资料来源：青海省科学技术厅。

②科研项目情况。2019 年，共争取科研项目 397 项，总经费 44316.72 万元，其中国家项目 43 项、省部级项目 180 项、其他项目 174 项（见表 7）。

表 7　2019 年青海省科研机构获得科研项目明细

科研项目	项目数(项)		合计	科研项目总经费（万元）	2019 年到账经费（万元）
	主持	参与			
国家项目	28	15	43	44316.72	24374.35
省部级项目	161	19	180		
其他项目	172	2	174		
合计	397				

资料来源：青海省科学技术厅。

③科研产出情况。科研产出包括专利与标准、科技论文与专著、科技成果及奖励、技术产品、技术产品结构等指标。2019 年，32 家科研机构获得授权专利、软件著作权和审定品种 263 项，新增有效发明专利 73 件；制定技术标准 67 项，其中国家标准 4 项、地方标准 53 项、行业或团体标准 10 项（见图 12）。发表科技论文 1150 篇，其中 SCI/EI 论文 397 篇、中文核心期刊 359 篇；出版专著、教材 33 部；获得科技奖励 18 项，其中省级科技进

步奖励7项、相关行业部门科技奖励11项；技术产品总数91件，其中当年新增在销技术产品数12件、在销技术产品总数48件、在研技术产品总数31件。

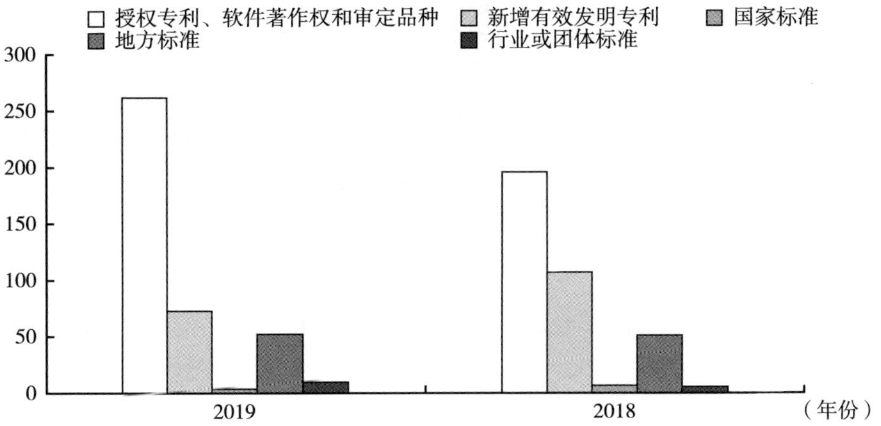

图12　2019年与2018年青海省科研机构专利与标准产出对比

资料来源：青海省科学技术厅。

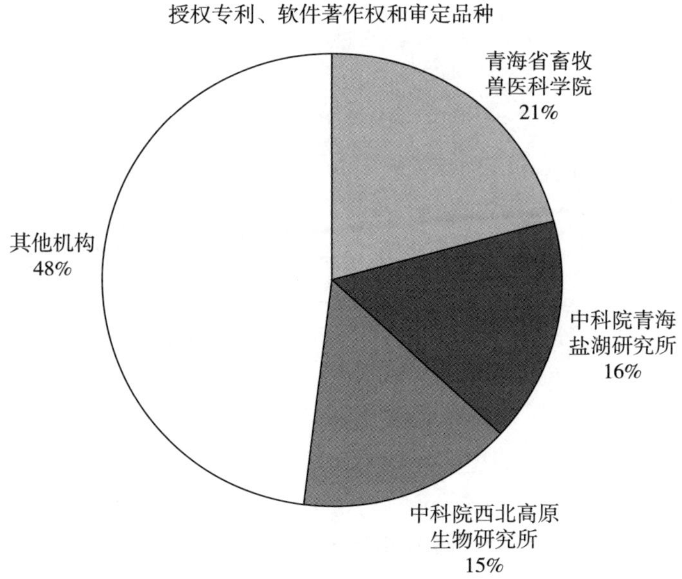

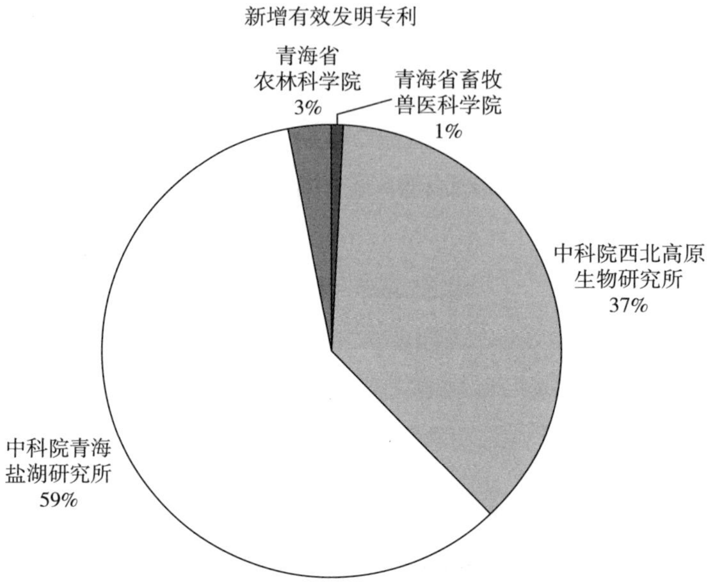

图 13　2019 年青海省科研机构获得知识产权分布

资料来源：青海省科学技术厅。

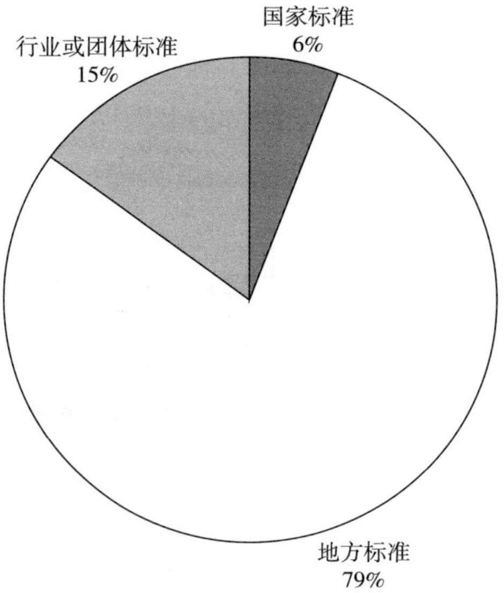

图 14　2019 年科研机构制定国家、地方、行业标准占比

资料来源：青海省科学技术厅。

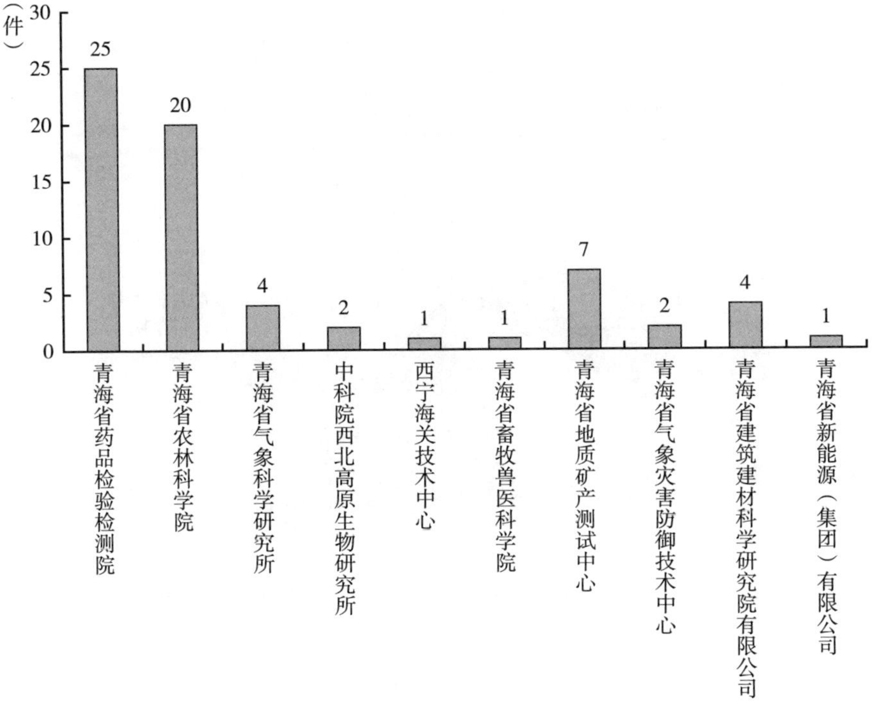

图 15　2019 年青海省科研机构制定技术标准分布

资料来源：青海省科学技术厅。

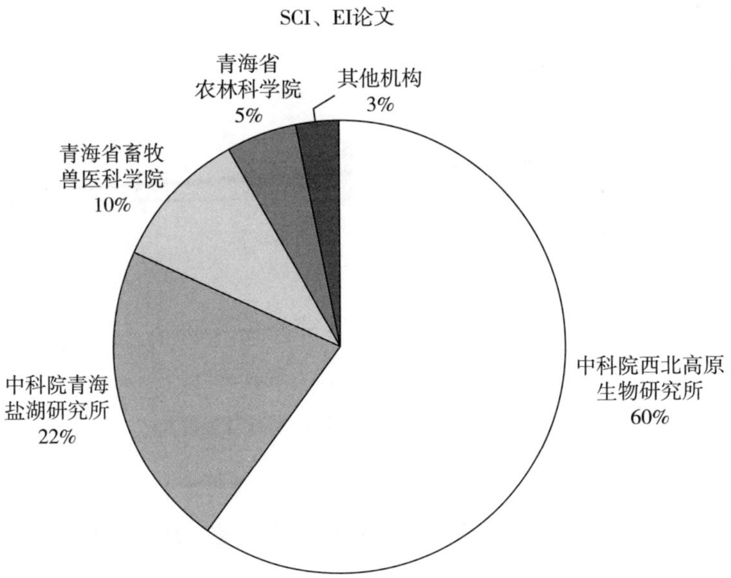

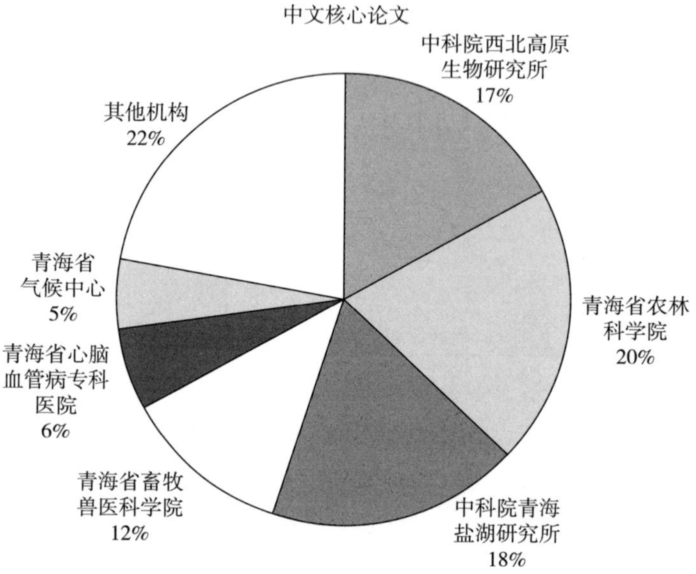

图 16　2019 年青海省科研机构发表 SCI、EI 和中文核心期刊论文情况

资料来源：青海省科学技术厅。

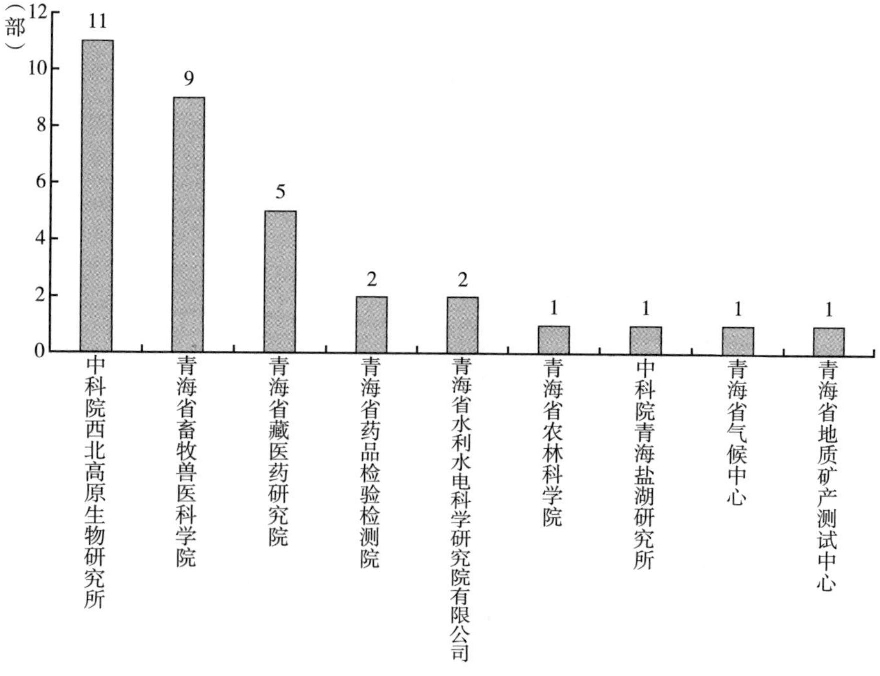

图 17　2019 年青海省科研机构出版专著、教材情况

资料来源：青海省科学技术厅。

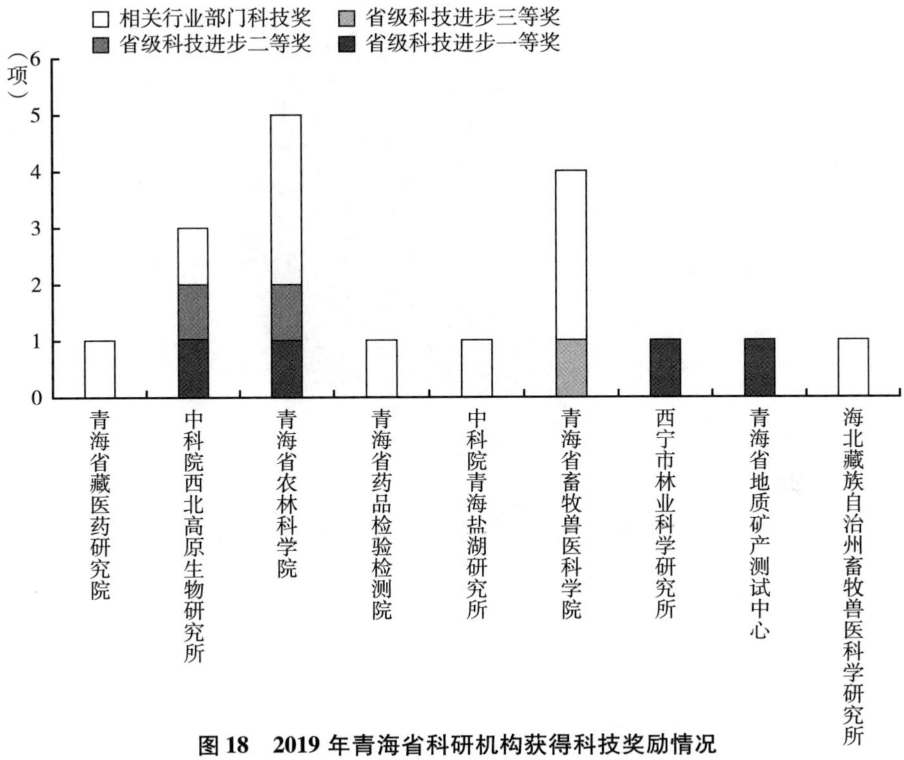

图 18　2019 年青海省科研机构获得科技奖励情况

资料来源：青海省科学技术厅。

④经济和社会效益。2019 年，青海省 32 家科研机构总收入 185701.65 万元，总利润 6478.65 万元，利润率 3.5%。R&D 经费 50095.83 万元，占总收入的 26.98%。技术性收入 56146.92 万元，占总收入的 30.24%。管理输出类收入 1762.4 万元，占总收入的 0.95%。当年新技术产品销售收入 7733.36 万元，占总收入的 4.16%。科技成果与知识产权转移转化收入为 1466 万元，其中科技成果转移转化收入 1335 万元，占 91.06%，知识产权转让与许可收入较少，仅占 8.94%。

⑤科技创新条件。2019 年，青海省新增科研平台 8 个，其中国家级科研平台 1 个、省部共建或省级科研平台 7 个；新增大型仪器入网共享 37 台；新增高层次人才 97 名，其中国家级人才 3 人、省级人才 47 人、其他人才 47 人；新增省级创新团队 1 个，即中科院西北高原生物研究所。

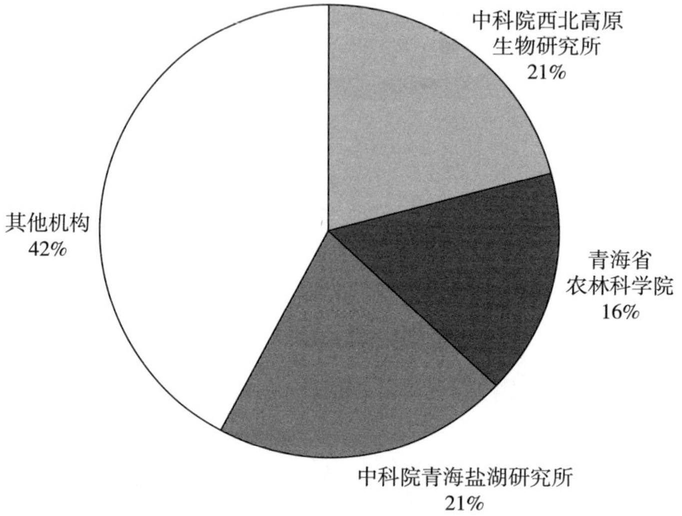

图 19　2019 年青海省科研机构 R&D 经费分布

资料来源：青海省科学技术厅。

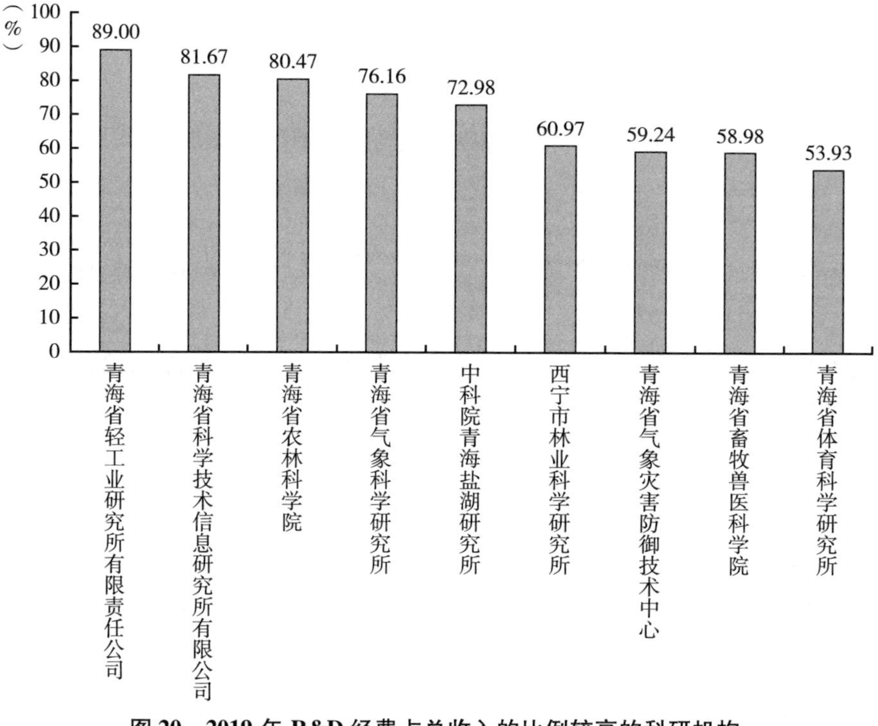

图 20　2019 年 R&D 经费占总收入的比例较高的科研机构

资料来源：青海省科学技术厅。

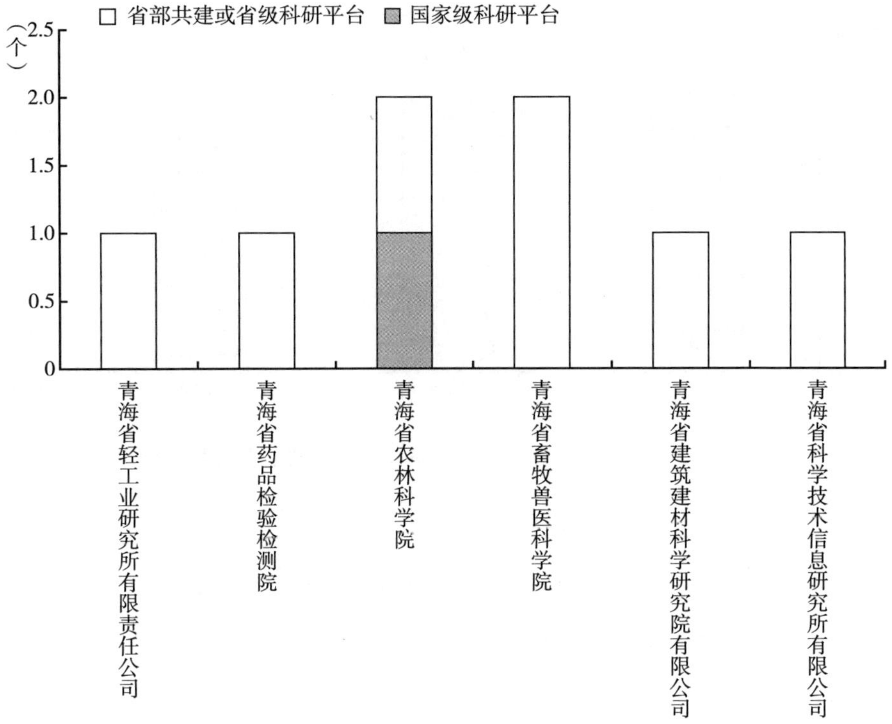

图 21　2019 年青海省科研机构新增科研平台分布

资料来源：青海省科学技术厅。

⑥科技环境。近年来，青海省科研机构创新意识大大提升，注重制度和管理创新。2019 年青海省科研机构制定相关规章、制度等共计 135 项，其中激励科研的管理制度 73 项、鼓励人才引进培养的制度措施 34 项、鼓励科技成果产出和转移转化的措施 28 项。在资本多元化率方面，28 家科研机构为国有资本占注册资本比例 100% 的国有企业，占参与绩效评价机构总数的 87.5%。

⑦2017～2019 年基本科研业务费执行情况。2017 年，32 家科研机构中获得基本科研业务费资助的有 19 家，其中 10 家基本科研业务费执行率为 100%。2018 年，32 家科研机构中获得基本科研业务费资助的有 18 家，其中执行率在 80% 以上的有 10 家。2019 年，32 家科研机构中获得基本科研业务费资助的有 20 家，其中执行率在 80% 以上的有 6 家。

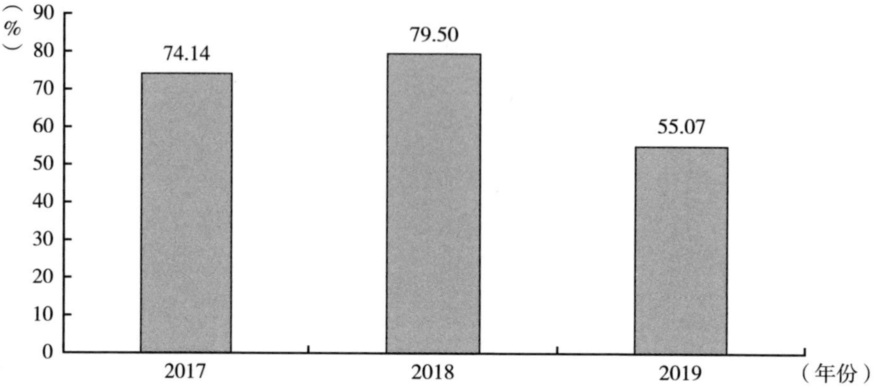

图 22　2017～2019 年青海省科研机构基本科研业务费执行情况

（2）整体评价结果。

本次评估工作依据国家标准 GB/T22900－2009《科学技术研究项目评价通则》对青海省科研机构进行第三方标准化评估完成。评估内容包括科研项目、科研产出、科研成本结构、经济和社会效益、科技创新条件和科技环境等 6 个方面。按照应用开发类、基础研究类、技术服务类不同的指标权重，对 32 家科研机构绩效进行分类评价并排名（见表 8）。从整体排名结果来看，与 2019 年相比，各单位排名变动幅度不大，基本保持平稳发展。

表 8　2020 年青海省科研机构创新绩效评价排名

基础研究类		应用开发类		技术服务类	
排名	科研机构名称	排名	科研机构名称	排名	科研机构名称
1	中科院青海盐湖研究所	1	青海省水利水电科学研究院有限公司	1	青海省科学技术信息研究所有限公司
2	中科院西北高原生物研究所	2	青海省交通规划设计研究院有限公司	2	青海省地质矿产测试中心
3	青海省农林科学院	3	西宁市林业科学研究所	3	青海省化工设计研究院有限公司
4	青海省畜牧兽医科学院	4	西宁市蔬菜技术服务中心	4	青海省建筑建材科学研究院有限责任公司

续表

基础研究类		应用开发类		技术服务类	
排名	科研机构名称	排名	科研机构名称	排名	科研机构名称
5	青海省药品检验检测院	5	青海省机械科学研究所有限责任公司	5	青海新能源（集团）有限公司
6	青海省交通科学研究院			6	青海省心脑血管病专科医院
7	青海省气象科学研究所			7	青海省测试计算中心有限公司
8	青海省体育科学研究所			8	青海省气象灾害防御技术中心
9	青海省高原科技发展有限公司			9	青海省生产力促进中心有限公司
10	青海省气候中心			10	海北藏族自治州畜牧兽医科学研究所
11	青海省轻工业研究所有限责任公司			11	青海省规划设计研究院有限公司
12	西宁海关技术中心			12	青海省环境科学研究设计院有限公司
13	青海省藏医药研究院			13	黄南州动物疫病预防控制中心
				14	黄南州农牧业综合服务中心

三　2021年青海科技体制改革和科技创新体系建设展望

2021年，青海省科技部门将深入学习贯彻习近平总书记在参加全国“两会”青海代表团审议和来青考察时的重要讲话精神，围绕保护三江源、保护“中华水塔”，建设世界级盐湖产业基地，打造国家清洁能源产业高地、国际生态旅游目的地、绿色有机农畜产品输出地。积极对接落实科技部王志刚部长来青海调研时提出的意见建议，以及省科技体制改革和创新体系建设工作领导小组的会议精神，加快科技体制机制改革，加强创新型人才培养，加大科技创新支持和成果转化力度，推动科技成果转化收益奖励政策落地落实，激发创新活力，以科技创新支撑引领生态保护和经济社会高质量发展。重点开展以下工作。

（一）深化科技体制改革，提升科技创新治理能力

发挥新型举国体制优势，强化政府引导与市场机制相结合，以优化科技资源配置、激发创新主体活力、完善科技治理机制为着力点，通过深化科技体制改革提升科技效能。一是全面贯彻落实习近平总书记对青海提出的“四地”要求，围绕青藏高原生态环境区域特点，从青海实际出发，实事求是，全面贯彻落实新发展理念，重视基础研究，分析和应对全球气候变化对青藏高原带来的影响，把握科学性、规律性。注重形成创新合力，以重大需求为导向，以解决“卡脖子”等关键技术难题为衡量标准，在省级科技计划中推进实施“揭榜挂帅”制、“帅才科学家负责制”等科研项目管理改革，进一步扩大科研经费“包干制”试点范围，多维度推动省级科技计划项目管理流程再造，汇集全国优质创新资源，助力青海省传统产业转型升级和新兴产业培育。二是全面落实《青海省关于优化科技创新体系　提升科技创新供给能力的若干政策措施》，完善配套政策举措，强化放权、减负和激励，不断优化创新环境，进一步激发创新活力、提升创新效能。三是严格落实《青海省省级科技计划科研诚信管理办法》，加大违规和科研不端行为查处力度，运用好科技监督和科技评估成果，着力打造全省科研诚信建设新格局。

（二）加强创新体系建设，提高科技创新整体效能

深入对接国家中长期科技发展规划、“十四五”科技创新规划和青海省发展规划纲要，发布《青海省“十四五”科技创新规划》，编制青海省基础研究十年行动方案，构建战略、规划、任务一体化衔接的实施机制，形成推动创新型省份建设的科学指南。一是全面打造战略科技力量，充分发挥国家大院大所和高校科研团队作用，打好生态保护、盐湖资源高值化利用、清洁

能源、生物医药和高原种质资源等领域关键核心技术攻坚战。二是强化企业技术创新主体地位，实施企业技术创新能力提升行动计划，制定《青海省科技小巨人企业认定管理办法（试行）》，加快培育科技型企业、高新技术企业和“科技小巨人”企业集群，建立以企业为主体、市场为导向、产学研用深度融合的技术创新体系，高质量开展“双创”活动，持续释放企业创新创造动能。三是完善科技成果转化体系，加强技术市场建设，理顺青海省科技成果转化中心职能，统筹推进园区、基地、众创空间、孵化器等创新载体建设，积极探索培育新型研发机构，促进全社会技术和产品实现跨地域、跨行业流动。四是深入贯彻习近平总书记关于第二次青藏科考指示精神，认真履行国家科考领导小组副组长单位职责，全面贯彻落实科技部王志刚部长在青海调研第二次青藏科考工作时的讲话精神，全方位、全过程为第二次青藏科考活动提供服务，加快科考成果转化应用。

（三）持续强化创新平台建设，提升全省科技创新能力

发挥科技创新平台在青海省各领域学科发展、专业建设、人才培养的重要支撑作用，优化和聚集创新要素，积极打造国家级科技创新平台，提升全省科技创新能力。一是加快启动省部共建藏语智能信息处理及应用国家重点实验室，持续支持省部共建三江源生态与高原农牧业国家重点实验室、藏药新药开发企业国家重点实验室发展，促进国家级创新平台产出更多重大原创成果。二是加强青海省黄河流域生态保护和高质量发展实验室建设，开展省级重点实验室优化整合试点工作，提升省级工程技术研究中心能力，持续优化临床医学研究中心的布局和建设，新组建4~6家省级科技创新平台，加快建设高原转化医学中心，为建设高原医学研究中心奠定坚实基础。三是积极推进先进储能技术国家重点实验室筹建工作，探索建设青藏高原种质资源研究与利用实验室试点，打造国家牦牛技术创新中心和盐湖科技创新中心，推动科技创新平台提档升级。四是加快推进《冷湖天文观测基地修建性详细规划》等规划编制工作，落实冷湖科技创新产业园区管理委员会主体责任，加大相关基础设施建设力度，强化各项服务保障工作，推动落地项目高

质量建设。切实发挥学术委员会的作用，为天文观测基地建设和发展提供智力支撑。

（四）全面实施人才强省战略，加快科技人才队伍增量提质

进一步认真贯彻落实习近平总书记加快创新型人才培养、激发创新活力的重要指示，强化人才是第一资源理念，编制新一轮科技人才中长期发展规划，实施科技人才推进行动。一是完善省政府科技顾问制度，建立高端人才联系协调服务机制，充分发挥已聘任科技顾问及省内外高层次科技专家的战略咨询和智力支撑作用。二是探索实行科技人才以创新能力、质量、贡献、绩效为导向的分类评价考核，在科研项目立项、创新平台建设及评估等过程健全人才培养指标体系，促进科技人才成长。三是搭建“科技人才管理信息系统服务平台”，建立符合青海省重点领域、重点产业需求的国内国际科技人才库，加强科技人才与需求单位的交流合作。四是充分发挥国家高层次创新团队作用，注重协同攻关，加快创新型人才培养，加强与中科院青海盐湖研究所和中科院西北高原生物研究所的对接合作，争取中科院更多的资源、更多的人才，为青海省经济社会高质量发展提供智力保障。五是整合“三区”科技人才专项支持计划，构建以“三区”人才、科技特派员为主体组成的“科技小院”，开创新时代青海省基层科技创新新局面。

（五）继续加强东西部交流合作，推动区域创新发展再上新水平

全面贯彻党中央、国务院推动西部大开发形成新格局重大战略，积极推进青海区域创新发展，加强东西部交流与合作，不断完善青海省科技创新体系，提升科技创新能力。一是按照国家统一部署，制定《“十四五”东西部科技创新合作“科技援青”工程方案》，系统谋划东西部科技合作内容，促进创新要素互补。二是在科研项目、人才培养、成果转化、平台建设、园区共建等方面，推进东部省市科技创新力量与青海资源、产业等比较优势有效对接。三是推动省内相关单位在东部省市打造异地借智新平台，搭建“科创飞地”，形成跨区域协作的柔性引才引智创新驱动发展新模式。四是强化

与国家技术转移西北中心、西安科技大市场合作，申办第六届中国创新挑战赛（西宁）赛区各项活动，对接东部省市科技力量通过“揭榜”和“比拼”方式解决技术难题。

（六）开展新一轮部省会商和省院合作，着力解决青海科技发展不平衡不充分问题

强化协同创新，推动部省会商、省院合作，加快汇聚全国一流的创新资源，提升科技创新工作的战略性和前瞻性。全面系统地总结第三次部省会商工作成效，围绕青海生态文明建设，建设世界级盐湖产业基地，打造国家清洁能源产业高地、国际生态旅游目的地、绿色有机农畜产品输出地等，进一步凝练中央和地方共同事权重大科技需求，认真贯彻落实科技部王志刚部长在青海调研时提出的“继续加大对青海科技创新的支持与服务”四条意见，加强与科技部相关司局对接，全面推进第四次部省会商会议各项筹备工作，做好顶层设计，力争将青海省更多科技需求纳入新一轮部省会商议题。同时，推进签署青海省人民政府与中国科学院新一轮科技合作战略协议。持续推进盐湖产业等领域研究，开展特色农牧业产业科研攻关，加强科技成果转化应用，提升全产业链竞争力。加大“西部之光”人才培养引进计划支持力度，培养一批具有较高科研能力的青年科技骨干和团队。

分 报 告

Sub-report

G.3
2020年青海农业农村科技发展报告*

摘　要： 2020年是巩固脱贫攻坚之年，也是为“十四五”顺利开局奠定基础的关键之年。农业农村科技工作围绕巩固脱贫攻坚成果、实施乡村振兴战略、奋力推进“一优两高”战略、创建有机农畜产品示范省为目标，以高原特色现代生态农牧业产业化发展和提质增效为重点，严格落实“四不摘”要求，巩固提升科技脱贫攻坚成果；围绕农牧业科技创新能力提升，组织实施科技项目助力全省特色农牧业产业绿色发展；提前谋划布局，加快推进“十四五”重大项目建设，紧紧围绕乡村振兴战略、绿色有机农畜产品示范省建设目标，进一步强化农业科技领域资源链、创新链、产业链的融合布局，为“十四五”青海省农牧业科技创新奠定基础。

关键词： 乡村振兴　农业科技　青海省

* 课题组成员：许淳、王洁渊、杨军、常丽娜、雷萌桐、桂鹂鹛。

2020年青海省农村科技工作围绕巩固脱贫攻坚成果、实施乡村振兴战略、奋力推进“一优两高”战略、创建有机农畜产品示范省目标，继续以高原特色现代生态农牧业产业化发展和提质增效为重点，以绿色生态为导向，以实施科技项目为手段，努力用科技创新实现质量兴农、特色兴农、品牌兴农、绿色兴农，为“十三五”完满收官和“十四五”顺利开局奠定了良好的基础。

一　严格落实“四不摘”要求，巩固提升科技脱贫攻坚成果

（一）“摘帽”不摘责任，把脱贫攻坚责任扛在肩上

一是青海省科技厅党组坚持定期召开专题会议，深入学习习近平总书记关于扶贫工作的重要论述和中央、省委有关扶贫工作的安排部署，研究推进科技行业扶贫和定点扶贫重难点问题，以高度的政治责任感和历史使命感，确保脱贫攻坚任务如期高质量完成。截至2020年底共召开厅党组（扩大）扶贫专题会议8次、厅扶贫领导小组会议5次。同时，厅党组成员带头落实结对认亲“双帮”工作机制，带头深入定点帮扶贫困村13人次。

二是严格对标任务，压实行业扶贫责任。根据《青海省脱贫攻坚中央专项巡视“回头看”和成效考核反馈问题整改工作方案》，结合科技扶贫年度任务，对青海省科技厅扶贫工作进行了全面检视整改，围绕强认识、细监督、抓落实、促整改等四个方面强化检视整改。按照《青海省脱贫攻坚中央专项巡视“回头看”和成效考核反馈问题整改工作方案》的通知精神，研究制定了《青海省科学技术厅脱贫攻坚中央专项巡视“回头看”和成效考核反馈问题整改工作方案》，建立问题、责任、任务清单，明确责任和整改时限；对2016年以来组织实施的51项科技计划扶贫项目进行风险隐患排查，同时会同驻厅纪检组、厅机关纪委对存在风险隐患的项目开展项目资金专项督查；协调推进果洛州达日县特合土乡夏曲村离网光伏电

站并网、黑土滩治理，海西州乌兰县茶卡镇巴音村和玉树州八吉村清洁能源示范等项目。

（二）“摘帽”不摘政策，保持脱贫攻坚政策连续性

按照青海省扶贫开发局的要求做好《青海省科技扶贫专项方案》2016～2019年脱贫攻坚工作成效总结，完成行业扶贫省际交叉考核工作。围绕着《青海省科技扶贫专项方案》和《青海省科技厅关于打赢脱贫攻坚战三年行动实施方案》开展“补针点睛”工作，实现了696个贫困村科技特派员覆盖。选派“三区”人才1000人深入基层开展科技服务，举办培训班2期累计培训人员200人次。组织实施科技扶贫项目5项，资助经费620万元。投资2100万元支持了7个县域创新试点县建设工作。

（三）“摘帽”不摘帮扶，把各项帮扶措施落实落细

1. 主动作为做好定点帮扶村疫情防控工作

新冠肺炎疫情发生以来，青海省科技厅始终把联点帮扶村群众生命安全和身体健康放在第一位，厅党组书记第一时间亲临一线靠前指挥，党组成员主动作为，要求各驻村扶贫工作队严格按照省、州、县新冠肺炎疫情防控处置工作指挥部的要求做好疫情防控工作，自1月27日至2月24日，建立了定点扶贫村疫情防控日报告制度，三个定点帮扶村均未出现疑似症状人员。在疫情防控工作进入常态化管理后，及时推进春耕备耕、复工复产等工作。

2. 进村入户宣传中央和省委一号文件精神

按照省委、省政府关于开展“鼓干劲、稳脱贫、迎小康”活动要求，青海省科技厅党组成员分别深入三个定点扶贫村宣讲中央和省委一号文件精神，现场安排部署助力村集体产业发展等相关工作，提振群众脱贫致富的信心和决心。

3. 真帮实干为联点帮扶村办实事

（1）疫情防控期间，科技厅机关全体党员主动向定点扶贫村捐赠口罩110个、次氯酸钠消毒液1000公斤、洗手液150瓶、药皂150块；学校开学

之际，为三个定点帮扶村赠送口罩1200个。

（2）果洛州达日县特合土乡夏曲村120千伏扶贫光伏电站建成并网发电，可年增加村集体收入4万~5万元。黑土滩治理完成7000亩，累计完成20000亩。海西州乌兰县茶卡镇巴音村清洁能源示范项目已开工建设。

（3）青海省科技厅组织相关处室在海东市互助县南门峡镇却藏寺村开展“全国自强脱贫和助残扶贫先进事迹网络报告”学习和慰问残疾农户活动，进一步激发了定点扶贫村贫困残疾人的脱贫信心和内生动力，营造了科技扶贫、关心支持贫困残疾人脱贫攻坚的良好氛围。

（四）“摘帽”不摘监管，把扶贫领域监管工作抓实抓好

一是强化对驻村干部的监管。在落实好驻村干部待遇的同时，配合驻厅纪检组、厅机关纪委对各驻村干部工作作风、工作纪律等开展了监督、检查。

二是强化扶贫项目资金监管。对科技扶贫项目开展风险隐患排查，对排查有隐患的5个项目进行实地督查，确保项目正常推进、资金合理使用。

二　加强农村科技工作，助力全省特色农牧业产业绿色发展

2020年，青海省农业农村科技工作重点围绕农牧业科技创新能力提升，组织实施科技项目32项，总经费6923万元，资助经费4323万元，当年资助1627万元。

（一）聚焦重点工作，切实推进高原生态畜牧业创新发展

一是通过开展海北州高寒草地生态畜牧业大数据管理平台与关键技术集成示范，在海北州建立了生态畜牧业精细化管理核心示范区156.20万亩，辐射区324.86万亩，受惠家畜20.83万羊单位；建成不同草地类型的自动

监测站45座，数据采集点67个、自动称重系统2套；研发了牲畜可穿戴定位与轨迹记录硬件设备、家畜点数设备、畜棚环境采集设备3项。通过项目实施，构建了高寒草地生态畜牧业的网络连通模式，形成了生态畜牧业系统数据平台，实现了天然草地多源数据的实时传输和业务化运营，为草地畜牧业的科学管理提供了强有力的数据资源和信息支撑。

二是通过开展高原冷水鱼养殖技术研发与集成示范，在民和县和互助县2个集装箱式养殖示范点6个集装箱共投放三倍体虹鳟鱼种1.5万尾，并同时开展相同水源条件、相同品牌饲料、不同养殖密度的集装箱养殖试验工作。通过集装箱式养殖模式示范，以省地节水、品质可控、智能标准、产出高效、绿色生态等多项优势，打造渔业绿色发展、转型升级的新样板。

三是围绕贵南黑藏羊产业发展集中安排的“青稞油菜青饲化利用关键技术集成与示范”“贵南农牧交错区饲草料资源高效利用技术集成与示范”“饲料专用型小黑麦绿色高效关键技术集成示范与产业化”“牦牛绿色健康养殖和营销体系建设”等创新项目群，分别完成黑藏羊选育标准拟定，初步构建黑藏羊提纯复壮新机制，建立贵南县黑藏羊良种评比及奖励机制；集成高寒牧区禾豆混播及青贮调制技术，建植优质禾豆混播饲草示范基地5300亩，粗蛋白含量由传统青干草方式的5.3%提高到禾豆混播加青贮方式的8.6%，显著提升冷季饲草营养水平；初步搭建了涵盖黑藏羊生长环境、养殖、加工、销售环节的全产业链追溯体系，为“优质优价”提供追溯保障；加强黑藏羊系列特色产品开发，打造“天路飘香”等特色优势品牌，开发系列肉产品4种，牧民每只羊增收约225元。

四是通过“青藏高原现代牧场技术研发与模式示范”重大专项实施，五个科技示范牧场已分别建成一年生及多年生饲草料基地12000亩，建成适生牧草选育实验平台800亩，2周岁牦牛平均日增重达到800g以上，育肥时间缩短至100～150天，筛选出适应高寒条件的畜禽废弃物发酵降解优势菌种组合2个，实现了沙棘林天然草地“林－草－鸡”生态种养结合模式的整体布局。

（二）抓好对标落实，助力高原现代特色农业高质量发展

一是通过高原特色农作物现代种业创新体系建设，建立并完善了杂交油菜、马铃薯、青稞和蔬菜等特色作物以项目为纽带、以品种为基础、以基地为依托、产学研结合、育繁推一体化的种业创新体系。建立制（繁）种基地16.3万亩，实现产值4.23亿元，种植户增收1.19亿元；示范推广杂交油菜、马铃薯、青稞、蔬菜133.89万亩，示范区增加收入2.36亿元。

二是对标绿色有机农畜产品示范省设立的“化肥农药减量增效综合配套技术研究与集成应用”重大科技专项，已建成化肥减量增效种植示范区5000亩，化肥减量30%；油菜田农药减施技术示范500亩，农药减量50%。

三是通过“三江源区高海拔城镇造林绿化关键技术研发与示范”重大科技专项实施，在玉树藏族自治州称多县、杂多县和果洛藏族自治州甘德县、达日县通过采用适生树种选择、方型坑整地、栽植穴换土、搭建防风防寒设施、喷施防冻液、增施牛羊板粪、提高地温及合理密植等一系列技术措施，共完成高海拔城镇造林绿化面积205.99亩，造林成活率86.8%、保存率85.4%，在造林绿化过程中初步总结了可借鉴、可复制、可推广的高寒城镇造林绿化模式。

四是通过专用型马铃薯产业高质量发展关键技术研发与示范，已在西宁市湟中县、大通县和海东市乐都区等地安排马铃薯主栽品种机械化生产等栽培技术研究及展示试验6个，建立专用型马铃薯种薯及商品薯生产示范基地12350亩，其中原种生产基地350亩、一级种生产基地2000亩、商品薯生产基地10000亩，亩均纯收入2710元，亩节省人工2.58个。同时，在玉树市称多县、囊谦县和果洛州大武镇等地开展马铃薯新品种筛选试验、密度肥料试验等，建立示范基地合计420亩，其中青薯9号最高亩产达3132公斤。

五是通过“基于物联网的智能型水肥一体化技术集成与示范”项目实施，利用RS、GIS技术开展柴达木盆地枸杞资源空间分布识别，已完成柴达木盆地10个主要枸杞产区枸杞种植分布遥感图1套，研制了有机无机滴灌肥配方，优选出了溶解度、溶解速度较好的剂型2种，研发水肥一体化设

备3套。累计推广面积15500亩，节水57.5%，节肥60.5%，增效1577.3万元。

六是粮饲兼用作物小黑麦繁育推广成果集成与示范取得新进展，通过开展小黑麦播期、播量、密度、施肥、混播等栽培实验，在湟中、乐都和都兰建立小黑麦良种繁育和混播示范基地1100亩，在贵南、湟源、互助、平安、海南以及甘肃定西等地推广种植小黑麦7000余亩。其中选育的新品种高原197，示范区鲜重产量达到4000kg/亩。

三　提前谋划项目布局，完善方案细节加快推进项目建设

一是进一步修改完善“青藏高原牦牛高质量养殖新技术研究与集成示范”“青稞产业提质增效关键技术研究及产业化”“高寒地区藏羊产业提质增效关键技术研发与集成创新”“国家牦牛技术创新中心”等拟申报国家项目、平台建议书，赴科技部汇报对接相关工作。同时，结合科技部要求，赴西藏自治区对接“十四五”农牧业科技创新工作，并就共同争取将青藏高原优势特色产业纳入科技部“十四五”科技创新规划、建立合作交流机制等达成共识。

二是针对青海省农牧业科研重点方向，积极对接科技援青合作省市，组织有关单位和企业赴江苏省、浙江省对接科技援青工作，推动一批项目、平台、园区合作项目在第二次全国科技援青工作会签约。

三是围绕牦牛、藏羊、青稞、油菜、马铃薯等特色优势农牧业产业方向，强化育种、加工等科研重点方向关键技术攻关，为绿色有机农牧业高质量发展提供支撑，推动实现全面小康目标。

四是进一步加强与西北农林科技大学、中国农业科学院、青海大学、中科院西北高原生物研究所等省内外科研单位的沟通力度，对标专项规划拟定的“十四五”农牧业科研重点方向开展集中调研，筹划开展牦牛、藏羊、青稞等重大专项的组织申报工作。

四　强化农业科技园区提质增效，争创国家农业高新技术产业示范区

（一）推进农业高新技术产业示范区建设工作

按照国务院办公厅《关于推进农业高新技术产业示范区建设发展的指导意见》和科技部《国家农业高新技术产业示范区工作指引》文件精神，部署推进青海省农业高新技术产业示范区建设工作。2020 年底，已确定由海西州人民政府为主体进行申报，海西州成立国家农业高新技术示范区建设筹备管理委员会正在推进规划编制等工作。

（二）组织第九批国家农业科技园区申报

按照《国家农业科技园区发展规划（2018－2025 年）》和《国家农业科技园区管理办法》相关要求，组织黄南州申报第九批国家农业科技园区，完成部视频答辩。

五　项目示范带动，强化高原美丽乡镇产业科技支撑

按照全省美丽乡村建设实施方案要求，在互助县五十镇拉洞村投资 200 万元启动实施羌活 GAP 高效栽培技术集成示范项目，现已完成 90 亩羌活的种植；并开展羊肚菌仿野生栽培示范，为村集体免费提供菌种、遮阳网、黑地膜等，在村集体林地中进行了羊肚菌林下仿生栽培种植 8 亩。

在乌兰县巴音村实施“海东地区民居清洁能源供热系统技术综合应用与示范”项目，通过结合当地气候环境，利用超低温变频空气源热泵及太阳能系统的有效多能结合解决民居建筑供热（供暖及热水）需求，提升巴音村民宿的档次，进一步推动巴音村民宿发展壮大。

六　青海省农业农村科技工作亮点

一是重大项目成效显著。实施了“青海农区化肥农药减量增效综合配套技术研究与集成应用”“海北州高寒草地生态畜牧业大数据管理平台与关键技术集成示范”“牦牛提质增效技术集成与产业化示范”“青海省高原特色农作物现代种业创新体系建设”等一批重大科技专项。实现天地一体化动态监测，建立了高寒地区生态养殖模式，有效提高草场单位面积载畜量22%～38%，牧草产量增加22%～43%；在放牧加补饲条件下实现了藏系母羊“两年三胎”和牦牛“一年一胎”的目标，羔羊成活率达到99.27%，牦牛成活率达到65%；首次在高海拔地区实现了早熟结球甘蓝越冬苗培育，以及甘蓝、辣（甜）椒和西葫芦标准化制种技术应用，累计建成制种基地468亩，在省内9个县区30余个基地进行示范推广；围绕双低油菜、脱毒马铃薯、青稞和特色蔬菜等优新品种，初步建成“育繁推一体化”现代种业科技创新模式，累计推广示范农田23万亩；拟定黑藏羊选育标准，开发系列肉产品4种，出厂价比传统胴体出售提高64.71%。通过专项实施，加速了青海省农牧业科技成果的转化应用和高原特色农牧业生产技术进步，有力支撑了绿色有机农畜产品示范省建设。

二是科技扶贫工作首次得到省委、省政府表彰。青海省科技厅荣获2019年度脱贫攻坚先进单位称号。此次荣誉是自2016年开展科技扶贫工作以来，省委、省政府对科技扶贫工作的肯定，也是首次获得的扶贫方面最高荣誉。

三是科技宣传工作推动有力。围绕着复工复产、特色产业发展、科技扶贫等在《科技日报》、《青海日报》、青海电视台开展小蚕豆助力青海省扶贫、科技助力农牧产品保供和春耕备耕、科技助力脱贫攻坚、青海闯出生态富民新路子等宣传报道18篇。

七　青海省农业农村科技工作存在问题

一是推进农业科技园区、星创天地、国家农业高新技术产业示范区等平台建设方面工作创新动力不足，思路不宽，致使各类农业创新平台的作用未能充分发挥。

二是科技特派员工作机制创新不够，激活内力不足，特别是在建立利益共同体，把农民、科技特派员与涉农企业紧密联合，延伸产业链，拓宽为农民服务渠道等方面还存在不足。

三是深入基层开展调研不够。由于处室人员少，加之2020年连续开展了“不忘初心、牢记使命”主题教育、审计反馈问题整改、省委巡视组驻厅巡视，忙于做好这些工作，根本没时间真正深入基层开展调查研究。

八　2021年青海省农业农村科技发展建议

（一）以落实乡村振兴战略为重点，提供科技创新动力

紧紧围绕乡村振兴战略、绿色有机农畜产品示范省建设目标，进一步强化农业科技领域资源链、创新链、产业链的融合布局，聚焦牦牛、藏羊、饲草、青稞、油菜、马铃薯、蚕豆等特色农牧业发展需求、重大产业瓶颈问题、关键限制因素，重点支持实施一批“落实重大要求、围绕重点产业、解决重点问题”的科技创新工程，助力“青”字品牌打造。

（二）全力助推海西农高区创建培育工作

落实科技部和青海省科技厅对海西国家农业高新技术产业示范区创建工作要求，在前期与海西州商讨确定的初步工作计划的基础上，全力助推海西国家农业高新技术产业示范区创建培育工作，重点做好园区规划及实施方案的编制工作并有序推进。

（三）以创新示范园区建设试点为重点，发挥科技引领作用

聚焦农牧产业发展基础好、产业集中度高、特色优势明显，但产业创新链条不完备、制约产业发展瓶颈问题突出的县区，充分发挥科技引领作用，

以市场需求为导向，以政府引导、科研院所和企业等社会力量合作共建的农业科技园区星创天地、科技小院等为载体，整合项目、平台、人才等创新要素，切实打造一批技术密集、资金密集、产业聚集的特色优质农业科技园区。

（四）健全完善科技特派员工作

紧紧围绕青海省高原现代农牧业发展科技需求，优化完善科技特派员结构，有效引导科技信息、人才、技术、管理理念等先进生产要素向农村基层、农业一线集聚，建立利益共享风险共担的新机制，积极探索可复制可推广的经验模式，健全农牧业社会化科技服务体系，提升农牧业科技创新支撑水平。

G.4

2020年青海科技支撑社会发展报告*

摘　要： 2020年青海省社会发展科技工作以习近平新时代中国特色社会主义思想为指导，深入贯彻落实创新驱动发展战略，立足新发展阶段、坚持新发展理念，深入践行“四个扎扎实实”重大要求，持续推进“一优两高”，聚力解决生态环境、生物医药、公共安全、民生改善等领域关键科技问题，取得显著成果。2021年是“十四五”开局之年，青海省社会发展科技工作将以培育“四种经济形态”、创建“五个示范省”为指引，系统推进生态文明建设、科技支撑特色生物产业提质增效、扎实保障和改善民生，为建设美丽、富裕、健康、平安新青海贡献科技力量。

关键词： 科技创新　社会发展　生态文明　生物产业　青海省

一　2020年青海科技支撑社会发展情况

2020年青海社会发展科技工作坚持以习近平新时代中国特色社会主义思想为指导，与时俱进把握“四个扎扎实实”重大要求，立足“三个最大”省情定位，以“一优两高”战略部署为牵引，坚定不移地贯彻新发展理念。扎扎实实推进科技支撑生态保护，牢固树立“绿水青山就是金山银山”理念，努力实现青海生态价值最大化；扎扎实实推进经济持续健康发展，培育

* 课题组成员：苏海红、张燕、乔顺录、王杏芳、刘世铭。

壮大绿色生物医药产业，推动实现创新链供给产业链；扎扎实实保障和改善民生，提升科技服务社会高质量发展水平，着力推动民生改善创造高品质生活。行稳致远保护利用好水资源、矿产资源等自然资源，科学推动禀赋资源优势转化为现实发展优势。

（一）科技创新为青海省打造全国生态文明高地保驾护航，筑牢国家生态安全屏障

深入贯彻习近平生态文明思想，坚持“人与自然和谐共生”基本方略，坚持“三个最大”省情定位，尊重自然、顺应自然、保护自然，坚决守护“中华水塔”，筑牢国家生态安全屏障，涵养生态财富、提升生态价值，为青海省打造全国生态文明高地保驾护航。

1. 着眼国家公园示范省建设，推动三江源国家公园研究院建设

为助力青海省高水平建设三江源、祁连山国家公园，实施星空地一体化生态监测，搭建监测数据平台并进行分析应用。开创性将中波红外、偏振光、激光雷达、高光谱等载荷率先应用于直升机和系留球空中监测平台，开展可可西里、勒池草原等重点区域综合监测，实时发布地表冻融状态、积雪深度与比例、遥感监测植被分类调查与物候期等 5 类产品。基于平台监测数据，开发生态参数反演、多源数据时空融合、数据驱动的空间数据生成等 5 项多源异构数据解析集成关键技术，大幅度提高数据连续性和时空分辨率。以数据挖掘和解析为依据，完成三江源地区雪豹、白唇鹿 8 种濒危野生动物高质量参考基因测序，可可西里、曲麻莱和玛多建成了高寒湿地、草原、草甸和荒漠 4 种植被类型长期监测地面验证样地。研究成果显著提升了三江源国家公园生态监测数据获取精确度、大数据挖掘、应用及共享效率，同时也提高了相关部门重大决策服务实效性。支撑祁连山国家公园体制试点，稳步推进创建祁连山黑河草地生态生产共赢模式、林草植被结构调整与功能提升试验示范研究，建成祁连山高寒草地生态试验站。修改完善《青海三江源生态保护和建设三期工程规划》（科技部分）、《青海祁连山生态保护与综合治理二期工程规划》（科技部分）。

2. 以保护世界第三极为使命，做好“极地保护”青海工作

以关心、认知、应对、保护和可持续发展为目标，协同推进生态环境保护、山水人文影响、气候变化响应等方面的多方合作，推动“极地保护”联动。围绕保护地球“DSJ”研究论证方案任务分工，形成了《地球“DSJ”生态环境保护研究现状及建议专题报告》。联合省发改委共同形成《保护地球“DSJ”概念及范畴研究报告》意见建议。同时，会同科技部等单位共同开展保护地球“DSJ”专题调研。

3. 立足“三个最大”省情，推动青海省大生态产业发展

青海省是中国水资源安全战略基地，素有“三江之源”“中华水塔”之誉，是我国长江中下游地区和东南亚国家生态环境安全和区域可持续发展的生态屏障，也是我国和全球重要的生物物种基因库。青海省的区域生态环境质量必然会对长江、黄河中下游地区的经济社会发展产生巨大影响。因此，开展青海生态环境价值评估及大生态产业发展综合研究，积极改善青海省不同生态功能区的生态环境质量、保证生态安全成为重大战略需求，研究建立了符合青海省生态系统特点的服务价值评估指标和技术体系，揭示了生态系统服务动态变化特征，阐明了生态系统服务的维持机制及溢出效应，并围绕“生态 - 生产 - 生活”之间的关系，探索三者协调发展机制，提出了三生共赢协调发展的途径。同时，摸清青海省生态“家底”及规划其“生态产出”，通过科学评估青藏高原隆升的生态、气候和环境效应以及生态系统服务价值，全面研究三江源区、祁连山、青海湖、柴达木以及河湟谷地生态功能保护、修复与建设技术，系统构建青海高寒生态系统固碳潜力、盐湖资源综合利用与绿色开发、特色农牧业产品精深加工技术以及高原观光业等生态衍生产业。形成的重大成果和大量科学数据为青海省认真贯彻落实习近平总书记提出的“碳达峰”“碳中和”目标要求，制定符合青海实际的“双碳”时间表、画好路线图奠定了基础，也为青海生态立省战略的实施和生态优先发展的落实提供坚实有力的科技支撑。

4. 统筹多要素生态系统，深入打好污染防治攻坚战

聚焦江河园区生态环境管理和质量改善的迫切需求，以湟水流域为核心

实施水－气－土一体化环境管理体系及污染控制关键技术集成示范。通过多源数据采集分析、多模型集成与耦合、情景模拟、试验研究、技术集成等手段和方法，重点突破长期影响湟水流域水与空气环境不能稳定达标的技术瓶颈，填补环境管控方法技术短板。在水环境方面，构建点源、非点源污染源清单数据库和污染负荷贡献名录动态数据库，确立湟水流域污染源输入——水环境质量响应关系，重点攻克污水处理厂提标技术难点。在环境空气方面，建立高分辨率大气污染物排放清单，研究大气污染成因，构建区域大气污染物最优控制方案。在土壤环境方面，绘制土壤污染地图，建立土壤主要污染物优先管控清单。在此基础上，搭建湟水流域水－气－土综合一体化环境管理决策支持平台，整体提升青海省环境综合管理能力，实现湟水流域环境精细化管理，并提供环境影响前置性预判，为湟水流域“水清、地绿、天蓝”优美环境目标的实现提供科技支撑。

5. 强化责任担当，着力推进木里矿区及祁连山南麓青海片区生态环境综合整治工作

深化对“三个最大”省情定位的认识，将青海省科技厅职能职责与生态环境综合整治工作相结合，狠抓部署落实，强化责任担当。在实地调研高寒矿区植被恢复技术集成项目示范区复绿现场，并采集 19 座渣山土壤样本开展物理化学成分分析的基础上，组织省内相关专家专题讨论木里矿区以及祁连山南麓青海片区生态环境综合整治亟须解决的科技问题，提出六条针对性的意见建议。同时，组织省农林科学院土肥所、北京化工大学段雪院士团队等国内相关单位联合开展高寒矿区表层土壤改良关键技术研究与集成应用，通过在西宁和江仓矿区 2 号井温棚开展微区试验并进行出苗情况调查分析，推荐在示范区采用羊板粪施用量 11～33 方/亩、有机肥 0.5～1.5 吨/亩，缓释尿素用量 2～6 公斤/亩，草籽播量 8～12 公斤/亩。形成《木里矿区渣山表层土壤改良试验出苗情况初步分析报告》已分别报送相关省领导。组织青海师范大学史培军教授团队联合北京师范大学共同开展青海木里矿区治理动态监测评估技术研究，围绕矿区地形地貌、植被、水环境以及土壤环境监测评估等方面，初步得出采矿全部停止、正负地貌高差明显缩小、生态恢复加快、水土质量优良、治理成效显现的评价结论。

（二）科技创新为确保“一江清水向东流”提供坚强支撑，行稳致远保护利用优势资源

坚持新发展理念，守住自然资源保护发展边界，践行“绿水青山就是金山银山”理念，平衡处理好保护与发展的关系，在保护中发展，在发展中保护。加强水生态治理与修复、水资源高效节约利用技术研究，为确保“一江清水向东流”提供坚强科技支撑，推动干热岩、页岩气等非常规能源发展及新兴矿产资源找矿、探矿关键技术研发，行稳致远保护利用好优势资源。

1. 守护好“中华水塔”，实施江河源区水生态保护与水资源高效利用

以推动青海省区域水环境治理、水生态保护、水资源利用、水安全保障为核心，以加快水生态环境治理能力现代化，切实改变缺水地区生态、人居和发展为目标。开展柴达木盆地水循环过程高效利用与生态保护技术研究与示范，创新降水、蒸发、土壤湿度以及湖泊蓄水量等水文信息获取技术，依托获取的信息构建适合于高寒干旱内陆盆地的遥感蒸散发和柴达木盆地植被生态最优模型，解析盆地水循环通量。依托研发的天然生态系统耗水有效性评估与调控技术理论与方法、基于空天地的水资源调度模型及水资源管理平台，评估自然生态系统和人类用水有效性，集成发展基于水循环的盐湖卤水补充技术、灌区精准灌溉技术并开展示范，绘制柴达木盆地水生态文明路线图，提出柴达木盆地生态经济社会可持续发展的水资源综合利用模式。

2. 科学推动区域节水和污水治理，助力青海省高原美丽城镇示范省和清洁能源示范省建设

为有效提升我国西北村镇居民饮水安全保障水平、实现非传统水源高效高质利用并提高分布式多能互补系统协同供应的灵活性、可靠性、经济性，综合改善村镇环境及居住品质，推动高品质生活，提升人民生活的幸福感和

获得感。针对我国西北村镇用水用能困难、水资源和能源供给手段单一落后、非传统水源利用和综合能源应用效率低等问题，以推动地区用水方式由粗放低效向节约集约转变为核心，聚焦西北村镇“综合节水降耗”，协同开展雨雪水集约化智能收集、污废水收集处理及资源化利用、高碱度高氟地下水过滤分离、面向终端需求侧的分布式多能互补集成优化、分布式压缩空气储能及微网安全供能、生物质能地热能高效利用等方面关键核心技术及装备产品研发。研发成果将构建形成适用于西北村镇综合节水降耗的典型示范，为青海省推进高原美丽城镇示范省和清洁能源示范省建设提供强有力的科技支撑。

同时，针对青藏高原乡村地区人居分散和污水处理困难的现状，将污水处理系统与太阳能光电光热技术耦合，开展青藏高寒地区分散型农村生活污水处理技术及农村生活污水处理系统增温技术研究，实现高寒条件下农村分散型生活污水生物处理系统的正常运行，相关污水处理参数达到农村污水排放标准的技术要求。对于改善青藏高寒地区农牧区生活条件，优化农牧区能源结构，促进农牧区增效、村容整洁和生态的良性循环等具有重要意义。

3. 促进矿产资源绿色发展，构建新时期矿产资源勘查开发新格局

以提高矿产资源保障能力为目标，以推进资源合理利用与保护为主线，聚焦矿产资源勘查与利用，科技助力构建勘查绿色高质量发展新格局，促进矿产资源集约节约利用，为青海省经济社会高质量发展提供支撑和保障。

围绕青海省重要矿产资源勘查、探测，重点在柴北缘造山带以干热岩、铀、锂以及贵金属等战略性新兴矿产为研究主矿种，以“造山带成矿”理论和“多旋回深循环内外生一体化”现代成矿预测理论为指导，通过开展宗务隆裂谷带多金属矿成矿作用及勘查技术研究、共和盆地干热岩热源特征及勘查技术示范、柴北缘稀有稀土矿找矿预测技术集成与示范及铀多金属矿成矿系统及勘查评价技术研究，揭示该地区战略性新兴矿产资源时空配置、成因类型及成矿地质背景，重点研究柴北缘与中酸性侵入岩有关的干热岩、铀矿及锂矿的赋存特征、成矿条件及含矿性特征，为打造柴北缘战略性新兴矿产资源战略储备基地提供科学技术依据。

以柴达木盆地南北缘主力生烃层系为研究对象，优选柴北缘鱼卡、红山地区侏罗系，德令哈石炭系，南缘八宝山盆地三叠系为重点研究目标，通过野外地质调查、地球化学等多学科结合开展柴达木盆地南北缘页岩气评价关键技术研究及示范，明确页岩气形成条件及富集规律。通过钻井、测井、压裂等系列工程技术攻关，形成配套页岩气勘查及评价关键技术，根据勘查情况、资源富集程度及工业化生产指标，优选有利目标区开展示范区建设前期技术评价，为青海省页岩气资源的勘探开发奠定坚实基础。

干热岩地热资源是极具开发前景的战略性阶梯能源，青海省积极开展共和盆地干热岩开发利用多方法关键技术研究。以钻孔换热方法为核心技术的干热岩热能提取技术体系是干热岩资源开发利用的有效方法之一，具有对环境扰动小、资源利用率高等优点。导热流体的注入技术是干热岩单孔取热技术是否能够实现商业化应用的关键核心技术，坚持以问题为导向，组织开展干热岩单孔取热的导热流体注入关键技术研究，着力研发超深高压高热高湿环境下的导热流体注入装置，为以钻孔换热方法为核心技术的干热岩热能提取技术体系提供核心技术支撑。

（三）科技创新助力推动青海省特色生物产业高质量发展，加快建设现代生物产业体系

坚持实体经济是现代化经济体系坚实基础的理念，聚力实体经济，把握产业革命方向和培育未来竞争新优势，推动新兴领域发展壮大成为支柱产业。依托高原特色生物资源禀赋，发展特色生物资源精深加工产业，培育中藏药材专业化市场，创新中藏药材生产和生物提纯技术，促进特色生物产业结构优化及提质增效。

1. 继续推进中藏药评价体系建设

围绕藏药炮制工艺研究、药物有效性和安全性评价，搭建药物安全性评价技术体系，补齐西北地区缺少实验动物中心的短板，推动青海省中藏药产业快速发展，实施中藏药安全性评价技术体系建设与重点中藏药评价。在藏药新药开发方面，安儿宁颗粒已完成临床试验，如意珍宝丸正在进行安全性

评价研究；在药物有效性和安全性评价方面，正在开展治疗骨性关节炎的作用机理研究与体外药理学实验、佐太在动物体内分布研究、汞在主要靶器官肾中转化形态研究；在藏药药物炮制工艺方面，与中国中医科学院望京医院、北京中医药大学第三附属医院等牵头的16家医院，完成320例病例的收集，完成藏药佐太3种工艺13个批次佐太炮制实验研究，在佐太炮制历史上尚属首次。已按照GB－14925的要求，完成动物实验中心及药品GLP实验室的建设。初步建成实验动物平台，包括普通级实验动物生产区及实验区、SPF级实验动物生产区及实验区、药物安全性评价及检测实验室共4000平方米，购置实验仪器137台（套）。

2. 积极开展藏药新药创制与二次开发

通过开展"藏茵陈总苦苷新药"的药材基源鉴定、化学成分、制备工艺、质量标准、药效学和安全性评价研究，表明藏茵陈总苦苷新药对慢性胆囊炎有显著的治疗作用，且安全无毒副作用，为新药注册申报奠定了良好基础。与北京东直门医院合作开展珍龙醒脑胶囊中桂皮醛含量测定与胆酸薄层鉴别方法改进，并开展临床研究。通过对传统藏药十五味赛尔斗丸相关文献整理、组方理论、核心药物组合的挖掘，建设完成十五味赛尔斗丸防治肝胆疾病的方剂数据库，应用现代药学方法进行十五味赛尔斗丸配伍规律、药效物质基础、作用机制及临床疗效评价等方面的系统性研究，临床治疗胆囊炎病例106人、胆结石病例18人。

3. 持续推进特色生物资源加工技术体系建设

深度挖掘高原特色生物资源优势，开展道地中藏药材种植、种子种苗繁育，推进沙棘、枸杞等特色资源精深加工，加快特色浆果黑果枸杞和藜麦新产品开发。对当归、黄芪、暗紫贝母、麻花艽等良种种苗繁育和规范化种植相关技术试验研究，建立种苗繁育和生产种植基地5600余亩。开展黑果枸杞产业关键技术研究及高值利用研究，采集了全国6个省份31个产地的45个黑果枸杞样品，建立了不同产地黑果枸杞花青素和原花青素含量数据库，确定黑果枸杞花青素提取的最佳工艺，优化黑果枸杞高效加工工艺；筛选出了6株生长良好，风味好、活性强的功能性菌株，为黑果枸杞产业高质量发展提供科技支撑。应用微胶囊和超微粉碎等技术，开发了藜麦代餐食品 2 款；应用冠突散囊菌发酵技术进行了发芽青稞金花米的发酵工艺研究，开发出青稞红曲袋泡茶、青稞金花米等 6 款产品。构建了 97 株青藏高原牧区乳酸菌菌种资源库，筛选并获得高产酸、遗传稳定性强且具有耐酸、耐胆盐等能力的嗜热链球菌 1 株，开发牦牛乳发酵酸奶新产品 6 种。通过科研技术攻关，加快推动了高校科研成果与企业需求接轨，提高了企业的产品研发水平，助力青海省特色生物产业提质增效。

（四）科技创新为增进民生福祉和强化公共服务提供支撑，努力创造高品质生活

坚持以人民为中心的发展思想，着力补齐民生短板，以科技创新和成果转化破解民生难题。聚焦医疗、城乡发展、公共安全等重点领域，研发转化医疗健康先进技术成果，完善公共安全应急响应技术体系，开展自然灾害监测预警机制风险防范，着力解决制约智慧城市、绿色建筑、生活垃圾和污水处理等方向关键技术难题，以先进科技成果为全省人民提供优质公共资源和服务供给，不断增强各族群众获得感、幸福感、安全感。

1. 医疗卫生领域

积极推进青海省临床医学研究中心建设。目前青海省已挂牌成立包虫病、高原病、肿瘤、风湿病、儿童健康与疾病、医学检验等 6 个省级临床医学研究中心，备案共建临床医学研究分中心 3 个，2021 年组织培育老年疾病和血液系统疾病临床医学研究中心，依托临床医学研究中心加大医学科研技术成果在青海落地转化，满足青海省人民群众健康需求和就医获得感。

包虫病在青海省藏区高度流行，严重危害患者的生命和财产安全。“十三五”期间，省科技厅加大包虫病防、诊、治方面的科技攻关，通过建立青海省包虫病临床医学研究中心，实施人畜包虫病防控策略与创新技术应用等重大科技专项、包虫病诊断与治疗综合创新技术研究、包虫病源头智能管控关键技术应用等重点研发计划，集聚国内高层次人才团队，攻关包虫病目

前面临的瓶颈问题，在诊疗研究方面取得了突破性进展。青海大学附属医院樊海宁教授率领的研究团队通过对高通量测序进行技术优化，在泡型包虫病患者血浆中检测到不同含量的虫源性游离核酸，证实血浆检测方法对泡型包虫病诊断具有高度的敏感性和特异性，对泡型包虫病诊断和治疗效果评价具有重要的指导意义，该研究成果得到国际同行的高度认可，前期部分数据于近期发表于感染病领域一区权威杂志 *Clinical Infectious Diseases*，技术成果已转化应用服务患者，为下一步包虫病和类似寄生虫精准检测奠定了坚实理论基础。同时，现有药物剂型改造取得进展。将阿苯达唑改造成阿苯达唑晶体分散体，治疗效果大幅度提升，具有较强的应用潜力；通过荧光腹腔镜及荧光导航技术，确保手术安全及精准肝切除，提升了手术成功率；将微波消融技术应用于早期泡型包虫病的治疗，实现了该技术从实验研究到临床应用的转化，已使数百余患者获益。

2. 疫情防控方面

制定出台《关于加强新冠肺炎疫情防控科技支撑九项举措》《青海省科技厅重大疫情防控应急预案》；启动青海省疾控中心“传染性疾病分子生物学实验室”重点培育计划，为疫情防控追溯传染来源提供科学依据。及时成立专家组，开放项目申报“绿色通道”，启动 7 个应急科研专项。部分项目已取得阶段性进展，制定“新冠病毒肺炎藏医药防治方案”，部分内容已纳入《青海省新冠病毒肺炎防治方案（试行第二版）》；依据《四部医典》中藏医药热病疫病学理论，成功研制九味防瘟黑药粉香囊，取得了青海省药品监督管理局制剂生产批号；针对呼吸道疾病研发了复方藏药“巴达皮肤抑菌液”，适用于口鼻周围皮肤消毒，是口罩防护的有效补充；制定了青海省《新型冠状病毒肺炎中西医结合诊疗方案（试行第四版）》；完成中药佩戴防瘟散（香囊）、扶正逼瘟合剂、藿兰清化饮、芩蚕解毒合剂质量标准研究，并开发出相关制剂，已纳入《青海省基本医疗保险药品目录》；将《水流控制装置、冷凝水收集杯及呼吸机》专利成果在新冠重症病房中推广使用。在此基础上谋划部署了“新型快速检测试剂盒的研制”和“集成化核酸检测技术在感染性疾病中的应用与研发”项目，项目实施将有效提升地区新发突发传染病的应对能力。

3. 防灾减灾方面

推进青海雪灾精细化监测预警及应急联动机制的建立。依托青海典型积雪区域新型雪情自动监测仪，建立了不同季节、不同区域小时尺度“降水量—雪深”定量转换模型，结合青海省逐小时数值天气预报产品，解决了雪情预报过程中降水量与雪深的衔接问题。同时，组织部署基于GNSS、INSAR和实时波形观测的地震短临预测关键技术研究及应用，为后续开展地震应急、地震灾害风险性评估、国家级省上重大项目前期科研提供基础数据。

4. 民生改善方面

加强公共卫生安全和新型城镇化建设。青海省规划设计研究院有限公司组织实施了青藏高寒地区分散型农村生活污水处理技术研究与示范。项目针对青藏高原乡村地区人居分散和污水处理困难的现状，将污水处理系统与太阳能光电光热技术耦合，开展了农村生活污水处理系统增温研究，项目对于改善青藏高寒地区农牧区生活条件，优化农牧区能源结构，促进农牧区增效、村容整洁和生态的良性循环等具有重要意义。青海省建筑职业技术学院组织实施了青藏高寒地区装配式生态厕所与太阳能耦合技术研究与示范。项目以青藏高寒地区装配式生态厕所为研究主体，开展了装配式建造技术、厕所粪污原位处理关键技术、太阳能耦合系统设计优化等应用技术研究，为青海省“厕所革命”提供了有效技术支撑。

（五）科技推动高质量建设海南藏族自治州国家可持续发展议程创新示范区，践行习近平总书记视察青海时重要讲话精神

推动全球可持续发展已成为人类共识。建设国家可持续发展议程创新示范区目的是以推动科技创新与社会发展深度融合为着力点，探索以科技为核心的可持续发展问题系统解决方案，为国家破解新时代社会主要矛盾、落实新时代发展任务做出示范并发挥带动作用，为全球可持续发展提供中国经验。海南藏族自治州位于青藏高原东北部，是国家重要生态安全屏障和水源

涵养地、藏域文化遗产的重要传承地，自然资源丰富，水环境质量总体优良，水、光、风以及干热岩资源富集，新能源产业发展潜力巨大，依托海南藏族自治州建设国家可持续发展议程创新示范区既是践行习近平总书记视察青海时提出“青海最大的价值在生态、最大的责任在生态、最大的潜力也在生态”重要讲话精神的具体行动，又是保护“中华水塔”重要水源涵养地、促进黄河流域生态保护和高质量发展的重大需求。2020 年在广泛调研、深入研究、统筹谋划的基础上，修改完善《海南藏族自治州可持续发展规划（2020～2030 年）》和《海南藏族自治州国家可持续发展议程创新示范区建设方案（2020～2022 年）》。2020 年 4 月，时任青海省委副书记、省长刘宁参加科技部组织的国家可持续发展议程创新示范区建设咨询委员会专家咨询评议会亲自答辩，并表态举全省之力做好此项工作；5 月通过科技部部务会、国家可持续发展实验区部际联席会议审议；11 月 26 日省政府与科技部正式上报国务院《关于海南藏族自治州创建国家可持续发展议程创新示范区的请示》等相关材料，等待提请国务院常务会审定。同时，按照省政府主管领导专题部署要求，充分运用科技援青工作机制，统筹协调国家、省级优势科研资源，谋划生态环保、大数据及智慧旅游等重大工程项目。

二　2021年青海科技支撑社会发展工作展望

（一）持续推进木里矿区及祁连山南麓青海片区生态环境综合整治工作

全面贯彻落实省委、省政府和科技厅党组关于木里矿区及祁连山南麓青海片区生态环境综合整治工作决策部署，提高站位、主动作为。持续推动高海拔地区生态修复项目成果转化及木里矿区高寒生态系统修复与精准动态监测技术研发，在科技方面为实现“两月见型打基础、当年建制强保障、两年见绿出形象、三年见效成公园”的目标任务做出贡献。

（二）推进海南州国家可持续发展议程创新示范区建设

深入贯彻落实中共中央和青海省委、省政府决策部署，紧密围绕生态环境保护、生态畜牧业发展、清洁能源综合利用等领域加强技术创新集成，打造示范样板，形成典型经验，为区域生态保护和可持续发展提供有力支撑。

（三）推进疫情防控科技创新工作

将强化新冠肺炎疫情应急科技专项的管理，及时梳理科技成果并加快推广应用。成立青海省疾病预防控制中心“传染性疾病分子生物学实验室”。推进新型快速检测试剂盒的研制及新型冠状病毒疫苗在本省的生产。同时增强高原病、地方病、鼠疫等疾病防控措施的科技创新支持力度，持续推进民生改善。

（四）促进高原特色生物产业高质量发展

贯彻落实《关于推进生物技术发展的实施意见》，着力推动生物技术在生物医药、工业、农业、资源、环境和生物安全等领域的应用推广，重点支持中藏药、生物医药等领域关键共性技术突破，促进生物技术产业高质量发展。

G.5
2020年青海科技合作与交流发展报告*

摘　要： 2020年，青海科技合作以解决制约经济社会发展“瓶颈”问题为出发点，在拓宽合作领域、创新合作模式、提高合作质量、扩大对外影响方面下功夫，不断拓展科技合作交流渠道；通过“走出去”和“引进来”相结合的方式，稳步开展青海省引才引智工作；积极做好第21届“青洽会”期间科技各项工作，6项任务均圆满完成；坚持“面向大众”和“引领示范”相结合的原则，广泛开展了科普宣传工作。青海科技合作与交流取得了新进展。

关键词： 科技合作　科技交流　青海省

一　2020年青海科技合作与交流工作进展

（一）积极推进，不断拓展科技合作交流

以解决制约经济社会发展“瓶颈”问题为出发点，在拓宽合作领域、创新合作模式、提高合作质量、扩大对外影响方面下功夫，不断拓展科技合作交流渠道。

一是组织2020年度省级国际合作专项11项合同的审定、签订工作，国

---

* 课题组成员：姚长青、叶拴劳、吴玲娜、黄晓凤、颜有奎。

际科技合作在有条不紊地推进中；开展2021年省级科技计划国际合作申报指南的前期调研及需求征集，并确定了项目的支持方向和申报要求；完成到期省级国际合作项目验收9项。

二是实施2020年度发展中国家技术培训班项目，指导承担单位海南州布绣嘎玛民族工艺品有限责任公司做好项目执行的前期准备工作，由于受疫情的影响，项目延期执行。

三是加强省院合作，向中科院兰州分院推荐2020年度院地科技合作项目6项；完成兰州分院赴青海就新一轮青海省人民政府与中科院科技合作协议的调研工作，起草了《青海省人民政府中国科学院科技合作协议（2021～2025年）》。

四是协助中科院兰州分院完成了“西部之光”项目中期、终期评估；2020年度“西部之光”申报项目84项，通过答辩，专家初步评审，已经获得中科院批复、立项10项。

五是赴甘肃、重庆、山西对接科技援青工作，为第二次科技援青工作会顺利召开做好前期工作。

六是在首届青海省生态（产业）博览会暨藏毯展，协办了青海企业“一带一路”国家投资合作经验交流会论坛。

七是完成第三届中国国际进口博览会的组团、参会工作。

（二）立足实际，稳步开展引才引智工作

根据青海省社会经济发展需要，通过“走出去”和“引进来”相结合的方式，稳步开展青海省引才引智工作。

一是深入青海大学、青海师范大学等单位开展2020年引智项目和出国（境）培训项目需求及必要性调研，为做好引才引智工作打好基础。

二是按照国家安排部署，分别下达2020年国家引智项目申报指南和出国（境）培训项目指南，组织各有关单位做好项目申报及审核推荐工作，经认真审核，向科技部（国家外专局）申报引智项目20项、出国（境）培训项目33项。

三是召开外国专家迎新春座谈会，开展了广泛的交流，充分听取外国专家及专业技术人员意见建议，进一步提高工作水平。

四是切实落实外国人来华工作许可制度，简化办理流程，压缩办理时间，提供优质高效服务。2020 年度发放《外国人来华工作许可通知》31 份，新办《外国人来华工作许可证》12 件、工作许可证延期 77 件、注销 30 件，共办理外国人来华工作业务 150 件。

（三）积极落实第21届“青洽会”各项工作

为确保第 21 届“青洽会”期间科技口各项筹备工作的落实，青海省科技厅及时召开会议研究部署，制定了“青洽会”工作方案，积极配合牵头单位，梳理工作任务，明确时间节点，倒排工期，指定专人负责各项工作的落实。“青洽会”分配青海省科技厅 6 项任务，各项任务均圆满完成。

一是邀请中国工程院院士南志标（兰州大学），在“青洽会”开幕式暨主旨论坛上做了“发展草地农业，促进四个转变”主旨演讲；邀请西南民族大学青藏高原研究院周青平副院长、中科院兰州分院肖国青院长等相关专家参加“青洽会”相关活动；积极收集科技成果影视资料报送执委会，做好“云上青洽会”宣传推广工作。

二是通过微信群、科技平台发布招商项目推介。积极对接青海格尔木鲁能新能源有限公司、上海电气集团股份有限公司、沈阳中钛装备制造有限公司、青海艾特克盐湖科技有限公司等企业，签约招商引资项目 5 项，签约资金 8. 811 亿元。参加了“青洽会”网络签约活动，与江苏艾特克阻燃材料有限公司签约金额 1. 2 亿元。

三是积极协助中科院青海盐湖研究所筹备“中国（青海）锂产业及动力电池高峰论坛”，邀请省内外高新技术企业参会。

四是借助“智汇三江源 · 助力新青海”人才项目洽谈会平台，与省外高校、科研院所、企业建立合作关系，本着精准、实用的原则，柔性引进中高层次人才 9 名。

（四）稳扎稳打，持续做好科普宣传工作

切实落实习近平总书记对科普工作的重要指示精神，以建设创新型省份为目标，坚持“面向大众”和“引领示范”相结合的原则，持续做好科普宣传工作。

一是落实《关于认真学习贯彻党的十九届四中全会精神深入开展文化科技卫生“三下乡”活动的通知》精神，青海省科技厅与省委宣传部、省文明办、省文化和旅游厅、省卫生健康委等18家单位，在海南州贵德县举办2020年青海省文化科技卫生“三下乡”暨“我们的中国梦——文化进万家”集中示范活动，资助贵德县科技项目440万元。

二是带队督查青海省“十三五”全民科学素质活动计划纲要落实情况。按照省政府督查室督办要求，协助青海省科学技术协会纲要办公室（青海省科学技术协会）带队对海东市、海北州、玉树州以及省人社厅等10家成员单位贯彻落实《青海省全民科学素质行动计划纲要实施方案（2016～2020年）》工作进行实地督查，并提出相关要求，为国家评估青海省贯彻落实“十三五”全民科学素质行动计划纲要奠定基础。

三是按照科技部要求，全省各市州科技、宣传、科协等部门进行广泛宣传，面向基层、面向科普工作一线、面向突出贡献，坚持层层把关，逐级审核、逐级推荐，经省科技厅、省委宣传部、省科协共同审核，推荐的青海省科学技术馆等3个单位获得“全国科普工作先进集体”，翟咏等6名同志被评为“全国科普工作先进工作者”。征集并报送3部作品参加2019年度全国科普微视频大赛。

四是在第四个全国科技工作者日来临之际，张黎副省长带领省科技厅领导慰问“青海学者”、一线科技工作者代表，厅长莫重明慰问吴天一院士，并与专家学者开展了座谈，进一步激发全省广大科技工作者投身新青海建设的积极性。

五是由省科技厅主办，省气象学会、中科院青海盐湖研究所、青海省科学技术信息研究所有限公司承办的2020年青海省科普讲解大赛在西宁圆满

落幕。邀请来自省科技厅、省委宣传部、省卫生健康委、省科协、省气象局、青海民族大学、青海卫视等单位专家学者担任评委。全省各市（州）以及省直有关单位的28名优秀讲解员参加了比赛。

六是由省科技厅、省委宣传部、省卫生健康委、省科协、西宁市人民政府共同主办，西宁市科技局承办的“2020年青海省科技活动周”活动启动仪式于8月23日在西宁举行，张黎副省长出席西宁主会场活动并宣布“2020年青海省科技活动周活动”启动。本次科技活动周活动重点展示科技战疫成效、科技创新成果、美好生活活动体验、科技助力脱贫攻坚等方面内容，青海省、市级卫生系统、科研机构、疾病预防、气象、地震、科考、测绘、应急、科普宣传等30家单位参加了主会场活动，向全社会传播科学知识、弘扬科学精神、激发广大人民群众的科技创新热情，为推进创新型青海建设发挥了积极作用。科技活动周期间共开展了120多项科普活动，参与人数达8万多人。利用农村综合信息化服务平台，开通了“多点布局+云上直播”的形式，向全省进行现场直播。

七是依据《青海省科研科普基地认定和管理办法（试行）》，组织2020年度科研科普基地申报、评审工作，认定科研科普基地4家，对2018年认定的4家科研科普基地进行评估，实现科学研究与科学普及的紧密结合，推动科技资源向科普资源转化。

（五）主动作为，积极推动引智项目实施

一是主动与引智项目单位对接，及时掌握项目进展情况、了解单位需求，帮助项目单位想办法解决工作中遇到的困难。

二是出台《青海省科学技术厅关于统筹做好外国专家疫情防控服务和支撑复工复产有关事项的通知》，引导各项目单位根据自身实际，外国专家远程参与国内项目并利用视频、网络办公等多种方式开展科研合作、学术交流等工作，积极推进引智项目的实施。

三是在青海省科技厅领导的带领下，赴科技部（国家外专局）沟通汇报，积极争取国家对青海省引才引智工作的倾斜和支持。

（六）强化服务，助力复工复产

一是出台《青海省科学技术厅关于做好外国专家返岗复工有关工作的通知》及《青海省科学技术厅关于做好外国专家返岗复工有关工作的补充通知》，利用QQ、微信工作群随时与各用人单位保持沟通联系，做好摸排工作，及时掌握、随时指导外国专家和项目单位开展疫情防控及返岗复工工作。

二是下发《青海省科学技术厅关于做好在青工作外国专家防控新型冠状病毒疫情服务工作的通知》，在疫情防控期间，为方便用人单位办理来华工作相关手续，采取“先承诺后补交”的方式全程网上受理，实行原要件材料承诺制、采取不见面审批，待疫情防控稳定后再补交相关纸质材料。

三是积极做好境外来青返青外国专家的信息收集和报送，及时指导各引智相关单位配合社区等后续疫情防控指挥部的有关规定，做好居家隔离和生活保障，加强外国专家健康管理，加强舆情引导，做好政策宣传。

（七）积极沟通协调，推动科技援青

根据省科技厅党组的安排，在厅党组成员、援青办主任姚长青的带领下，积极赴科技部国合司、引智司、外服司、中科院等单位进行援青项目对接，又赴甘肃省、重庆市、山西省进行对接和援青框架协议调研，取得了积极效果，为第二次科技援青会议的召开打下了良好基础。

（八）拓展国际交流，“中欧科研快车”首次驶入青海

由科技部国际合作司指导，中国科技交流中心、欧盟驻华代表团与青海省科技厅共同主办的2020年“中欧科研快车”青海站宣讲活动于11月26日在西宁举办。捷克共和国、德国、荷兰王国、波兰、挪威等国驻华使馆科技人员出席了活动。科技部国际合作司、中国科技交流中心、外交部欧洲司与青海省、市（州）科技管理部门、高校、科研院所、企业等代表90余人参与此次交流活动。

这是“中欧科研快车”宣讲活动首次驶入青海、驶上青藏高原，对青

海省科技创新工作主动融入“一带一路”、推进更高水平对外合作交流、打造区域创新高地具有里程碑意义。通过“中欧科研快车”系列活动，可更好地探索挖掘中欧科研合作新机会，以科技项目合作和人才引进培养为抓手，进一步深化青海省对欧洲科技交流合作，务实推动青海省国际科技合作向更大范围、更宽领域、更深层次发展。

（九）多措并举，加大防疫科普

一是青海省科技厅与青海省通信管理局、三大运营商通力合作，疫情期间每天为全省500多万手机用户推送防疫科普知识；在省科技厅门户网站“科普知识”栏目和“青海科技”微信公众号开展疫情防控专题宣传。通过青海省农村信息化综合服务平台滚动推送藏汉双语新型冠状病毒科普宣传知识9224条，接收用户达789509户，有力提高基层群众特别是藏族群众的防控能力。

二是通过微信、QQ等多种线上方式，为在岗的外国专家及随行家属推送英文版防控提示和防控知识，提供定点医院名录和服务电话，开展健康教育、防疫科普知识宣传，进一步扩大了疫情防控应急科普宣传的覆盖面和知晓度。

三是省科技厅与省委宣传部、省科协联合印制6万份防疫宣传折页，协调省健康教育所提供宣传挂图、宣传手册各项300份，并将宣传资料及时送到各市州，为打赢新冠肺炎疫情阻击战营造了氛围。

二　2021年青海科技合作与交流工作展望

（一）继续推进拓展国际合作交流

一是积极推进“一带一路”科技创新合作，利用中阿、中俄、中日、中欧等科技合作交流平台，提倡离岸研发、飞地合作，不断拓展合作交流渠道。

二是利用“走出去”和“请进来”的方法，组织青海省优势资源和特色产业，通过“一带一路”平台进行技术转移转化。

三是扎实开展2021年度科技计划国际合作专项项目申报，及时完成到期项目的验收。

四是在疫情得到好转时，启动发展中国家培训班的培训工作。

（二）努力推进引才引智工作

一是继续探索离岸创新、柔性引才的新模式，允许外国专家远程参与国内项目，与项目单位合作开展合作研究、学术交流等，指导项目单位推进引进外国专家项目实施。

二是严格按照“从严控制、突出重点、少而精”的原则，认真做好培训需求调研和立项必要性分析，紧紧围绕青海省经济社会发展重点行业、关键领域的“瓶颈”问题确定项目主题，使出国（境）培训项目更加切合青海省经济社会发展需要。进一步压缩党政团组的数量，保持有足够的资源留给一线的专业技术人员，确保有限的经费用在关键点上。

（三）做好外国人来华工作许可

一是加强疫情期间外国人来青工作管理，继续实行外国人来华工作许可“承诺制”和不见面审批。

二是按照“放管服”改革的要求，加强对外国人才签证制度的落实，进一步提高人才签证的申办效率，采取全程在线、立审立办的方式，大幅压缩审核、审发期限，外国人才资质确认时限压缩至5个工作日内，高端人才及其配偶子女在驻外使领馆申请，可在最短时间内获得人才签证。

（四）加强省院合作的力度

利用省院合作机制，不断加强同中国科学院、中国工程院、中国科学院大学、中国科学院兰州分院合作力度，通过“西部之光”等项目，在人才培养、项目联合攻关方面补短板、提效率，提升研发水平。

（五）扎实开展科普宣传

一是通过科技活动周、科技工作者日、科普讲解大赛等重大科普活动和科研科普基地认定等手段，加大科学知识的普及力度。

二是以“公民科学素质纲要”为主线，丰富科普资源，创新文化环境和科学氛围，加大对重点行业、重点人群的教育力度，不断提升公民科技素养。

三是以新的理念、新的思路、新的举措，全力推进《公民科学素质纲要》的实施。

G.6

2020年青海大众创业万众创新发展报告*

摘　要： 2020年，青海省持续推进大众创业万众创新工作，政策环境持续优化，服务能力持续提升，市场主体活力持续迸发，“双创”社会氛围持续升温，取得显著成效。但同时，还存在大中小企业融通发展不充分、全链条孵化服务不完善等问题，需要在加强创新创业资源整合、提升专业孵化服务能力、完善创新人才激励机制方面持续发力，推动创新创业高质量发展。

关键词： 大众创业　万众创新　市场主体　青海省

2020年，青海省创新创业工作，坚持以习近平新时代中国特色社会主义思想为指导，认真贯彻党中央、国务院决策部署，立足新发展阶段、贯彻新发展理念、融入新发展格局，强化创新驱动，增强发展后劲，构建全链条科技孵化服务，开展各类“双创”活动，为激发主体活力、释放经济势能、实现更充分就业提供了新动能。

一　总体情况

（一）加强顶层设计，持续优化“双创”环境

1. 提升“双创”示范基地带动作用

为深入贯彻落实国务院印发的“双创”措施和意见，结合青海省实际，

---

* 课题组成员：许淳、李岩、赵以莲、高亚锋、张慧芳、樊鑫山、米杰、彭文博、杨发、朱虹、周成录、沈利玲、刘虹、王莉。

青海省科技厅牵头制定出台了《关于提升“双创”示范基地带动作用进一步促改革稳就业强动能实施方案》（青科发高新〔2020〕104号），落实纾困惠企政策、深化商事制度改革、引导示范基地盘活资源，启动“互联网平台+创业单元”“大企业+创业单元”等新模式，推动跨界融合的创新活动，支持示范基地建设学科交叉的创新中心，聚焦融通创新发展和创新主体培育，努力把“双创”示范基地打造成为创业就业的重要载体、融通创新的引领标杆和精益创业的集聚平台，促进“双创”更加蓬勃发展，更大程度地激发市场活力和社会创造力。

2. 推动科技体制机制改革

为全面落实中央关于科技体制改革的部署，推动科技体制机制改革向纵深发展，进一步强化企业技术创新主体地位，完善科技成果转移转化体系，建设高水平创新人才队伍，构建区域协调创新地位，青海省科技厅制定印发了《关于优化科技创新体系提升科技创新供给能力的若干政策措施》（青办字〔2020〕76号），推进落实高新技术企业认定奖补及研发费用加计扣除减免税优惠政策，对新认定的高新技术企业奖励10万元，对高新技术企业中认定为“省级科技小巨人”的企业再奖励90万元；鼓励企业加大研发投入，对高新技术企业和科技型企业按照当年研发费用加计扣除免税额的10%给予最高不超过200万元奖补等政策。修订印发了《青海省科技型企业认定管理办法》（青科发高新〔2020〕85号），进一步放宽相关认定条件，鼓励企业加大研发投入，提高研发能力，加快形成科技型企业、高新技术企业和科技小巨人企业梯次发展格局。

3. 促进科技孵化载体健康发展

为引导青海省科技孵化载体高质量发展，构建良好的科技企业成长生态，修订印发了《青海省众创空间认定管理办法》（青科发高新〔2020〕86号），重点支持和鼓励各产业园区、高等院校、科研院所、工程中心、重点实验室、科技企业孵化器、龙头企业等科技创新载体多方协同打造产学研用紧密结合的专业化众创空间。修订印发了《青海省科技企业孵化器认定管理办法》（青科发高新〔2020〕87号），推动形成主体多元、类型多样、业态丰富的发展格局，持续孵化新企业、催生新产业、形成新业态，实现创新与创业结合、线上与线下结合、投资与孵化结合的建设目标。为加强和规范孵化载体的运营管理，加快形成创新创业服务全面升级，同时制定了《青海省科技企业孵化器和众创空间绩效评价细则（试行）》（青科发高新〔2020〕88号），按照定性与定量、总量与比值相结合的方式，对孵化载体的综合能力、整体水平和可持续发展状况进行客观评价，以促进青海省孵化载体健康发展，形成优胜劣汰的健康发展机制，提高孵化服务水平。

（二）创新载体多元发展，创新服务全面升级

1. 打造科技资源支撑型“双创”特色载体

在青海省科技厅、省财政厅、省工业和信息化厅的精心指导下，海东河湟新区成功入选财政部、科技部、工业和信息化部支持建设的科技资源支撑型“双创”特色载体，并获得中央专项资金2500万元，为创建省级高新区奠定良好基础。目前河湟新区已建成“众创－孵化－加速－产业化”的完整创新创业链，拥有国家级科技企业孵化器1家、国家备案众创空间1家、国家级小型微型企业创新创业示范基地2家，青海中关村高新技术产业基地连续两年在全省孵化器绩效评价中获得优秀等级，形成了科技成果不断涌现、创新能力不断增强、企业效益不断提升、产业结构不断优化的良好“双创”工作局面。河湟新区以特色载体建设为契机，充分发挥国家专项资金的引导作用，进一步提升先进制造业、数字经济、生物健康、文化创意四大主导产业发展质量，使特色载体的发展质量与效率更加优化，科技服务与创新创业生态更加成熟。

2. 支持专业类“双创”载体建设

国家科技企业孵化器是以促进科技成果转化、培养高新技术企业和企业家为宗旨的科技创业孵化载体，是国家创新体系的重要组成部分，是创新创业人才的培养基地和区域创新体系的重要内容。一是青海大学科技园依托青海大学等省内院校和科研院所的综合智力资源，借助清华大学、西北农林科技大学、中国地质大学、华东理工大学等对口支援高校的帮扶优

势，聚焦生物、信息、新能源新材料和智能制造领域，打造“科技园”与“产业园”的联合体，以“空间有形，梦想无限”的宗旨，植入精准服务理念，搭建全面服务平台，借智引智、吸收人才，在税收减免、资金扶持、知识产权资助、房租优惠、免费财务法律服务等方面全面支持入园企业。青海大学科技园于2017年被认定为省级科技企业孵化器，经过三年的建设培育，2020年经青海省科技厅推荐，被认定为国家级科技企业孵化器，全省国家级科技企业孵化器数量达到7家。二是按照《科技部办公厅关于开展第四批国家专业化众创空间备案示范工作的通知》（国科办区〔2020〕54号）精神，省科技厅根据《专业化众创空间建设工作指引》相关要求，通过实地调研、材料评审等方式，对青海省组织申报国家专业化众创空间的8家单位进行了综合考察，并向科技部推荐三江源生态国家专业化众创空间。

3. 强化“双创”示范基地资源优势

2020年，国家认定92家单位为第三批“双创”示范基地，西宁市城北区成功入选（精益创业方向），成为青海省第二个正式获批建设的国家级“双创”示范基地，也是青海省首个以县级行政区域为载体的国家级“双创”示范基地。西宁市城北区区位条件优越，已具创新创业聚集规模效应，依托辖区各类孵化基地、创业园及高等院校密集的得天独厚的区位与资源优势，整合西宁创业孵化基地、青海大学科技园、启迪之星（西宁）孵化基地以及城北区创新大厦等28个各类专业化创新创业支持平台，初步建成了特色鲜明的创新创业集聚区。

青海国家高新技术产业开发区作为国家第二批“双创”示范基地之一，近年来将创新创业作为提质增效、转型升级的重要抓手，立足高校资源富集、产业配套完善、空间载体充裕的比较优势，全力发展以现代中藏药为核心的高原特色生物产业和以数控机床制造为核心的高端制造业，坚持国际化标准、市场化运行、专业化服务，大力打造青海省创新中心，通过政策牵引、完善配套、优化服务、平台共享、垂直产业链孵化，加速聚集政产学研资和人才、项目等全要素“双创”生态链，在企业数量、产品规模、科技创新能力、公共服务平台建设等方面取得了长足的进步，已成为全省科技水平较高、产业规模较大、产业链较为完善的高原生物产业基地和先进制造业基地，集群带动、示范作用明显。

4. 培育众创空间、科技企业孵化器

为加快在全省范围内发展创新创业服务平台，建立和完善创新创业服务链条，更好地为青海省创新创业群体和创业企业提供创新创业服务，青海省科技厅组织开展了2020年度青海省众创空间和科技企业孵化器认定申报工作，组织申报孵化器1家、众创空间11家，经过实地走访调研和专家评审，青海三江源生态专业化众创空间、青海湟中八瓣莲花文创专业化众创空间、青海大通大学生创业孵化众创空间、青海西宁城北区农民创业孵化服务众创空间、青海同仁仁俊文创专业化众创空间、青海贵南洛藏众创空间、青海朝阳电子商务科技企业孵化器7家孵化载体获得认定。

为引导和规范青海省众创空间和科技企业孵化器建设，推进提质增效，根据《青海省科技企业孵化器和众创空间绩效评价细则（试行）》，2020年青海省科技厅对全省15家科技企业孵化器和48家众创空间运行情况进行了绩效评价。经各运营主体自评、属地管理部门审核及专家评审等程序，最终评选出青创投众创空间、西宁市城北区大学生创业孵化基地、龙树唐卡艺术众创空间、天峻县科技创业园等10家优秀等次众创空间，分别给予20万元的绩效奖励；评选出青海大学科技园科技创新服务中心、城西区绿色产业孵化服务中心、德令哈工业园绿色及综合产业创业基地、青海中关村高新技术产业基地有限公司4家优秀等次孵化器，分别给予前3家孵化器50万元的绩效奖励。

（三）大力培育创新主体，全面构建产业生态

贯彻新发展理念，坚持科技创新和制度创新“双轮驱动”，大力培育创新链、延伸产业链、提升价值链，加快建立以企业为主体、市场为导向、产学研用多方协同、大中小企业融通发展的科技创新体系。

1. 创新服务举措，助力复工复产

青海省科技厅认真学习贯彻习近平总书记重要指示精神和李克强总理批示精神，落实党中央、国务院和青海省委、省政府决策部署，围绕全省疫情防控工作部署，切实发挥科技创新在应对突发疫情防控中的重要支撑作用，创新工作思路，优化服务保障。一是制定印发新冠肺炎疫情防控科技支撑举措，开辟疫情防控项目申报“绿色通道”，降低申报门槛，简化申报和立项程序；二是鼓励各类科技企业孵化载体为在孵企业适当减免租金，将“双创”服务载体为在孵企业减免租金纳入创新券支持范围，为科技型企业提供更多支持和服务，帮助企业渡难关、稳发展；三是制定提升“双创”示范基地带动作用实施方案，为企业创造更好的营商环境和创新平台。据统计，2020 年，全省众创空间为创业团队和初创企业减免房租总额 173. 76 万元，孵化器为在孵企业减免房租总额 4665 万元。

2. 优化服务模式，推动企业培育

为组织实施好科技型企业和高新技术企业培育工作，青海省科技厅制定了全省双企认定工作推进工作方案，对相关企业进行政策培训，青海省科技厅印发了《关于开展青海省 2020 年度高新技术企业认定工作的通知》和《第三方审计机构备案的通知》，进一步规范企业培育认定工作，扩增专业审计服务机构数量至 13 家，实现翻倍。通过梯级培育、综合施策、精准服务，加强对科技企业产权保护、技术创新、管理提升、市场开拓、品牌建设、融资增长等方面的支持和服务，全省创新主体数量持续增长。2020 年全省新认定高新技术企业 87 家，总数达到 218 家；新认定科技型企业 253 家，总数达到 457 家（见图 1）；新认定科技小巨人企业 3 家，总数达到 52 家。

3. 释放创新创造动能，助推科技“硬实力”

围绕产业链布局创新链，把新兴产业作为战略重点不断培育壮大，把未来产业作为发展要点超前布局，不断壮大创新型企业规模，提升产业核心竞争力。2020 年，全省登记科技成果 580 项，国家级科技创新平台数量增加到 59 个，科技进步贡献率达到 54%，技术合同成交额达 10. 56 亿元，较上年增长 16. 04%，科技创新能力实现总体提升，一批核心关键技术取得突

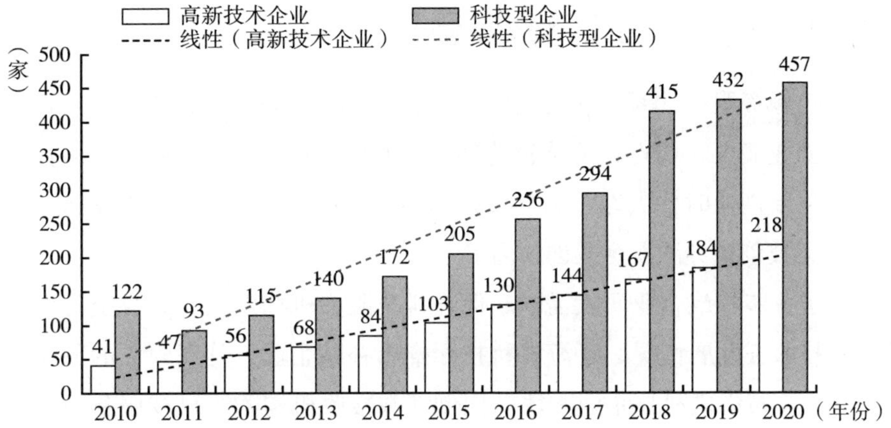

图 1　2010～2020 年青海省创新主体培育情况

资料来源：火炬统计数据、青海省科技厅科技企业统计评价分析平台。

破。例如，通过企业研究转化与产业化计划专项“低翘曲高性能超薄电解铜箔研发及应用”的实施，针对电解液参数、工艺条件和添加剂对铜箔形貌及性能的影响进行了研究，开发了低翘曲度的锂电铜箔，成果达到国内领先水平，建成了年产 2400 吨的低翘曲高性能超薄电解铜箔生产线，延伸了青海省铜金属加工产业链，加速了青海省锂电池产业链的发展。通过重大科技专项“熔盐塔式商业化光热发电技术开发及产业化验证基地建设”的实施，优化了基于分布式通信的大规模定日镜阵列聚光集热控制技术，建成了兆瓦级系统集成与规模化小试平台，实现了极端天气下熔盐吸热器安全稳定运行，并以此为基础建成了 50 兆瓦光热塔式熔盐发电站，实现了光热熔盐时长达 7 小时、连续运行 13 天的最佳运行记录。

4. 壮大培育“双创”人才队伍，筑牢高水平创新生态体系

完善人才培养支持体系，探索离岸创新、柔性引才引智新模式，大力引进战略科技人才、科技领军人才和高水平创新团队，为全省新旧动能转换提供智力支撑。2020 年，青海省科技厅向省委组织部推荐“青海省高端创新创业人才”引进培养人才 52 人、团队 3 个，选拔科技创新领军人才 7 名、科技创业领军人才 1 名、科技创新创业团队 9 个，引进外国专家 25 人次。青海师范大学获批青藏高原语言与文化大数据学科创新引智基地。

（四）创新支持方式，释放发展活力

构建融资服务体系与“双创”孵化服务体系双链条、双驱动，着力破解创新创业痛点、堵点，持续营造创新创业创造良好环境，吸引更多社会主体投身创新创业时代大潮，为扎实推动经济高质量发展提供不竭动力。

1. 科技创新券激发企业创新因子

为进一步释放企业研发需求，促进科技服务机构发展，结合全省创新创业和科技服务发展情况，青海省科技厅推出补贴企业、兑现服务的科技创新券政策，支持省内科技企业和团队向创新券接收机构购买科技服务而发放的配额电子凭证，鼓励和支持企业开展科技创新活动，带动科技服务机构更好地为企业提供技术创新服务，营造“双创”的良好氛围。据统计，2020 年青海省科技创新券公共服务平台注册服务机构 53 家，上架服务产品 333 项，共有 162 家企业获得 528.828 万元的创新券支持，其中知识产权服务累计兑付金额 189.104 万元，占 35.76%；科技咨询服务累计兑付金额 305.744 万元，占 57.82%；检验检测服务累计兑付金额 33.98 万元，占 6.43%（见图 2）。补贴企业中有 30 家企业为孵化器和众创空间在孵企业，获得支持金额 75.04 万元。

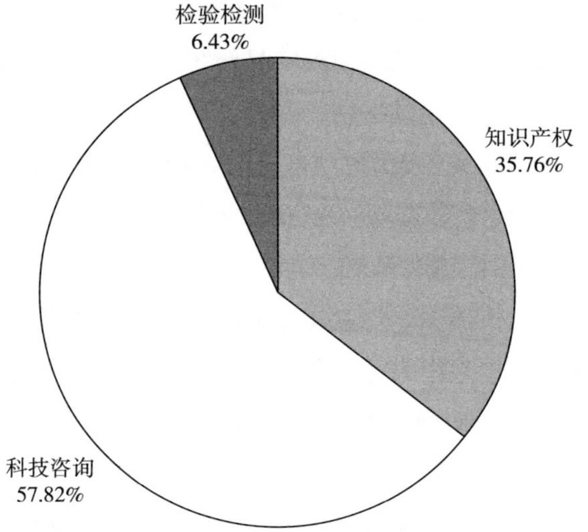

图 2　2020 年创新券各服务类别兑付金额占比

资料来源：青海省科技创新运行管理机构

2. 助力企业进入更高层资本市场

为补齐区域创新体系建设短板，深化资本市场供给侧结构性改革，2020年1月份，经青海省人民政府同意，青海省地方金融监管局、青海省科技厅、青海证监局共同出台了《在区域性股权市场设立青海科技创新专板的实施意见》。2020年4月22日下午，青海科技创新专板正式开板，副省长王黎明等领导为青海省首批科创专板挂牌的15家企业集中授牌，在上海区域性股权市场实现了异地挂牌展示。青海科创专板为青海省科创类企业提供改制辅导、规范培育、非公开发行与转让证券、融资对接、路演推介、管理培训、资本中介、财务服务等综合金融服务，不断提升挂牌企业规范运营水平，借力资本市场提升直接融资比重，加快推进青海省企业上市挂牌工作，通过资本市场推动全省经济高质量发展。

（五）持续推动“双创”活动，营造浓厚社会氛围

2020年，在新型冠状病毒疫情防控常态化条件下，青海省科技厅联合各有关部门在全省范围内举办“双创”活动周青海分会场、科技活动周、大学生创新创业大赛、中国创新创业大赛青海赛区地方赛、创新创业产品巡展、招聘会等“双创”主题活动，营造了浓厚的创新创业文化氛围，进一步激发了创新创业的热情，为加快培育发展新动能、实现更充分就业和经济高质量发展提供了坚实保障。

1. 成功举办第六届青海省大学生创新创业大赛

第六届青海省大学生创新创业大赛由青海省科技厅、青海省财政厅、青海省教育厅、共青团青海省委和交通银行青海省分行共同主办，以“高水平双创、高质量发展”为主题。大赛自8月份启动，历时5个月，比赛设宣传报名、资格审核、初赛、复赛、决赛、颁奖晚会等环节。大赛通过交通广播、公交车体广告、市内LED大屏、大赛微信公众号等平台投放新闻、广告宣传，并在全省各市州众创空间、孵化器、高职院校等创新创业主体集聚区开展大赛宣讲培训21场，累计培训人员1000余人次。比赛通过线下评审、现场路演形式，组织开展参赛项目评审和项目路演活动共13场次，经

初赛、复赛、决赛等环节的激烈角逐，最终评选出《区块链技术应用的租房交易系统》《植保无人机智控系统》《智慧用电系统》《光伏清洗机器人》《新型高效污水处理设备》《土壤改良技术》等优秀创新创业项目50项（企业组一等奖1名、二等奖2名、三等奖3名、优秀奖14名；团队组一等奖1名、二等奖3名、三等奖6名、优秀奖20名）。

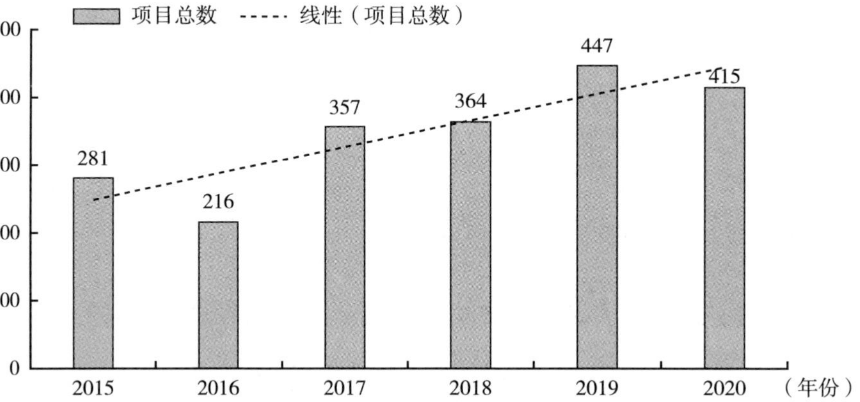

图3　2015～2020年青海省大学生创新创业大赛参赛数量

资料来源：青海省大学生创新创业大赛管理办公室。

2020年青海省大学生创新创业大赛报名参赛项目共415项，受新型冠状病毒疫情等方面因素影响，报名数量较2019年下降7.2%（见图3）。报名参赛创业项目技术领域分布较广，互联网电子信息领域占比22.89%，文化和旅游领域占比16.87%，高新技术服务领域占比11.81%，农牧科技领域占比11.08%，新能源及节能环保领域占比9.88%，新材料领域占比7.23%，先进制造领域占比6.51%，生物医药领域占比6.02%，其他领域占比7.71%（见图4）。

2. 成功举办第九届中国创新创业大赛青海赛区地方赛

根据《科技部关于举办第九届中国创新创业大赛的通知》要求，青海省科技厅于2020年6月启动了第九届中国创新创业大赛青海赛区地方赛，通过海报、腾讯社交平台、微信公众号、青海省创新创业综合服务平台等方

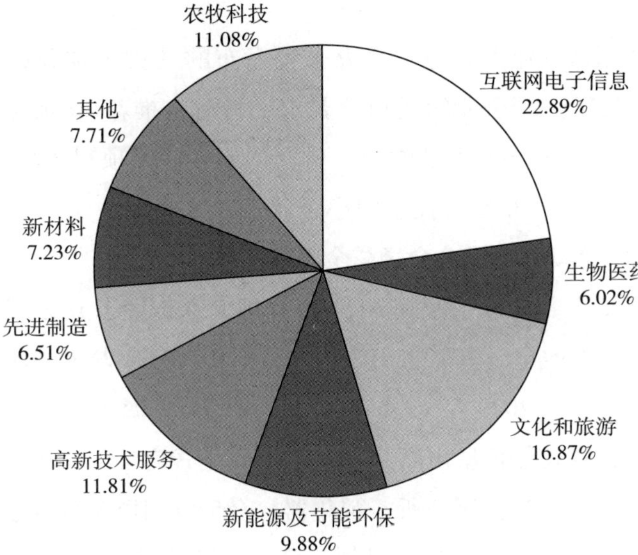

图 4　2020 年青海省大学生创新创业大赛参赛项目领域分布

资料来源：青海省大学生创新创业大赛管理办公室。

式积极宣传大赛，动员企业积极参赛、展示创新项目，宣传企业品牌，争取国家和省相关优惠政策支持，寻求与高校、科研院所、相关企业的对接与合作，为企业创新发展创造更多有利条件。本届大赛注册报名企业共 60 家（其中成长组注册报名企业 46 家、初创组注册报名企业 14 家），审核通过企业共 34 家（其中成长组企业 23 家、初创组企业 11 家），报名参赛企业数量较往年有所提升，参赛企业的知识产权拥有量、企业成长性、项目特色方面也相对较好。参赛项目领域涵盖新一代信息技术、生物、新材料、新能源、高端装备制造、节能环保等产业技术领域。根据大赛组织方案，青海赛区省级决赛于 2020 年 8 月 19 日在西宁成功举办，比赛按初创企业组和成长企业组分别进行比赛，决赛采用“10＋5”互动答辩模式，重点考察项目的创新性、可行性、盈利模式、投资收益、市场营销、风险预测、团队综合能力、财务分析等指标。通过比赛评选出初创企业组一等奖、二等奖、三等奖各 1 名，成长企业组一等奖 1 名、二等奖 2 名、三等奖 3 名，给予奖金扶持共计5万元。

根据中国创新创业大赛组委会办公室发布的《关于推荐第九届中国创新创业大赛全国赛入围企业的通知》要求，青海省推荐10项优秀创业项目入围全国赛（其中成长企业组项目7项、初创企业组项目3项），推荐的7家成长组企业获得2020年科技型中小企业入库编号。

3. "双创"活动周青海分会场与全国同步启动

按照国家发改委《关于做好2020年全国大众创业万众创新活动周筹备工作的通知》（发改电〔2020〕1033号）要求，青海省科技厅、青海省发展改革委牵头主办的2020年全国"双创"活动周青海省分会场系列活动与全国同步举行，省长信长星出席并宣布活动周正式启动，省各有关部门、各市州有关部门、省内各科研院所、孵化器、众创空间以及部分创新创业代表近150人参加启动仪式。本次"双创"活动周青海省分会场以"云上活动周"为主题，通过视频直播、图文直播等形式全程在线呈现，云会场在线参与活动人员达67309人次，累计辐射人群近10万人次。重点活动期间，精心策划组织了启动仪式、创新创业产品巡展、"双创"主题论坛、创新创业人才专场招聘会、应届毕业生大型双选会、海东河湟新区国家科技资源支撑型"双创"特色载体揭牌、寻找高原青年创客等特色主题活动。据统计，参与创新创业人才专场招聘会和应届毕业生大型双选会的用人单位200余家，覆盖教育、金融、社会保障、IT等多个行业，提供就业岗位2400个，现场参加应聘人员4000余人，活动现场拟录用及意向签约1200人。

活动周期间，全省各市（州）、各部门紧紧围绕决胜全面建成小康社会、决战脱贫攻坚目标任务和做好"六稳"工作、落实"六保"任务的要求，聚焦"创新引领创业，创业带动就业"主题，组织开展了主题鲜明、形式多样的就业招聘、成果展示、经验交流、主题论坛、互动体验、创业辅导、项目竞赛等各类创新创业活动50余场次，活动直接参与人数约1.5万人次。通过"双创"活动周平台，广泛传播"双创"新文化，分享"双创"新经验，培育"双创"新生态，汇集"双创"新动能，打造创业带动就业新动力，为青海大地持续注入"双创"活力。

4. 持续举办全省“双创”工作交流会

为深入实施创新驱动发展战略，探索青海省“双创”载体“新模式”建设、“双创”服务“新领域”拓展、“双创”能力“新高度”提升等新发展路径，2020 年青海省“双创”工作交流会暨创业孵化从业人员资格培训班在黄南州举办，省政府副秘书长谢宏敏出席开班仪式并讲话，省政府办公厅、省科技厅、各市州科技局的相关负责人，省科技企业孵化器、众创空间和相关企业的代表 140 余人参加了活动。活动通过政策培训、座谈交流、实地观摩等形式，以增强全省孵化载体综合服务能力为目标，在全省范围内培养各类高水平、高素质、专业化、职业化的“双创”服务队伍。通过举办 2020 年青海省“双创”工作交流会活动，青海省获得初级孵化从业资格人员增加至约 120 人。

5. 密集开展多形式多层次创新创业培训

SIYB 培训、“双创”训练营、“双创”种子进校园、青年“双创”人才训练营、寻找高原创客、创新创业大讲堂、创新创业大赛培训宣讲会、致富青年领头雁培训等活动在全省“双创”聚集区巡回开展，为创业者提供政策解读、企业创办、经营管理、市场营销、项目策划、创业融资、素质提升等全方位培训科目，通过专题授课、分享交流和实战演练等形式引导创业者强化创新意识，提升创业素质，加快推进全省“双创”持续升温。

二 工作成效

2020 年，在青海省委、省政府的高度关注和重视下，创新创业已深度融入全省经济社会发展的各个领域，在深化供给侧结构性改革、促进新旧动能转换、扩大就业和改善民生等方面发挥了重要作用。

（一）唱响“双创”时代主旋律

随着青海省各项创新创业的政策举措陆续出台和创新创业的文化理念持续传播，创业企业、个体工商户、专业合作社等创业主体快速增长，大学生、留学生、农民工、科研工作者等创业群体积极性不断提高。靠创业自立、创新出彩，正成为互联网时代越来越多人的发展理念和事业追求。

大学生的择业观念正处在一个“破旧立新”的转折期，先就业再创业成为更多大学生的选择。移动互联网、大数据、云计算、物联网等信息技术的发展推动了服务业与数字化融合，催生了一批新兴的职业形态，如小程序开发维护、产品包装策划、直播带货等职业都与创新创业密切相关，“80后”“90后”成为新职业的创造者和从业者的主力军。

（二）机制创新激发主体新活力

青海省科技厅不断深化科技领域“放管服”改革，以科技创新为内生动力，不断优化科技创新服务整体布局，积极与省内相关部门通力合作，加大政策引导力度，统筹协调各类创新资源向企业集聚，从创新政策制定、创新平台搭建、创新项目组织、创新能力提升等方面综合施策，从政策供给层面补齐短板，提升科技资源高效配置的能力和水平，聚焦实体经济，助推清洁能源体系项目建设，促进循环经济可持续发展，深化特色生物产业链升级，加快数字经济发展布局，推动青海省高新技术产业和战略性新兴产业迅猛发展，为全省经济高质量发展提供有力支撑。

（三）科技孵化平台正向2.0升级

发挥各市州县政府、省级各类工业园区和高校等主体作用，以构建众创空间等创新创业服务平台为着力点，有效整合资源，集成落实政策，促进社会公共资源开放共享，利用互联网、云计算等现代信息化手段构建开放的创新创业服务平台。截至 2020 年末，全省建成青海高新区、西宁市城北区 2 家国家“双创”示范基地；建成三江源生态与高原农牧业国家重点实验室、藏药新药开发国家重点实验室 2 家；建成西宁经济开发区、格尔木昆仑经济开发区、海东河湟新区 3 家国家级“双创”特色载体和大学科技园 1 家；建成省级重点实验室 72 家、省级工程技术研究中心 71 家、农业科技园区 38 家（国家级 6 家）、科研科普基地 12 家、星创天地 17 家；建成科技企业孵化器 15 家（国家级 7 家）、众创空间 53 家（国家备案众创空间 14 家）（见图 5）。构建了青海省“创业苗圃 – 孵化器 – 加速器 – 产业园”全链条创新创业孵化体系和“技术开发→工程化试验验证→产业化和应用示范”的创新成果转化全过程服务链条，打造全域创新、多点支撑的新格局，全面释放出创新创业势能。近年来，为大力引导孵化器、众创空间向专业化、精细化发展，青海省科技厅通过年度绩效评价方式，择优支持孵化器、众创空间共 57 家次，累计支持金额 2435 万元。

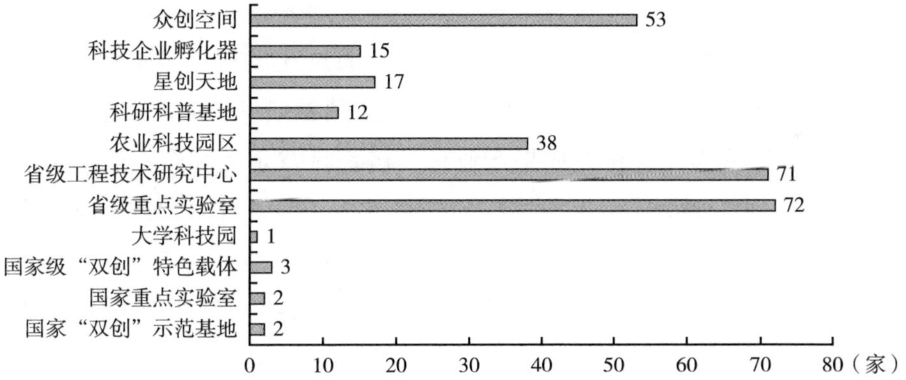

图 5　2020 年青海省各类“双创”载体建设情况

资料来源：青海省科学技术厅。

全省众创空间为创业者提供低成本的工作空间、网络空间、社交空间和资源共享空间，与孵化器、产业园组成孵化链条。青海省众创空间发展呈现“数量稳步攀升，质量稳步提升”的态势，在应用新技术、开发新产品、开拓新市场方面发挥了重要作用。截至 2020 年末，青海省众创空间总数量达到 53 家，众创空间总面积 39.7 万平方米，提供工位数 2899 个，拥有创业导师 1100 人，常驻初创企业/团队共 1183 家（见表 1）。近年来，青海省众创空间立足自身发展模式，寻求差异特色化发展路径，涌现出一批服务领域聚焦、孵化质量较高、团队水平更优的专业众创空间，助力创业企业健康发展，成为催生经济发展的新动力。如青年创业园深度挖掘高原特色创业服务项目，探索打造青创园、青创课、青创营、青创帮、青创赛、青创展等 6 个项目化创新创业服务新模式，提升精准服务力度，助推企业加速发展。

表 1　2018～2020 年青海省众创空间部分指标变化情况

指标	2018 年	2019 年	2020 年
众创空间总数量(家)	39	48	53
其中:国家备案众创空间数量(家)	11	15	14
众创空间总面积(平方米)	184711.93	416330.43	396658.25
提供工位数(个)	2538	3045	2899
常驻初创企业/团队数量(家)	1308	1389	1183
创业导师数量(人)	1158	1240	1100

资料来源：火炬统计数据。

科技企业孵化器作用凸显，孵化器平台通过建设重点实验室、技术中心、产品中试基地、技术转移中心等，促进了科技研发与成果转化、技术转移与扩散，已成为促进科技成果产业化、培育科技企业和企业家的重要载体，也是“创新驱动，内生增长”的核心阵地，助力青海省创新驱动内涵式增长。2020 年，青海省 15 家科技企业孵化器在孵企业 528 家，在孵企业总收入 23.5 亿元，在孵企业研究与试验发展（R&D）经费支出 4664.4 万元（见表 2），知识产权申请 331 项（其中发明专利 63 项）。资源聚集、链接和整合能力是孵化器差异化、特色化发展的重要竞争力，也是孵化器提供优质服务的“硬实力”。如启迪之星（西宁）科技孵化器利用资源优势，与省内各高校联合开展高端人才培养项目，为孵化企业提供精准人才培养对接服务，发挥启迪创业基金扶持作用，根据企业需求精准开展金融融资服务；城西区绿色产业孵化中心成立绿色产业研究院，以“依托绿色产业，服务绿色产业，提升绿色产业”为理念，打造节能环保、低碳减排、研发设计产业集群，实现绿色产业带动区域发展。

表 2　2018～2020 年青海省孵化器部分指标变化情况

指标	2018 年	2019 年	2020 年
孵化器数量(家)	14	15	15
其中:国家级孵化器数量(家)	6	6	7
孵化器总面积(平方米)	1185733.83	1188858.05	1280847.63
孵化器内企业总数(个)	561	611	699

续表

指标	2018 年	2019 年	2020 年
当年毕业企业数(个)	59	65	103
在孵企业数(个)	457	471	528
在孵企业总收入(万元)	196073	258523	234951
在孵企业从业人员(人)	6969	6575	7406
在孵企业研究与试验发展(R&D)经费支出(万元)	5136. 5	4120. 5	4664. 4
拥有有效知识产权数(件)	548	542	606

资料来源：火炬统计数据。

（四）科技创新支撑能力不断增强

企业创新能力不断增强，创新发展水平不断提升，企业研发规模不断扩大，掌握核心能力的技术不断提高，创新型企业不断涌现。2020 年，青海省专利申请量 7227 件，专利授权量 4693 件，每万人口发明专利拥有量 3. 04 件，同比分别增长 44. 3%、54. 2%、12. 2%；PCT 国际专利申请累计达到 41 件，成功注册商标 6633 件；知识产权质押融资交易金额 5035 万元，其中专利质押融资额 785 万元、商标质押融资额 4250 万元。

（五）创新创业文化氛围更加浓厚

以创业者为中心，挖掘优秀创业经验，加强社会舆论宣传，调动各类主体积极性，充分释放全民创新创业潜能，为发展新经济、培育新动能创造良好环境。青海省科技厅及有关部门，积极通过制作创新创业宣传海报、彩页，拍摄创新创业宣传视频，组稿“双创”青海专题篇等宣传形式，利用报纸、电视台、网站等各类新闻媒体进行大力宣传报道。同时，积极打造指尖上的“双创”平台，广泛利用微信、微博、网络直播、交通广播、市内 LED 大屏广告、今日头条、腾讯社交等平台投放媒体宣传，传播创新创业文化，宣扬创新创业精神，将创新创业活动宣传深入基层，让更多的社会公众和社会资源参与到创新创业的大潮之中。如致力于蜂蜜药理应用研究的青藏华峰团队和提高植保无人机智能操控系统能力的超瞬萌茁团队，专注于高效斯特林发动机研究的新源动力团队和有机肥资源化全套装备工艺的绿洲肥料团队，潜心研发光伏智能化清洁机器人的信创团队和制造微量元素预混合饲料舔块的盐之根等优秀创新创业团队已成为创业典范。

三　问题分析

整体看，在习近平新时代中国特色社会主义思想指导下，青海省深入实施创新驱动发展战略，重点落实落地财税政策、金融政策、人才政策、就业带动等创新创业举措，创新创业呈现微观主体量质齐升、政策供给和制度环境持续优化、创业生态更趋成熟、科技成果加速向产业动能转化、金融与资本支撑更加有力等特点。但受区域经济、科技、教育发展不平衡不充分等因素影响，青海省“双创”工作在创新资源协同体系、创业全链服务体系、创新主体导入体系建设方面与东中部乃至西部发达地区有较大间距。

（一）创业资源少，创业企业孵育速度慢

企业的发展和壮大需要多方面的支持和条件，特别是初创期的中小企业对外界创新创业资源的需求非常紧迫而又广泛。近年来，青海省通过东西部协作、科技援青机制，不断积累创新创业资源要素，但针对企业多元化的需求一时难以满足。一是青海省新能源、盐湖化工等优势产业对于众多创业者而言，技术门槛高，投入大，初创企业难以融入产业链；二是青海省缺乏设计、加工、销售等方面具有专业优势和价格优势的技术服务团队，多数初创企业长期通过委托设计、委托加工、委托销售的形式实现产品生产和销售，造成企业经营成本和经营风险居高不下；三是青海省消费能力和市场规模相对较小，新产品、新服务难以通过本地市场进行培育，在没有培育成功的情况下不得不选择外地市场，从而造成市场困境；四是青海省天使投资人和风险投资机构较少，企业只能通过借款的形式融资，对创业者形成的较大还债压力，导致企业注重销售加快资金流动，轻视产品质量提升。

（二）创新型人才匮乏，创业创造能力不强

近几年，青海省也出台了一系列高端人才引进和培育政策，人才交流活动愈加频繁，企业对于技术型人才的培养意识越来越强，高校对于复合型人才的培养力度逐年加大，人才紧缺的现状正在得到改善。但是目前而言，创新型人才匮乏依然是一个普遍存在的问题。比较突出的问题一是对于初创企业研发投入能力有限，创新型人才在没有研发基础保障的情况下难以有产出；二是青海省没有形成人才培养的环境和文化氛围，多数大学生毕业后选择了就业，缺乏学习和创新的机会；三是创新创业人才信息库建设的力度不够，人才信息资源难以实现有效整合，引才工作缺乏高效的信息服务。

（三）专业化能力不强，创业孵化生态待完善

孵化载体作为全链条孵化培育的核心承接端口，近年来青海省孵化载体已呈现多元主体参与发展的态势。但随着技术创业的门槛提高，产业领域越来越细化，创业者对细分领域的专业化资源需求将越来越强烈，但一些创业孵化机构偏重硬环境，忽视软环境建设，对优惠政策过度依赖，服务能力不强、绩效不高、盈利模式被动单一，创业孵化资源的开放、共享通道不够顺畅，围绕产业与创业需求、经济利益和契约关系的孵化产业生态尚待完善；另外，大部分孵化载体缺乏专业化服务团队，高水平的孵化服务和全方位的管理服务能力不足，无法满足企业日益剧增的个性化需求。

（四）产学研用衔接不紧密，企业自主技术创新能力不强

近年来，虽然青海省整体科技创新能力逐年提高，但初创企业和中小企业的自主创新能力依然较弱，产学研用衔接不够紧密，大多数企业尚未真正走到依靠科技创新取得快速发展的轨道上来。另外，因企业吸纳科技成果的动力和能力均不足，相当多的企业经营管理者追求短期政绩和近期利益，一些科技含量高、市场潜力大的科技成果难以在企业进行转化和推广应用。

四　发展建议

（一）加强舆论导向，强化政策支持

创新创业活动是有效营造“双创”社会氛围、强化“双创”意识、落地“双创”政策的重要渠道。发挥利用省内各有关单位、部门相继搭建创新创业大赛、成果展示、经验交流、研讨观摩、就业招聘等多形式的创新创业活动平台，大力宣传创新创业，树立创新创业先进典型，增强创新创业曝光度，从舆论上加以引导，提高全社会对创新创业的认识，激发创新主体创造力和活力，更好地服务于本地经济建设。

（二）完善人才政策体系，激励创新创业人才

优化完善高层次人才、创新创业人才的引进培养、激励制度措施，实现创新创业人才政策层次全覆盖和类型全覆盖，在覆盖层次方面，不仅体现对高层次人才的支持，而且对中层人才也要有相应的政策支持。在覆盖类型方面，实现科技领军人才、管理人才、技术人才、技能人才的全覆盖，发挥高职院校、科研院所等人才高地优势，探索运用政策倾斜、税收优惠、合作补贴等经济杠杆，调动企业参与产学研用、校企合作等人才培养工作，积极推动大学生等重点群体创新创业。

（三）以专业化服务，驱动创新载体升级发展

要从战略的高度重视双创孵化载体在汇聚科技创新资源、加速科技成果转化、推动创新创业、助力产业发展等方面的作用，通过创新政策供给方式和管理模式，建立以孵化绩效为核心的备案、考核、奖补等扶持政策体系，鼓励产业龙头企业、高校科研院所、科技中介机构等积极参与孵化载体专业化建设，打造一批具有带动示范效应的孵化品牌。同时要加强与发达地区和国家的“双创”交流合作，推动本地科技创新和成果转化向更高层级迈进。

同时，孵化载体应回归“双创服务提供者”的本质，不断拓展多元化盈利模式，增强自身“造血”能力，要从创新创业企业的现实需求出发，积极链接和整合各类资源，完善自身孵化服务体系，探索运营机制的市场化改革，提升运营团队的专业化服务能力，推动服务和品牌的输出，最终实现长久稳定可持续的发展。

（四）强化资源整合，优化双创环境

加强全省各类创新创业服务资源的整合，打造若干创新创业高地，加快科技成果转移转化、产学研用协同、基础研究和应用技术研究的紧密衔接，完善企业融通发展机制，建立大企业引领、中小企业跟进的创新创业价值链条。大力提升创新创业公共服务效能、服务素质，创建创新创业专属服务绿色通道，进一步简化降低创新创业的手续费用和成本费用，使其能够及时享受到各项优惠扶持政策，帮助企业解决创新创业难点、痛点问题，进一步激发企业的创新创业热情和信心。

G.7

2020年青海省科技企业发展报告*

摘　要： 近年来，青海省高度重视科技创新工作，坚持把创新作为引领发展的第一动力，通过全省共同努力，青海省科技事业取得长足发展。高新技术企业作为省内最具创新能力和活力的企业群体，在深入实施创新驱动发展战略、建设现代产业体系和推动经济社会高质量发展方面起着重要作用。科技型企业作为鼓励和带动中小企业科技创新能力提升的有效手段，作为培育高新技术企业的后备力量，对培育壮大青海省科技创新主体起到积极的推动作用。截至2020年底，全省高新技术企业达到218家、科技型企业达到457家，完成了省委、省政府“十三五”确定的“双倍增”目标任务。

关键词： 高新技术企业　科技型企业　创新发展　青海省

一　科技企业发展总体情况

（一）科技型企业发展情况

为适应新时期科技型企业发展新要求，满足科技型企业认定工作需要，2020年青海省科技部门对《青海省科技型企业认定管理办法》进行了重新修订。新修订的认定办法明确了企业在省内注册一年以上即可，优化科技活动人员占比。调整为科技人员占企业上年度职工总人数的比例不低于10%，

* 课题组成员：许淳、李岩、赵以莲、高亚锋、张慧芳、樊鑫山、米杰、张军剑、杨灿、彭文博、马明兰。

完善线上申报系统，强调市州培育服务力度等。2020 年新认定科技型企业 141 家，重新认定 112 家。截至年底，全省有效科技型企业达到 457 家，实现工业总产值 404.36 亿元，总收入 488.88 亿元，较好地完成倍增目标要求，青海省科技型企业发展成效显著。

1. 科技型企业数量规模稳步扩大

截至 2020 年底，青海省科技型企业数量由 2016 年的 256 家增加到 457 家，增幅达 78.52%，年均增长率为 15.59%；科技型企业从业人员期末数量由 2016 年的 25827 人增加到 53725 人，增幅达 108%，年均增长率为 20.10%；户均企业从业人员数由 2016 年的 101 人/户增至 118 人/户；工业总产值由 2016 年的 116.64 亿元增加到 404.36 亿元，增幅达 246.67%，年均增长率为 36.45%；总资产由 2016 年的 487.01 亿元增加到 1699.83 亿元，增幅达 249.03%，年均增长率为 36.68%；总负债由 2016 年的 268.06 亿元增加到 1068.73 亿元，增幅达 298.69%，年均增长率为 41.31%（见表 1）。457 家科技型企业中 139 家已被认定为高新技术企业，从业人员期末数量为 16161 人，实现工业总产值 109.97 亿元，总资产 405.63 亿元，总负债 215.75 亿元①。

表 1　青海省科技型企业发展规模

经济指标	2016 年	2017 年	2018 年	2019 年	2020 年	年均增长率(%)
科技型企业数量(家)	256	294	415	432	457	15.59
从业人员期末数量(人)	25827	46994	57274	577117	53725	20.10
工业总产值(亿元)	116.64	348.73	555.96	542.12	404.36	36.45
总资产(亿元)	487.01	1059.28	1464.5	1829.48	1699.83	36.68
总负债(亿元)	268.06	598.69	847.47	1252.11	1068.73	41.31

资料来源：2016～2020 年青海省科技型企业年度统计快报。

按技术领域划分，457 家科技型企业中，电子信息领域科技型企业由 2016 年的 25 家增至 2020 年的 55 家，年均增长率为 21.79%；新材料领域科技型企业由 16 家增长到 43 家，年均增长率为 28.04%；资源与环境领域

① 2020 年科技型企业年度统计快报。

科技型企业由13家增长到42家，年均增长率为34.07%；高技术服务领域科技型企业由62家增长到114家，年均增长率为16.45%；生物与新医药领域科技型企业由93家增长到155家，年均增长率为13.62%；先进制造与自动化领域科技型企业由25家增长到26家，年均增长率为0.99%；新能源与节能科技型企业仍然保持在22家。2020年科技型企业覆盖至七大技术领域，产业结构不断优化，二产中生物与新医药、资源与环境、新材料、电子信息等领域企业占据主导地位（见图1）。

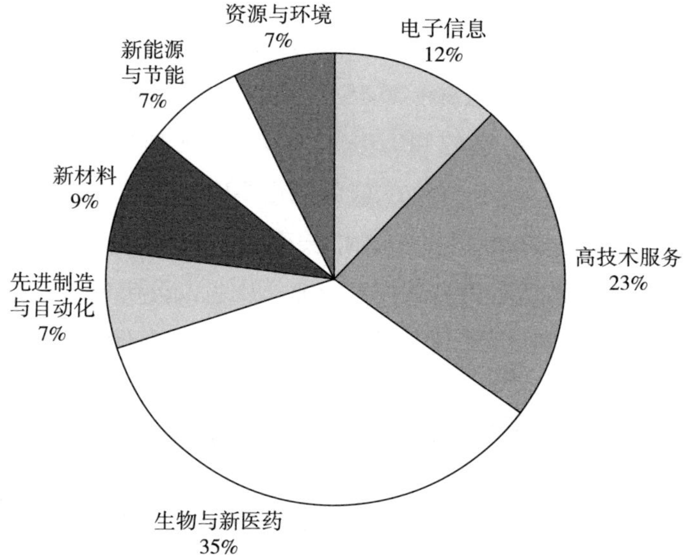

图1　2020年青海省科技型企业按技术领域分布情况

资料来源：2016～2020年青海省科技型企业年度统计快报。

按企业规模划分，457家科技型企业中，资产10亿元以上企业26家，占比5.69%；资产1亿元以上至10亿元（含）企业93家，占比20.35%；资产5000万元以上至1亿元（含）企业62家，占比13.57%；资产2000万元以上至5000万元（含）企业80家，占比17.51%；资产2000万元及以下企业196家[①]，占比42.89%。科技型企业总体以中小微企业为主。

① 年度快报未报送企业经营指标数据按0计算。

2. 科技型企业培育成长成效显著

科技企业实施梯级培育发展模式。一方面加大认定政策的宣传力度，让企业应知尽晓最新的科技政策；另一方面根据科技型企业和高新技术企业不同的认定条件，重点对科技型企业从研发费用归集、知识产权有效挖掘、科技成果落地转化、科研制度规范完善等角度进行精准化服务，对发展较快成长较好的企业开展一对一重点跟踪，加快企业培育速度，确保企业在认定中少走弯路。截至2020年底，在效高新技术企业中，由科技型企业培育成长为高新技术企业的累计企业数量占比为84.40%。近三年，每年由科技型企业培育成长为高新技术企业的数量分别为33家、31家和42家，呈稳定增长的趋势。科技型企业认定通过后可享受研发加计扣除补助、科技创新券申领、科技项目申报政策倾斜等红利激励，而高新技术企业认定通过后，可享受多重政策优惠补贴，对提升企业品牌形象、保持企业持续创新投入、助力企业贷款融资做大做强都有一定的促进作用。通过企业梯级培育，鼓励有条件的科技企业不断向高新技术企业发展（见表2）。

表2 青海省科技型企业梯级培育形式

发展阶段	苗圃、双创企业	国家科技型中小企业	科技型企业	高新技术企业	科技小巨人企业
企业特点	创业热情高、创新活力大	群体量大、蕴含发展潜力	注重科技、勇于创新	驱动创新、带动转型	示范引领、竞争性强
有关政策	双创引导资金、创新券等	研发加计扣除比例提高、亏损结转年限增加等	研发加计扣除补助、创新券等	加计扣除及补助、认定奖励、创新券、科研项目及平台建设倾斜考虑等	加计扣除及补助、认定奖励、创新券、科研重大项目及平台建设倾斜考虑等

3. 科技助力非公企业快速发展

全面落实省委、省政府关于促进民营经济和中小企业高质量发展的惠企科技政策，引导企业通过科技创新提升发展潜力的作用明显。2020年底在效457家科技型企业中，民营企业数量占86%。从经济贡献方面看，2020年全省民营科技型企业实现工业总产值171.75亿元，销售收入197.56亿元，分别占全省总量的42.47%和40.41%。年末从业人员达2.35万人，占全省总量的43.76%（见图2），非公企业的发展对繁荣地区经济、增加财政收入、扩大社会就业、提高人民生活、优化经济结构、促进经济发展发挥了重要推动作用。通过创新引导、政策支持，对进一步促进非公科技企业发展将起到一定的促进作用。

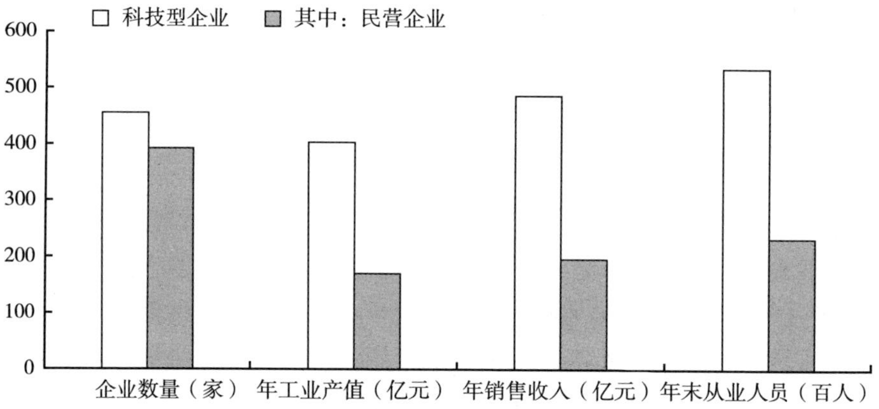

图2　2020年青海省科技型企业按企业类型发展情况

资料来源：2016~2020年青海省科技型企业年度统计快报。

（二）高新技术企业发展情况

高新技术企业是科技创新的主体，是战略性新兴产业以及未来产业发展的主力军。2020年，青海省积极实施创新驱动发展战略，以市场为导向，以企业为中心，加快企业技术创新主体培育，引导各类创新要素向企业集聚，促进技术研发、成果转化。出台了《青海省关于优化科技创新体系提升科技创新供给能力的若干政策措施》（青办字〔2020〕76号）等政策措施，通过政策措施的引导、支持和激励，高新技术企业发展速度较快，当年新认定高新技术企业57家，重新认定30家。截至2020年底，全省高新技术企业达到218家，其中累计成长为“科技小巨人”的高新技术企业52家，完成了省委、省政府“十三五”时期确定的“双倍增”目标任务。高新技术企业工业总产值达 515.53 亿元，主营业务收入 724.20 亿元，净利润 34.53 亿元①。随着企业自主创新能力的持续增强，青海省高新技术企业在推动全省经济发展中发挥了重要作用。

1. 企业发展规模与效益协同发展

"十三五"以来，青海省高新技术企业数量不断增长，年增速基本保持在 10% 以上。截至 2020 年底，青海省高新技术企业数量由 2016 年的 130 家增加到 218 家，增幅达 67.69%，年均增长率达 13.80%；高新技术企业工业总产值由 2016 年的 401.76 亿元增加到 515.53 亿元，增幅达 28.32%，年均增长率达 6.43%；高新技术企业营业收入由 449.89 亿元增加至 762.30 亿元，增幅为 69.44%，年均增长率 14.09%；年销售收入亿元以上企业由 32 家增至 54 家（见表 3）。

表 3　青海省高新技术企业发展规模

经济指标	2016 年	2017 年	2018 年	2019 年	2020 年	年均增长率(%)
高新技术企业数量(家)	130	144	167	184	218	13.80
从业人员期末数量(人)	51552	53317	47849	49345	46345	-2.63
工业总产值(亿元)	401.76	371.70	462.82	482.24	515.53	6.43
总资产(亿元)	1517.33	1816.77	1788.23	1340.25	1266.28	-4.42
总负债(亿元)	981.63	1285.31	1295.10	1322.43	817.43	-4.47

资料来源：青海省 2016～2020 年度火炬统计年报。

按产值划分，全省规模以上高新技术企业 138 家，占全省高新技术企业总数的 63.3%。其中，产值 5000 万元至 1 亿元企业 31 家，占全省高新技术企业总数的 14.2%；产值 1 亿元至 10 亿元企业 41 家，占全省高新技术企业总数的 18.8%；产值 10 亿元至 50 亿元企业 10 家，占全省高新技术企业总数的 4.6%；产值 50 亿元以上企业 3 家，占全省高新技术企业总数的 1.4%。全省高新技术企业年均营业收入达到 3.50 亿元，总体发展规模保持稳定并不断发展壮大。按企业性质划分，2020 年青海省高新技术企业有 63 家、民营企业

① 数据来自《青海省 2020 年度火炬统计年报》。

155家，分别占企业总量的29%和71%，民营企业规模持续提升。

2020年青海省高新技术企业实现净利润34.53亿元，企业整体盈利面为71%；净资产收益率为7.69%，较2019年上升366.06%，企业资本的获利能力有所提升（剔除2019年盐湖股份数据影响，该企业2020年重组后实现扭亏）；成本费用利润率为7.48%，较上年上升5.93%，说明成本费用所带来的收益有所提高（见图3）。[①] 随着青海省对高新技术企业的大力支持以及高新技术企业自主创新能力的持续增强，新工艺、新流程、新方法不断涌现，在规模增长的同时，企业经营成本较2019年有所下降，盈利能力相对有所提升。

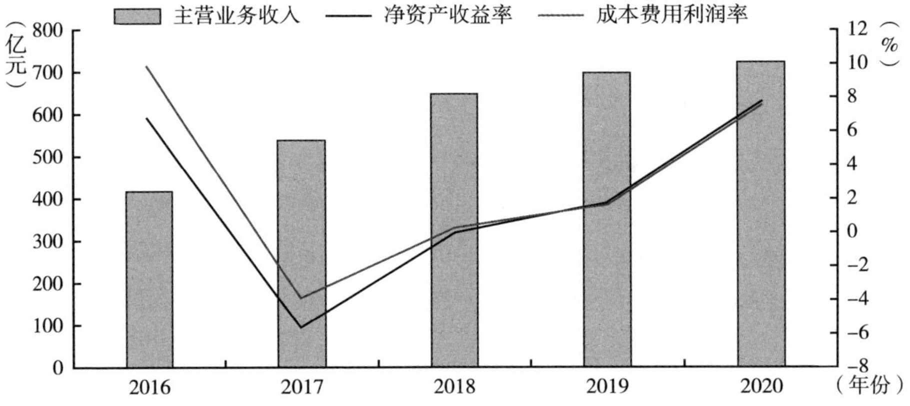

图3 2016~2020年青海省高新技术企业效益变化情况、

资料来源：青海省2016~2020年度火炬统计年报。

2. 资源优势领域保持良好发展势头

2020年参与统计的218家高新技术企业除航空航天领域外，电子信息领域25家，高技术服务领域59家，先进制造与自动化领域19家，生物与新医药领域48家，新材料领域31家，新能源与节能领域16家，资源与环境领域19家。纵观2016~2020年数据，除新能源与节能领域企业数量略有

① 净资产收益率体现自有资本获得净收益的能力，成本费用利润率体现经营耗费所带来的经营成果。

波动外，其他各领域企业数量均保持稳定增长，其中资源与环境领域增长比例最高，年均增长率为39.62%。近年来，青海省一直致力于资源环境生态文明建设，极大程度带动了这一领域的快速发展（见表4）。

表4　2016～2020年青海省高新技术企业按技术领域分布情况

单位：家

技术领域	2016年	2017年	2018年	2019年	2020年	年均增长率(%)
电子信息	10	14	19	16	25	25.74
高技术服务	27	26	33	41	59	21.58
先进制造与自动化	11	11	15	17	19	14.64
生物与新医药	36	41	47	47	48	7.46
新材料	20	21	24	32	31	11.58
新能源与节能	21	17	15	15	16	-6.57
资源与环境	5	14	14	15	19	39.62

资料来源：青海省2016～2020年度火炬统计年报。

从各领域年营业收入分析，2020年营业收入中电子信息领域2.73亿元，较上年增长264%；高技术服务领域260.63亿元，较上年增长24.27%；先进制造与自动化领域17.11亿元，较上年增长57.26%；生物与新医药领域29.35亿元，较上年增长-34.27%；新材料领域250.97亿元，较上年增长8.43%；新能源与节能领域66.07亿元，较上年增长6.65%；资源与环境领域133.2亿元，较上年增长-2.86%（见图4）。

近年来，随着科技政策红利的持续释放，除生物医药与资源环境领域营业收入同比有所下降外，其余领域均有不同程度增长。生物医药行业企业具有技术高、投入高、风险高、周期长等特点，加之地方特色食品/保健品深加工企业产业链条短附加值不高，受疫情影响营业收入较上年同比出现下滑；资源环境行业营业收入较上年下降3个百分点，随着建设世界级盐湖产业高地规划的出台，这一领域预计将持续发力。在平均年营业收入方面，高技术服务、新材料、新能源与节能、资源与环境四大领域户均营业收入高于总体平均水平，占据主导地位；户均营业收入最低的为电子信息领域，原因在于青海省电子信息企业主要以软件开发服务等中小微企业居多，企业核心

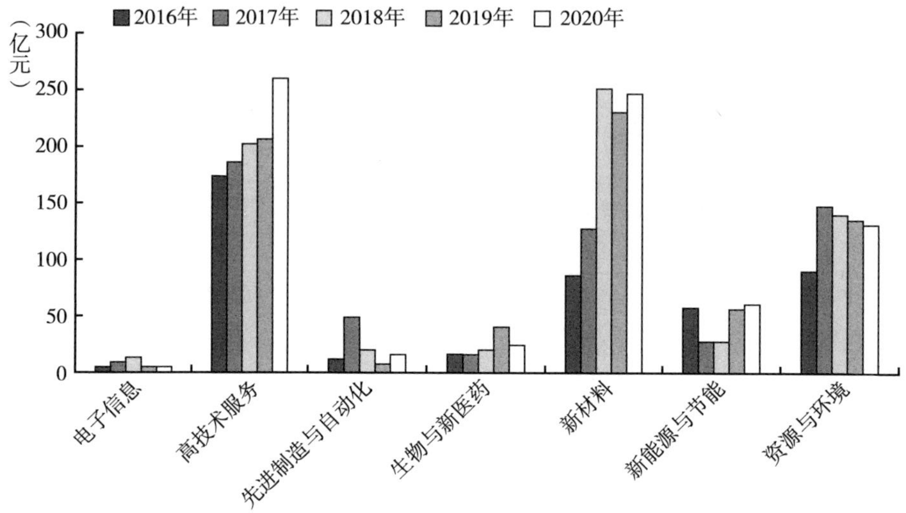

图 4　2016～2020 年青海省高新技术企业各领域营收变化情况

资料来源：青海省 2016～2020 年度火炬统计年报。

技术竞争力不足、技术附加值不高。

“十三五”以来，青海省围绕传统产业改造提升和培育壮大新兴产业，着力打造锂电、新材料、光伏光热和盐湖资源综合利用 4 个销售收入达千亿元产业，相关高新技术企业工业总产值从 2016 年的 105.41 亿元增长到 2020 年的 427.69 亿元，实现了一个跃升式发展，发展势头良好。

3. 呈现区域分布集中、规模不断发展壮大态势

从高新技术企业地域分布来看，2020 年，西宁地区高新技术企业数量遥遥领先，达 168 家；其次是海西州和海东市，企业数量分别为 26 家和 17 家（见表 5）。

表 5　2016～2020 年青海省高新技术企业按地区分布情况

单位：家

地区	2016 年	2017 年	2018 年	2019 年	2020 年
西宁市	106	119	139	150	168
海东市	6	7	7	9	17
海西州	11	12	16	21	26

续表

地区	2016 年	2017 年	2018 年	2019 年	2020 年
海南州	5	4	4	2	4
海北州	1	1	0	0	1
黄南州	0	0	0	0	0
果洛州	1	1	1	1	1
玉树州	0	0	0	1	1

资料来源：青海省 2016～2020 年度火炬统计年报。

数据显示，青海省高新技术企业集聚发展趋势明显，企业主要集中在西宁、海东和海西地区，其中西宁高新技术企业数量最多，占全省的 77%。西宁作为省会城市，科技创新要素资源丰富，涵盖全面，依旧是科技创新的主阵地，主要以高技术服务、生物与新医药和新材料为主，规模以中小企业居多（见图 5）；其次是海西地区，以柴达木循环经济试验区为中心，以资源与环境领域企业为主，利用较丰富的盐湖资源，开展盐湖化工领域的研究，极大地带动了这一领域产业链的延伸发展，成为地区经济支柱产业；再则是海东市，海东高新技术企业主要集中在海东工业园区的 4 个园区，占海东高新技术企业总量的 53%，海东依托区位优势和区域产业结构，不断吸引电子信息大数据企业、仓储物流服务企业、高原特色生物资源企业、光伏发电企业等，不断向产业融合方向发展。

从企业数量和技术领域分析，各地区高新技术企业的发展规模与当地经济发展程度、企业存量、产业结构等紧密相关。2020 年，青海省高新企业除黄南地区暂无外，西宁地区 168 家，其中电子信息领域 22 家、高技术服务领域 56 家、先进制造与自动化领域 13 家、生物与新医药领域 35 家、新材料领域 24 家、新能源与节能领域 10 家、资源与环境领域 7 家、其他领域 1 家；海东地区 17 家，其中电子信息领域 2 家、高技术服务领域 2 家、先进制造与自动化领域 3 家、生物与新医药领域 2 家、新材料领域 2 家、新能源与节能领域 3 家、资源与环境领域 3 家；海西地区 26 家，其中高技术服务领域 1 家、先进制造与自动化领域 3 家、生物与新医药领域 5 家、新材料领域 5 家、新能源与节能领域3家、资源与环境领域9家。其他地区海南州4家、海北州1家、果洛州1家，均为生物与新医药领域；玉树州1家，为电子信息领域。

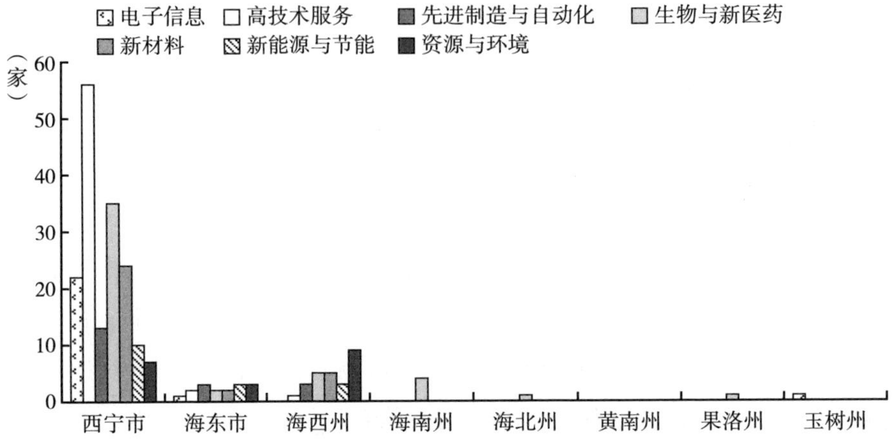

图5　2020年青海省各地区高新技术企业分布情况

资料来源：青海省2016~2020年度火炬统计年报。

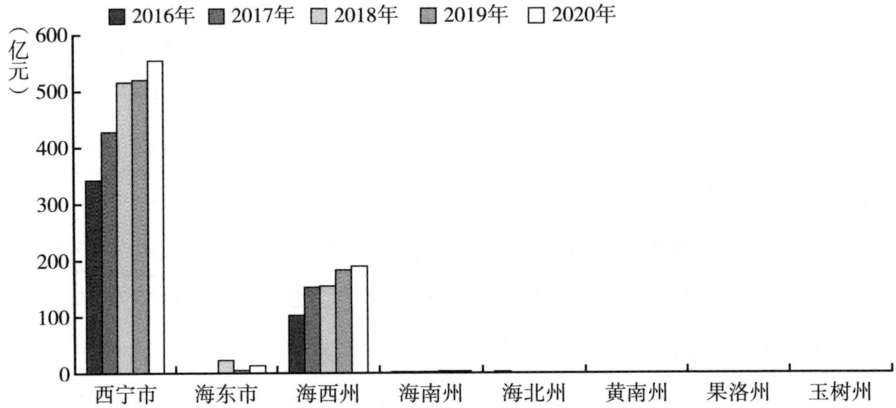

图6　2016~2020年青海省各地区高新技术企业分布情况

资料来源：青海省2016~2020年度火炬统计年报。

按园区分布情况分析，青海国家高新区高新技术企业集聚优势凸显。2020年，全省高新技术企业中青海国家高新区占据55个席位，占全省总量的1/4，高新技术企业数量占比较上年度增长8%。区内高新技术企业实现工业总产值26.34亿元、营业收入28.5亿元，分别较上年度提高24%和12%。其中区内生物与新医药领域高新技术企业达到26家，当年工业产值22.89亿元、营业收入18.99亿元，分别占园区高新技术企业总量的47%、87%和67%。作为以高原特色生物、中藏药、装备制造为主导的青海国家高新区，高新产业创新集聚主导作用日趋凸显，在推动青海省实现高质量发展中起着十分重要的作用。

柴达木循环经济试验区内高新技术企业22家，占全省总量的1/10，数量较上年度增长16%，区内实现工业总产值216.39亿元，营业收入181.64亿元，分别较上年度增长21%、2%，试验区呈现“一区四园”发展格局，形成盐湖化工、油气化工、有色金属、煤化工、新材料、新能源、特色生物等循环经济主导产业体系，建设世界级盐湖产业高地规划的出台，将为柴达木循环经济试验区的发展提供新的发展动力。西宁经济技术开发区内高新技术企业57家，数量较上年度增长4%，区内实现工业总产值185.83亿元，营业收入439.70亿元；开发区充分依托青海资源禀赋，形成了锂动力电池产业链、光伏产业链、金属合金及光电信息新材料产业和藏毯绒纺等产业链，产业链较为丰富。海东工业园区高新技术企业9家，数量较上年度增长50%，区内实现工业总产值7.13亿元，营业收入7.09亿元，分别较上年度增长554%和122%；园区主要在先进制造业方面，重点发展高端装备制造、新能源新材料、生物医药、智能制造等产业（见图7）。

4. 创新资源投入产出保持稳定

2016~2020年，青海省高新技术企业科技活动人数占从业总人数比重总体呈稳定态势，由2016年的20.98%增长为2020年的22.58%。科技活动经费占销售收入的比重由2016年的4.40%变化为2020年的3.28%，研发投入强度略有下滑（见图8）。作为企业研发投入最主要的产出——专利，申请及授权数量由2016年的576项和340项增至2020年的1343项和1050项（见表6），其中2020年发明专利申请、授权量分别为389件和128件，分别占全省当年专利申请和授权总量的18.58%、22.37%。随着企业对科技创新重视程度的不断提高、对研发投入的不断加大，作为衡量高新技术企

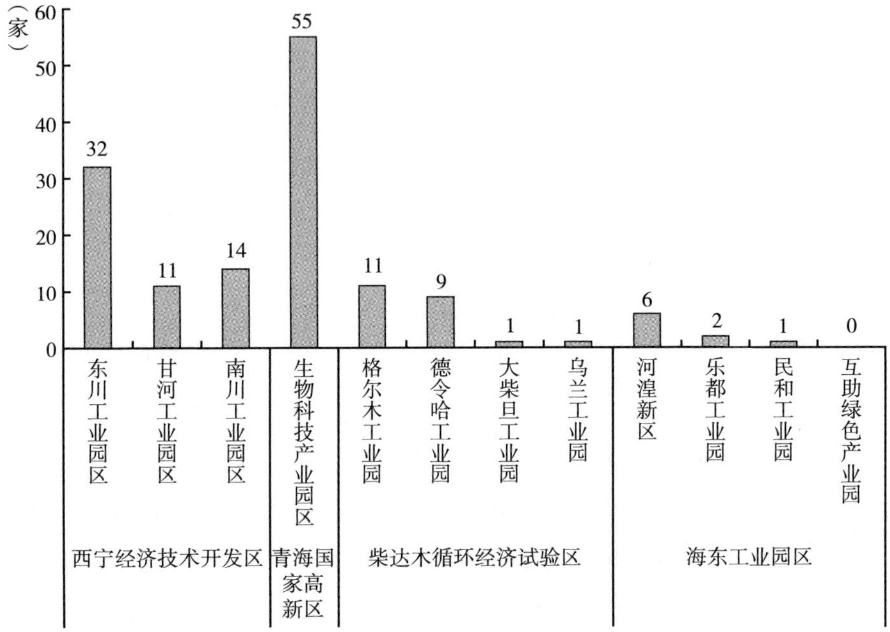

图 7　2020 年青海省高新技术企业园区分布情况

资料来源：青海省 2016～2020 年度火炬统计年报。

业技术创新投入和产出的重要组成部分，科技活动经费支出和专利申请授权总量保持稳中有增。

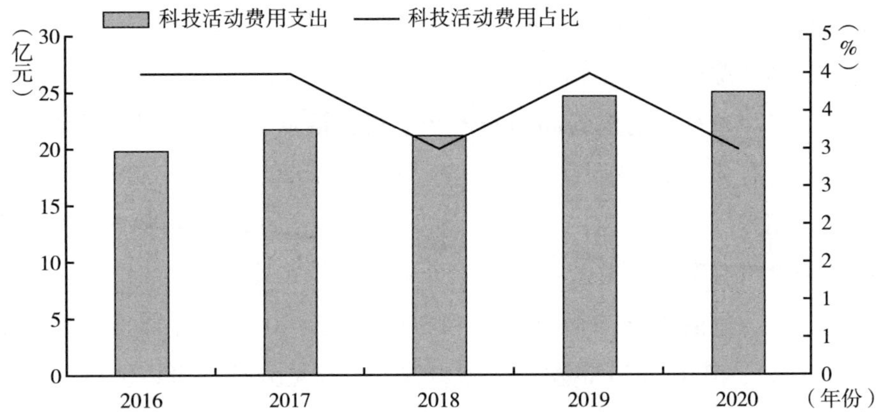

图 8　2016～2020 年青海省科技活动费用支出及占比情况

资料来源：青海省 2016～2020 年度火炬统计年报。

表 6　青海省高新技术企业创新能力情况

指　标	2016 年	2017 年	2018 年	2019 年	2020 年
科研活动人数占从业人员比重(%)	20.98	27.64	19.73	20.93	22.58
科研活动经费占销售收入比重(%)	4.40	3.71	3.04	3.53	3.28
专利申请数(项)	576	824	1010	995	1343
专利授权数(项)	340	540	756	739	1050
其中:发明专利授权数(项)	90	87	120	120	128

资料来源：青海省 2016 ~ 2020 年度火炬统计年报。

人才是企业的第一资源，企业的发展离不开人才。科技人才是科技创新在企业发展中的保障、智慧财富和创新活动的核心要素，从图 9 可以看出，2016 ~ 2020 年青海省高新技术企业高学历人才占有量保持稳定，本科及以上人员占比保持在 30% 水平左右，硕士及以上高学历人才占比保持在 159 人/万人的水平。省内人才政策的不断优化，科技援青、昆仑英才高端创新人才、西部之光人才培育等活动的开展，为全省营造了良好的创新环境，吸引了更多省外优秀人才来青发展，助推了企业人才发展水平的提升。

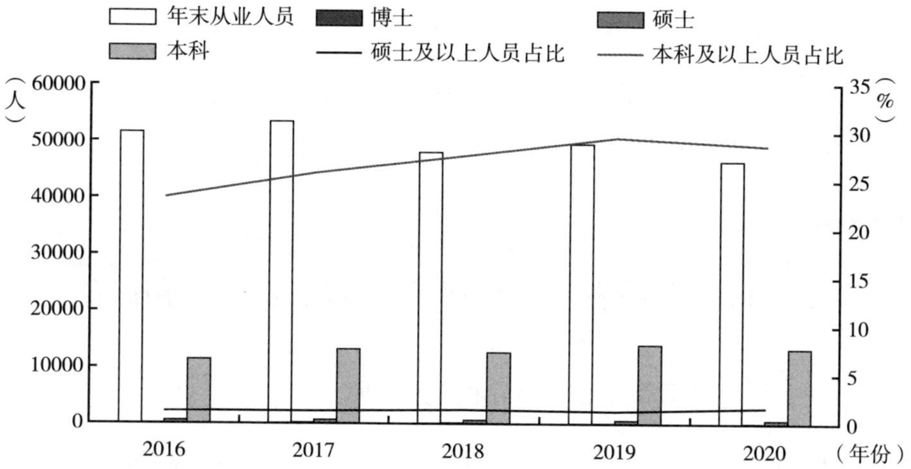

图 9　2016 ~ 2020 年青海省高新技术企业高学历人才储备情况

资料来源：青海省 2016 ~ 2020 年度火炬统计年报。

拥有核心知识产权是高新技术企业不断革新、占领市场的法宝。从青海省高新技术企业专利申请构成上来看（见图10），最能体现核心技术含量的发明专利较上年有所增加，说明在核心技术研发和专利申请方面，青海省高新技术企业更加重视，采取的工作措施更加积极有效。但是，随着国家知识产权局对专利申请行为的进一步规范管控，企业在专利挖掘和申请方面将面临更加严峻的挑战，需要在企业后续知识产权保护中做长期规划、有效布局。

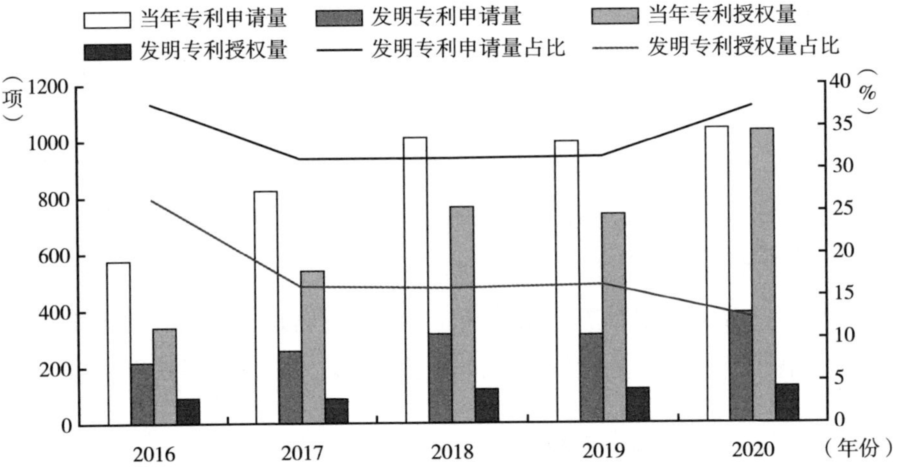

图10　2016～2020年青海省高新技术企业专利申请及授权情况

资料来源：青海省2016～2020年度火炬统计年报。

二　科技企业发展工作推进中的主要经验和做法

（一）强化顶层设计，不断优化政策环境

为推动科技体制机制改革向纵深发展，进一步释放创新创造活力，加快促进科技成果转化，由青海省科技厅起草，青海省委办公厅和省政府办公厅印发了《青海省关于优化科技创新体系提升科技创新供给能力的若干政策措施》（青办字〔2020〕76号），围绕青海省特色优势产业，依托各类创新

主体，建设产学研紧密结合的专业化众创空间，构建“四众”平台，加快科技成果向现实生产力转化。同时，2020 年青海省科技厅相继制定修订了《青海省科技企业孵化器认定管理办法》《青海省众创空间认定管理办法》《青海省科技型企业认定管理办法》《青海省科技创新券管理办法》《青海省科技人员服务企业专项行动方案》等，进一步优化相关认定条件和标准，规范操作流程，明确支持措施，满足不同发展阶段科技企业的政策需求。

（二）加大政策宣传，实现科技企业政策宣传全覆盖

青海省科技厅联合财税部门开展形式多样、内容丰富的政策宣传活动。年初制订年度工作计划，每年联合开展不少于 2 期的线下专题政策培训；分地域分园区开展重点地区企业优惠政策宣讲；利用“青海科技”“青海税务”公众号和科技企业 qq 群、微信群、电台报纸等传播载体强化线上宣传影响力。逐步形成线上线下同传播、科技税收齐发力的合作形式，提高青海省科技企业对政策的知晓度，推动优惠政策在企业的宣传覆盖面。另外，加大创新主体培育培训力度，科财税管理部门联合开展培育企业座谈会，解答企业申报中的难点疑点，规范认定质量；针对重点园区和企业，开展实地走访调研，就企业培育申报中存在的成果转化、研发归集等问题进行现场交流和辅导，提高培育服务效率。

（三）加强联动机制，凝练服务队伍提升服务质量

积极参加科技部举办的高新企业年度工作会，了解掌握全国高新技术企业发展动态和工作会议精神，分析青海省企业现状，确定年度工作重点；加强科财税等部门协同联动，及时调整高新技术企业领导小组，科财税部门联合开展企业调研，掌握企业短板和服务需求；建立行业领域专家库，增加第三方审计机构备案数量，优化知识产权等服务机构质量，鼓励第三方服务机构坚守职业道德，协助科技企业在规范管理、有效申报方面下功夫。通过团队服务能力建设，借助专家、专业服务团队力量，开展点对面、一对一精准服务，满足企业在规范财务核算、内部科研项目梳理、研发费用加计扣除归

集、知识产权挖掘、科技成果转化等方面的服务需求，加快企业培育认定和政策享受力度。

（四）优化梯级培育，提升惠企政策落地效率

结合企业成长规律，加强企业梯级培育力度。从“双创”大赛企业、孵化器/众创空间的苗圃小微企业，到具有创新活力和发展潜力的科技型企业，到创新驱动和高成长性的高新技术企业，再到示范引领、竞争力强的科技小巨人企业，在原有税收优惠基础上针对不同企业培育成长阶段，制定“双创”资金专项、科技创新券、加计扣除奖补等一系列扶持政策，加强服务力度，确保优惠政策在企业中的落实效率。统计数据显示，“十三五”期间，青海省高新技术企业享受所得税减免4.95亿元，对新认定高新技术企业奖励资金达到3480万元；享受研发加计扣除减免税额4亿元，获得加计扣除补助金0.4亿元；科技企业认领使用创新券1090.23万元，为企业降低了近50%的研发成本。优惠政策落地实施，助力企业培育发展步伐。

（五）增强监督管理，确保认定前中后期工作质量

企业认定受理阶段，加强对企业申报数据的审核，借助税务系统数据进行二次核查，对异议企业进行现场解答，确保申报环节企业材料的报送质量；认定阶段，科财税和纪检部门相关人员亲自到场，全程督导评审会议进程，参评专家签订专家承诺书，严格按照认定办法评判，确保评审环节公平公正；认定后有效期内，按期进行科技企业统计工作，及时掌握企业发展动态，对在日常管理中发现的不符合条件的企业，提请地方认定管理机构核查，要求企业限期整改，确保有效期内高新企业资格的持续性和政策享受的有效性，降低政策风险。通过监督管理，确保企业认定受理全流程的有效管理，提高认定管理的工作质量。

三　科技企业发展工作中存在的问题

面对地区经济发展相对较慢、企业数量有限、发展规模较小等现状，

持续推进科技企业培育认定工作中仍面临诸多问题。主要体现在如下方面。

（一）创新主体数量有限，科技企业可培育发展的空间不足

统计数据显示，截至2020年底，青海省市场主体数量为49.77万家，其中规上工业企业585家，高新技术企业总量居于全国倒数第二位，仅居西藏之前，被宁夏赶超（见表7）。随着科技企业认定工作的不断深入，要求科技企业发展保持持续增长趋势。而受地域经济等因素影响，青海省科技企业又以中小微企业居多，企业规模小，科技人员有限，企业所生产的产品多以粗加工或产业链上游产品为主，缺乏持之有效的市场竞争力强的拳头产品，企业核心知识产权少而不精，易受外部市场大环境和需求因素影响，企业实际经营中受资金链、技术瓶颈、人才流失等影响发展的不在少数，疫情期间部分企业也都不同程度受到影响。创新主体现状加外部因素影响，增加了科技企业培育认定的困难。

表7　2020年青海、宁夏、西藏三省（区）创新主体发展情况对比

地区	高新技术企业数量（家）	规模以上工业企业数量（家）	全省GDP（亿元）	市场主体数量（万家）	每万家市场主体高新技术企业拥有量（家）
宁　夏	289	1196	3748.48	65.9	4.39
青海省	218	585	3005.92	49.77	4.38
西　藏	87		1902.74	36.48	2.38

（二）企业创新意识不强，创新能力有待进一步提升

作为科技创新的主体，企业能否正确认识科技创新对企业发展的重要性显得至关重要。实际发展中，作为西部欠发达省份，青海省企业普遍注重眼前的经济利益，关注现有技术手段下的获利能力，忽视了对企业长远发展的布局。同时，企业现有技术的核心竞争力和转化效率不突出，拥有的专利成果多为实用新型、外观设计等Ⅱ类专利或软件著作权，易被市场所替代更

新，缺乏持久的竞争优势，缺乏有效抵御外界风险的能力。创新投入方面，认定企业有效期内缺乏持续稳定的创新投入，易受外部市场行情波动影响，呈现为到期重新认定企业流失率居高、新认定企业培育量不足、高新技术企业持续科研投入后劲不足。与此同时，中小微企业在企业研发阶段需要大量的资金投入，而作为初创成长期企业，轻资产、规模小、银行等多渠道融资难等问题制约了企业发展，政府科研引导资金也难以做到对各层面企业的支持全覆盖。

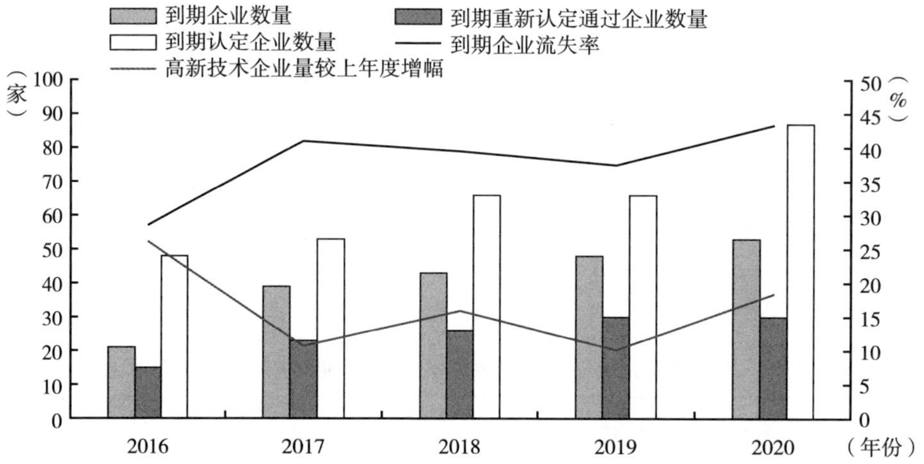

图 11　2016～2020 年青海省高新技术企业到期认定情况

资料来源：青海省 2016～2020 年度火炬统计年报。

（三）创新资源整合利用不够，科技人才支撑仍是发展的最突出短板

创新资源整合利用方面，许多企业科技创新资源较分散，与高等院校、培训机构的联系不够紧密，产学研结合不够充分，合作机制不健全，存在信息不对称问题；再则，对研发及市场信息掌握不够及时、全面，产品研发、设计不能及时适应和满足消费需求，造成产品积压，资金回笼困难，进而影响企业的发展，也影响了企业技术创新。科技创新，人才先行，各地在人才引进方面不断制定各类政策吸引人才，但受地域因素影响，青海省在高端人

才引进方面仍存在一定困难，普遍存在人才引进、人才培养难度大的问题，引入人才待遇及发展受限，企业间人才竞争激烈、人员流动性大；中小微企业人才缺乏，难以与大中型企业抗衡，同等条件下，技术带头人、学术带头人更愿意选择高校院所或大中型企业；现有激励机制不完善使得部分科技创新人员的工作积极性不高，不能做到全身心地投入企业研发发展中。

四　对策建议及预期展望

（一）对策建议

建设科技强国的新征程对科技创新工作提出新要求，作为创新主体的科技企业培育工作迎来新机遇，面临新挑战，面对当前复杂多变的国际形势和激烈的市场竞争条件，企业要高质量发展就必须依靠科技创新，不断提升自身竞争力，这就需要进一步激发企业创新活力，鼓励企业加强产学研合作，促进科研院所、大中小企业协同创新，依托各类技术创新平台，强化技术、人才保障，增加创新投入。

1. 进一步营造良好的政策环境，加大政策宣传

持续做好科技企业政策营商环境的优化。积极落实《青海省关于优化科技创新体系提升科技创新供给能力的若干政策措施》等科技创新政策，将强化企业创新主体地位摆在突出位置，发挥企业引人才、促创新、优产业作用，鼓励企业联合高校、科研院所和产业上下游建立创新联合体，加强科技创新技术攻关、平台建设、人才培养，加大科研投入，有效提升企业技术创新能力，推动落实促进企业科技创新政策措施。鼓励和引导具有较强核心竞争力、经济效益显著、具有较高成长性、能够辐射带动相关产业发展的高新技术企业发展成为省级“科技小巨人”企业，引领青海省高新技术产业发展。政策宣传方面，在原有培育企业的基础上，加大对地方科技部门、园区科技人员的培训力度，发挥基层科技工作人员的服务效能，进而进一步增强政策的宣传贯彻力度和政策享受覆盖广度。

2. 进一步加大科技企业的持续扶持引导力度

丰富服务企业的手段和精细化程度，通过培育认定、企业品牌打造，增强企业科技人员、研发投入、成果转化等一系列水平提升，帮助企业强筋壮骨。持续开展调研和政策宣传培训，深入青海省各园区、科技企业开展实地调研、政策解读，了解掌握各类企业发展现状及存在的问题，摸清企业需求，主动为企业提供科技服务，推进科技惠企政策落地；针对中小企业财务制度不健全、缺少有经验的研发费用归集管理人员等问题，联合税务、财务专家等开展点对面、点对点指导，鼓励企业依靠科技创新规范管理做大做强；结合融资难、融资贵等问题，适时组织银企对接，多渠道协助解决企业融资难问题。通过持续全面的扶持引导，积极推进高新技术企业、科技型企业和科技型中小企业培育认定、提质增效，夯实企业的创新主体地位。

3. 进一步强化创新主体科技成果转化能力

研发的目的是促进企业的不断创新，增强科技成果转化能力对提高企业创新能力显得至关重要。一方面加强技术转移体系建设。通过完善网上技术交易市场功能，促进企业、大专院校和科研院所的技术供给和技术需求及时对接，促进企业与科研院所更好地开展交流合作，及时地把科研成果转化为生产力，为企业科技创新提供支撑。二是激发创新主体科技成果转化的信心和积极性。完善各类平台建设，加大对各类科技成果的信息汇集与发布，加大宣传力度，适时组织线上线下成果推介，增强企业技术成果落地转化能力，实现技术、成果转化的精准对接。三是发挥政府管理部门在推动科技成果转化中的重要作用。通过科技招商、揭榜挂帅、产学研深度合作等形式开展技术攻关，协助企业解决技术瓶颈问题，提升科研成果转化的针对性和有效性。

4. 进一步探索有效激励机制，创新人才培养模式

企业发展离不开创新，创新发展离不开科技人才。在推进地区发展中诸多省市也出现了以政策引才引智的情况，可见人才尤其是高端管理、技术人才在发展中所发挥的重要作用。一方面，结合自身实际情况，围绕科技部创新人才推进计划、“青海省高端创新创业人才”计划等组织推荐工作，积极引进高新技术企业所需的人才，建立对高端创新人才及团队的稳定支持机

制，推进高层次人才队伍建设，培养更多有助于企业创新发展的科技型人才，让人才对企业有一种归属感，使他们能进得来、留得下。另一方面，积极提升本地化人才的培养力度。通过东西部院校合作、科技援青柔性人才引进等形式，加速本地化人才培养成长速度，对科研能力强、研发成果突出的人才，给予荣誉和资金支持，激发本地化人才的创新积极性和发展稳定性。企业层面，加强对人才的充分尊重，给予其良好的发展空间，创新激励机制，以业留人。

（二）预期展望

1. 机遇与挑战并存

2021 年 3 月，习近平总书记参加十三届全国人大四次会议青海代表团审议时提出“结合青海优势和资源，贯彻创新驱动发展战略，加快建设世界级盐湖产业基地，打造国家清洁能源产业高地、国际生态旅游目的地、绿色有机农畜产品输出地，构建绿色低碳循环发展经济体系，建设体现本地特色的现代化经济体系”。推进新青海建设，必须在融入国家发展战略中找准机遇、把握机遇、用好机遇，“四地”建设的提出，为青海省发展指明了方向，为相关领域企业发展带来了机遇。盐湖、新能源等相关领域发展将得到国家和省委、省政府更高关注和重点发展，各种资源和技术、人才也会向这些行业汇聚，盐湖、新能源领域有关企业发展潜力巨大。得天独厚的资源优势，为行业企业奠定了发展基础。柴达木盆地探明无机盐占全国盐湖资源总量的 1/3，风能资源年利用占全国风能储量的 9.4%，“中华水塔”水资源丰富；独特的地域气候环境，孕育了高原牦牛、青稞、枸杞等特色优势产业。“十三五”期间科技创新引领，为科技企业提质增量打下了基础。攻克了高镁锂比卤水提锂世界性难题，盐湖钾肥产量占据国内生产总量的 85%；刷新并保持全清洁能源供电世界纪录，带动了一批新能源领域企业的发展；成立牦牛、青稞等产业联盟，政府推介、平台推广，培育成长了青海可可西里食品有限公司、青海五三六九生态牧业科技有限公司、青海三江雪生物科技集团有限公司等一批高新企业。“四地”发展的提出，将为盐湖化工、新能源、高原特色生物等领域发展聚焦更多的行业发展眼光，凝聚更多的技术、资金、创新主体等资源落户青海，为地区科技产业发展带来更多活力。与此同时，受制于地域经济的发展，青海省企业发展面临的诸多问题也是制约其快速发展的巨大挑战。一方面日趋激烈的市场竞争环境，增加了本土企业生存发展压力，企业在科技创新方面的发展理念和投入力度面临前所未有的挑战，直接影响到其后续市场产品的占有份额和盈利空间；另一方面相比于东中部地区企业，本地企业整体发展水平不高，企业规模小发展不稳定、对产业链核心技术和关键环节掌控力不足，行业竞争性强的龙头企业和核心产品少、全产业链配套发展不均衡，受区域行业企业市场挤压、高端管理创新人才引入难易流失等现实问题依然存在，一定程度上制约了行业企业的健康发展。

2. 贯彻落实惠企政策，推进科技企业提质增效

李克强总理在2021年政府工作报告中提出“延续执行企业研发费用加计扣除75%政策，将制造业企业加计扣除比例提高到100%，用税收优惠机制激励企业加大研发投入，着力推进企业以创新引领发展”；继续加大高新技术企业培育力度，认定通过的高新技术企业享受所得税减按15%税率征收的税收优惠；6月全国深化“放管服”改革着力培育和激发市场主体活力电视电话会议上，提出创新实施宏观政策，直面市场主体所需，优化服务改革的利企发展措施，更进一步提高营商环境刺激创新主体发展。2020年，青海省委、省政府制定出台了《青海省关于优化科技创新体系提升科技创新供给能力的若干政策措施》（青办字〔2020〕76号），突出大力培育创新主体，促进科技成果转化，加快构建青海科技创新体系。“对新认定的高新技术企业奖励10万元，对高新技术企业中认定为‘省级科技小巨人’的企业，再奖励90万元，采取更加积极的扶持政策支持高新技术企业、科技型企业”，“对高新技术企业和科技型企业按照当年研发费用加计扣除免税额的10%给予最高不超过200万元奖补”，用好用活科技创新券，“按照高新技术企业和科技型企业每年度累计发放不超过20万元、注册成立不满3年的创新创业企业和团队每年度累计发放不超过5万元标准的科技创新券，用于鼓励企业向高校、科研机构和创新载体购买技术创新服务”。持续释放的政策红利，为青海省科技企业高质量创新发展营造了更加实惠、便捷、高效的发展环境。

实现科技企业培育认定提质增效，必须始终坚持以习近平新时代中国特色社会主义思想为指导，深入贯彻落实习近平总书记对青海工作的重要批示指示精神和在青海考察时的重要讲话精神，按照省委、省政府工作部署，进一步强化企业创新主体地位，坚持问题导向与目标导向相统一，发挥盐湖化工、清洁能源等领域产业发展优势，引导企业持续强化研发投入，提高研发产出率，保持高新技术研发能力持续增强；鼓励支持企业聚焦行业关键领域和核心技术，实施重点攻关专项行动，打好产业基础高级化、产业链现代化攻坚战，提升对产业链核心环节和关键领域的掌控力；发挥科技小巨人企业引领支撑作用，围绕产业链部署创新链，支持创新型中小微企业成长为创新重要发源地，推动产业链上中下游、大中小企业融通创新；培育一批盐湖化工、清洁能源行业掌握核心技术、行业竞争力强、符合青海经济特色优势的科技企业，为青海省经济高质量发展提供强有力的科技支撑，实现“十四五”青海科技企业量质并举稳步提升的良好局面。

G.8

2020年青海农业科技园区发展报告*

摘 要： 经过多年建设，青海省级农业科技园区已成为青海省农业科技自主创新和转化的重要平台、支撑农业农村创新创业的重要基地。截至2019年底，青海省共有38个省级农业科技园区，已建成核心面积24万亩。本报告对2020年参与评价的24家省级农业科技园区，从创新支撑、创新水平和创新绩效三个方面展开评价，根据评价结果得出如下结论：一是不同园区之间、地域之间创新能力差异较大，其中海东市互助县、民和县、循化县和黄南州河南县等农业科技园区的创新水平在全省处于领先地位；二是各园区创新能力指数在结构上差异明显，创新绩效整体表现较为突出，创新绩效工作取得一定进展。

关键词： 农业科技园区　创新能力　青海省

一　青海省农业科技园区建设综述

截至2019年底，青海省共有38个省级农业科技园区，已建成核心面积24万亩。在实施乡村振兴战略的新形势下，农业科技园区建设为推进农业农村科技工作重心下移、推进农业现代化发展提供了新的切入点，也为发展县域经济、增强县域科技创新能力培育了新的增长点。

---

* 课题组成员：许淳、王洁渊、杨军、常丽娜、雷萌桐、李冰、陈小焱、赵艳平、杨永春。

（一）省级农业科技园区已经成为县域农业科技自主创新和转化的重要平台

2019 年，参与评价的 24 个园区共取得专利、标准等各类科技成果 22 项，引进、示范推广或研发的新品种、新技术、新产品、新设施等总数达 629 个。24 个园区建成的核心区、示范区、辐射区的面积分别达到 83119. 5 亩、5046797. 48 亩、4525272. 6 亩，注重发挥了核心区的技术集成和示范作用，以核心区带动示范区，以示范区拉动辐射区，构建了“三区互通互动”的技术转化和传播体系。

（二）省级农业科技园区已经成为农业农村创新创业的重要基地，营造了大众创业、万众创新的良好氛围

截至 2019 年底，青海省重点支持国家星创天地建设。青海省科技部门立足地方农业主导产业、区域特色产业建设星创天地，围绕东部特色蔬菜基础建设和种苗繁育，重点打造培育了乐都农业科技园区、七彩农牧、黄河彩篮三个星创天地；在海西州柴达木盆地，围绕枸杞等浆果产业和绿洲农业发展，重点培育了诺木洪、云鑫生态养殖等星创天地；在西宁市围绕都市农业和休闲农业的发展，重点培育了高原绿、葛源、思得、高原逍遥花田、春源畜牧、大美奶业等星创天地；围绕高原生态畜牧业发展和生态环境保护工程的实施，大力促进牛羊健康养殖、现代草业发展、畜产品精深加工等，重点培育三江源草业、金银滩等星创天地。

（三）省级农业科技园区支撑当地经济快速增长，形成区域经济新的增长极

省级农业科技园区建设促进了地区农业产业化，取得了巨大的经济效益。园区企业聚集度高，效益显著。截至 2019 年底，全省 24 家省级农业科技园区共引进培育企业总数达 632 家。2019 年园区建设中通过创新产业发展模式，实现了一、二、三产融合发展，三产比例为 1. 64∶0. 77∶1. 00。可

以看出与2018年相比，第三产业发展较快。其中2019年当年总产值突破5亿元的园区达到15家，占比62.5%，远远高于2018年，极大地推动了地区农业产业化经济的发展。

青海省农业科技园区经过多年建设，结合园区发展实际与创新能力，可以看出，省级农业科技园区在科技创新方面，已成为青海省农业科技自主创新和转化的重要平台；在大众创业方面，成为支撑农业农村创新创业的重要基地；在地区经济发展方面，支撑当地经济快速增长，形成区域经济新的增长极。

二　青海省农业科技园区创新能力总体评价

评估小组对省级农业园区评估指标体系进行了优化调整，形成了2020年青海省农业科技园区创新能力指数（以下简称“创新能力指数”），包含了农业科技园区创新能力评价指标体系的5个一级指标和15个二级指标。按照计算模型，对15个二级指标数据模块化后得到3个一级指标分值：创新支撑指数、创新水平指数和创新绩效指数。3项一级指标分值相加得到创新能力指数分值。2018年青海省第一次开展青海省农业科技园区创新能力监测与评价，没有时间序列数据做对比。此次评估报告对参与评价的24个青海省农业科技园区进行了分类和排序，并对各园区进行分项定量分析和定性评价。

（一）总体情况

从24个青海省农业科技园区的创新能力指数统计，2019年度青海省农业科技园区的创新能力指数变异大，变异系数（变异系数=标准差/均值）为25.83%。其中海东市互助县、黄南州河南县、海东市民和县和循化县等农业科技园区的创新能力水平在全省处于领先地位。

1. 园区创新能力差异大

24个青海省农业科技园区的标准差为17.55，变异系数为25.83%，各园区之间的创新能力相差大。其中创新能力评分在80分以上的有7家园区，占29.2%。在各项指标中当年所取得的专利和标准等科技成果转化能力指标得分较差。

2. 园区创新工作开展具体情况分析

表1　创新能力指数及其分项指数统计

项目	创新支撑指数	创新水平指数	创新绩效指数
均值	22.04	24.08	21.83
变异系数(%)	23.15	33.44	40.22

资料来源：《2020年青海省农业科技园区创新能力评价报告》。下同。

（1）创新绩效

创新绩效包括5个二级指标，涉及经济产出、科技产出、人才培训和企业孵化等多个指标。由表1可以看出，在创新绩效的二级指标中，变异系数最大，达到40.22%。创新绩效的5个二级指标中，其中有4个得分率超过70%，尤其是主营业务收入和总产值达到79%，新增产值较差仅达到56%。但创新绩效的得分率最低，平均值仅为21.83，是3项一级指标中最低的，说明园区的创新绩效差距较大，是下一步园区重点工作之一（见表2、图1、图2)。

表2　创新绩效各指标得分情况统计分析

项目	主营业务收入	总产值	新增产值	培训人数	孵化企业数
设计分值(平均分)	8	6	6	5	5
实际得分(平均分)	6.300	4.750	3.375	3.750	3.625
得分率(%)	79	79	56	75	73

（2）创新支撑

创新支撑包括7个二级指标，涉及投入情况、信息化水平情况、科技特派员等人才培养和政策环境等多个指标。由表1可以看出创新支撑指数平均值为22.04，变异系数为23.15%，在3个一级指标中变异系数最低，仅仅从3个一级指标中对比，是指标差距最低的；另外根据得分率来看，投入、政策和人才等指标得分均低于60%，仅信息化水平和管理模式得分高于80%（见表3、图3、图4)。

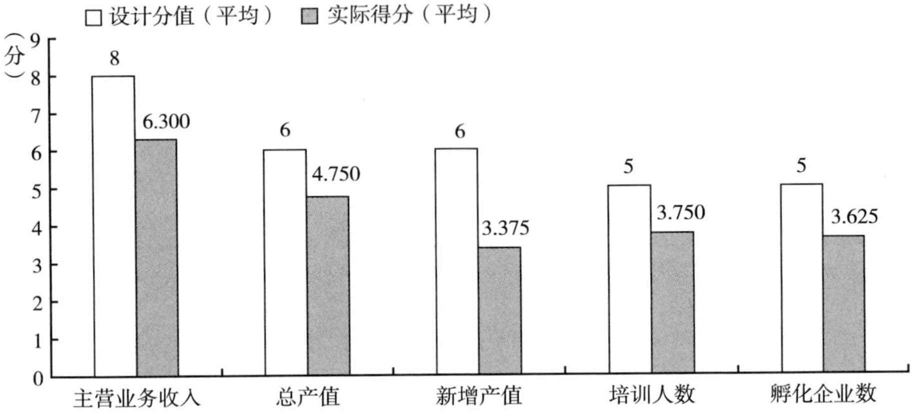

图 1　创新绩效各指标体系得分情况对比

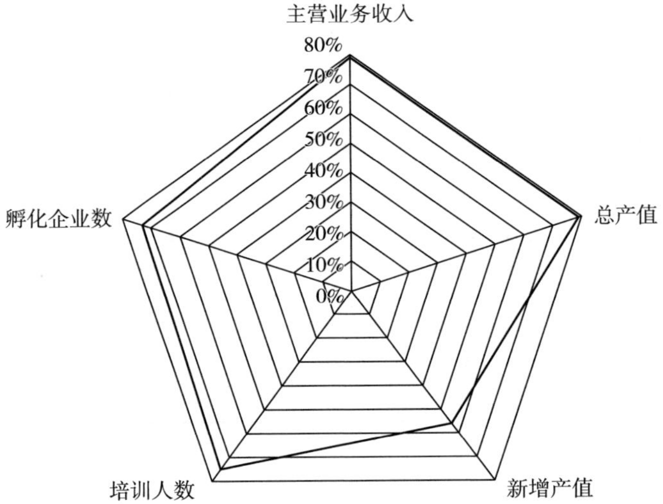

图 2　创新绩效各指标体系得分率汇总分析

表 3　创新支撑各指标得分情况统计分析

项目	政府投入	社会投入	园区投入	信息化水平	人才	管理模式	政策
设计分值(平均分)	5	2	3	5	5	10	2
实际得分(平均分)	2.875	0.790	0.920	4.500	2.500	9.500	0.990
得分率(%)	58	40	31	90	50	95	50

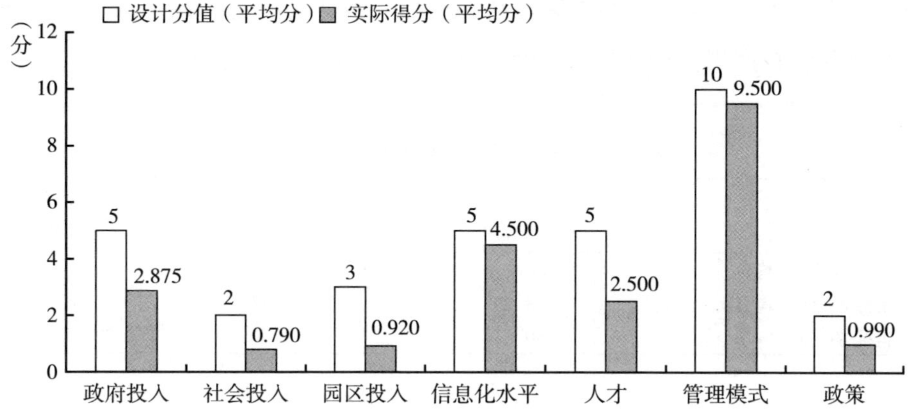

图3　创新支撑各指标体系得分情况对比

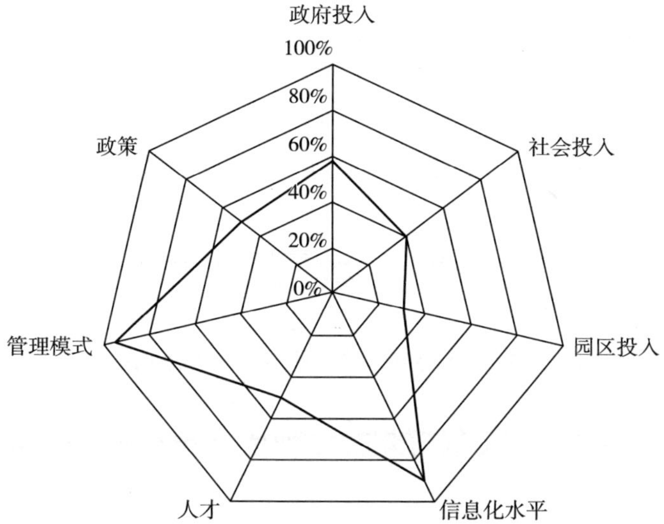

图4　创新支撑各指标体系得分率汇总分析

（3）创新水平

创新水平包括3个二级指标，涉及新品种、新技术、新设施，专利和标准以及示范辐射带动面积等多个指标。由表1可以看出创新水平指数得分平均值为24.08，变异系数为33.44%；另外根据得分率来看，专利和标准得分率极低，仅为8%，说明园区在科技产出和成果转化方面能力较低，是下一步园区科技产出方面要重点开展的工作（见表4、图5）。

表4　创新水平各指标得分情况统计分析

项目	新品种、新技术、新产品、新设施数	专利和标准等数量	示范辐射带动面积
设计分值（平均分）	10	8	20
实际得分（平均分）	8.00	0.67	15.40
得分率（%）	80	8	77

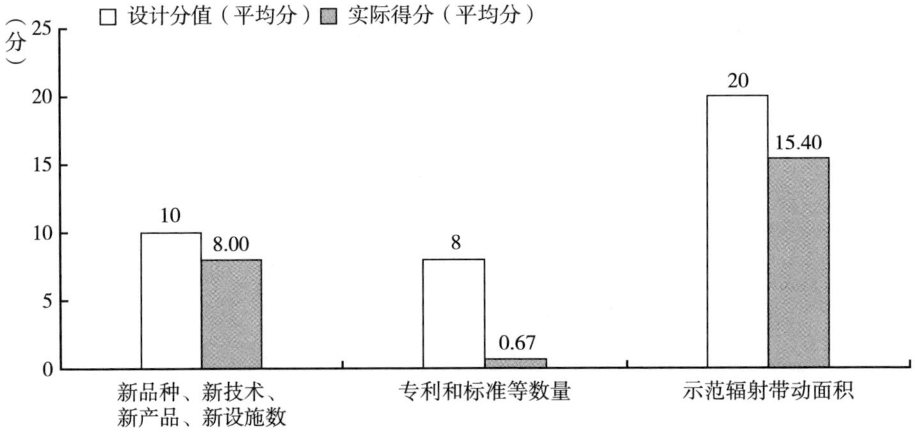

图5　创新水平各指标体系得分情况对比

3. 各园区创新能力指数在结构上差异明显，创新绩效较为突出

表5　2019年青海省农业科技园区创新能力指数完成情况统计描述

项目	创新支撑指数	创新水平指数	创新绩效指数
设计值	32	38	30
实际值（均值）	22.04	24.08	21.83
得分率（%）	69	63	73

由表5可以看出，各园区创新能力的3个一级指标中得分率差距较小，其中创新水平指数得分率最低，为63%。下一步省级农业科技园区的工作

重点应放在提升园区的创新水平上，尤其是在提升专利、标准量上。另外创新绩效指数得分率达到73%，是3个一级指标中最高的，说明上年度园区的创新绩效工作扎实。

（二）聚类分析

根据2019年青海省农业科技园区创新能力指数测算结果，将全省24个省级农业科技园区创新能力划分为以下3类，分别为创新引领区、创新示范区、创新起步区。其中创新引领区创新能力得分在90分及以上，创新示范区创新能力得分为60~90分，创新起步区创新能力得分低于60分，具体分类见表6。

表6 青海农业科技园区创新能力分类

分类	园区名称	创新能力（分）	创新支撑（分）	创新水平（分）	创新绩效（分）
创新引领区（2）	青海互助省级农业科技园区 河南县省级农业科技园区	91.5	30.5	31.0	30.0
创新示范区（16）	民和县省级农业科技园区 青海循化省级农业科技园区 青海刚察县省级农业科技园区 湟源县农业科技示范园 青海平安省级农业科技园区 海东高原现代农业园区 泽库县有机畜牧业产业园区 青海乐都省级农业科技园区 青海祁连省级农业科技园区 门源县冷凉高效农业科技示范园 青海化隆省级农业科技园区 兴海县河卡有机畜牧业科技示范园区 同仁县农牧业科技示范区 尖扎县省级农业科技园区 格尔木省级农业科技园区 青海海西国家农业科技园区	74.2	23.3	25.8	25.1
创新起步区（6）	乌兰省级农业科技园区 德令哈市省级农业科技园区 青海春旺省级农业科技园区 青海海北农业科技园区 青海果洛（大武镇）省级农业科技园区 青海长岭省级农业科技园区	43.6	16.0	17.3	10.3

（三）区域差异

由表7可以看出，24个省级农业科技园区覆盖全省各个地区，但主要分布在海东、海西、黄南和海北，分别占29.17%、16.67%、16.67%和16.67%；西宁本次评估参评的农业科技园区相对较少，仅占12.50%；海西和果洛州最少，玉树州未参加本次评估。创新引领区分布在黄南和海东，创新示范区分布较广，除了果洛州外实现全覆盖。果洛州创新能力较弱。

表7　青海农业科技园区按地区分布统计分析

地区	园区数	占比(%)	创新引领区	创新示范区	创新起步区
西宁	3	12.50	0	1	2
海东	7	29.17	1	6	0
海西	4	16.67	0	2	2
海南	1	4.17	0	1	0
海北	4	16.67	0	3	1
黄南	4	16.67	1	3	0
果洛	1	4.17	0	0	1
合计	24	100	2	16	6

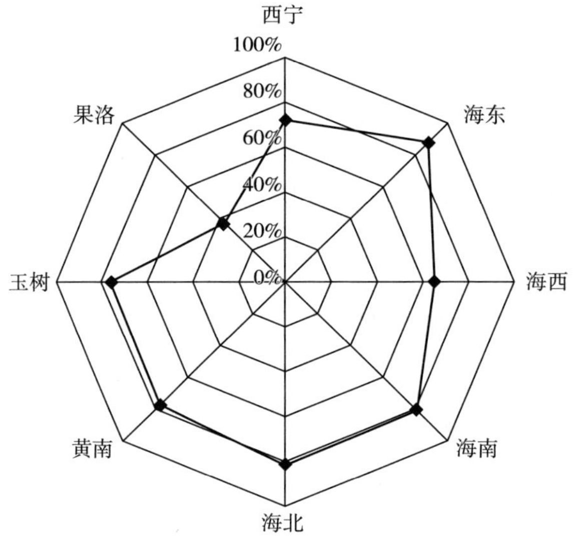

图6　不同地区创新能力水平情况对比

表 8　青海农业科技园区创新能力分析（按地区）

地区	园区数	创新能力	创新水平	创新支撑	创新绩效
西宁	3	52.3	21.3	17.7	13.3
海东	7	81.0	26.3	26.0	28.7
海西	4	56.3	19.0	17.8	19.5
海南	1	66.0	16.0	20.0	30.0
海北	4	70.0	31.0	19.0	20.0
黄南	4	74.0	27.0	26.0	21.0
果洛	1	40.0	6.0	16.0	18.0
合计(平均)	24	—	24.08	22.04	21.83

由表 8 可以分析不同地区之间园区创新能力水平。24 个园区平均创新能力分值为 67.95，其中高于平均值的园区有海东、海北、黄南，而西宁、海西、海南和果洛均低于平均值。

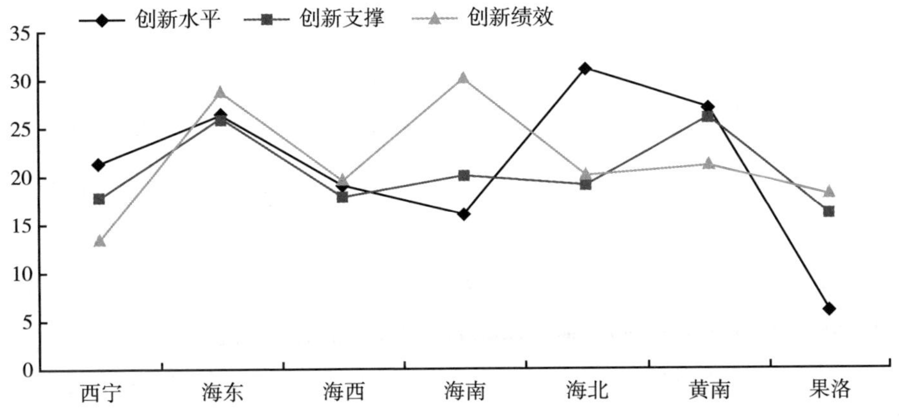

图 7　不同地区创新水平、创新支撑、创新绩效能力情况对比

结合国家农业科技园区评价参数制定青海省农业科技园区评价参数，对青海省农业科技园区科技创新能力进行评价，总体得出以下 3 个结论：一是整体科技创新能力变异系数为 25.83%，说明不同园区之间的创新能力的差异很大；二是按照创新能力得分将 24 个园区分为创新引领区、创新示范区和创新起步区，其中创新引领区内园区科技创新能力强，创新起步区内园区科技创新能力差，需要整改；三是对青海省 7 个地州市的创新能力进行排序，其中西宁、海西、海南和果洛创新能力得分低于平均值。

三　青海省农业科技园区创新支撑评价

创新支撑是反映各农业科技园区在开展创新活动中的条件，其指数的高低显示出省级农业科技园区在集聚农业科技创新资源方面的能力，是加强农业科技创新工作的必要基础和关键举措。在指标设计上，分别从科技特派员和“三区”人才数、投融资能力、农村信息化应用、组织管理模式和政策环境五个方面进行衡量。

（一）人才队伍建设

近年来，园区大力推进科技特派员科技创业行动和“三区”人才专项行动，组织开展了各类农业科技服务，加快农业科技成果转化和先进适用技术的推广应用，显著提升了园区农业科技创新能力和水平。截至 2019 年，24 个园区科技特派员和三区人才总数达 849 人。其中，海东地区科技特派员和三区人才最多，为 413 人。

根据数据统计，目前 91.7% 的农业科技园区已开展了“三区”人才和科技特派员创新创业行动。截至 2020 年底 24 个农业科技园区“三区”人才和科技特派员总数达 849 人，平均每个园区 35 人。青海果洛（大武镇）省级农业科技园区、青海海北农业科技园区和青海长岭省级农业科技园区的“三区”人才和科技特派员人数位列前三，分别为 110 人、106 人、84 人（见图 8）。

按地域分，海东和黄南在“三区”人才和科技特派员上的表现优于其他地区。2019 年，海东园区共引进“三区”人才和科技特派员 413 个，平均每个园区约 59 人，比园区平均值多 24 人；黄南园区共引进“三区”人才和科技特派员 203，平均每个园区约 51 人，比园区平均值多 16 人（见表 9）。

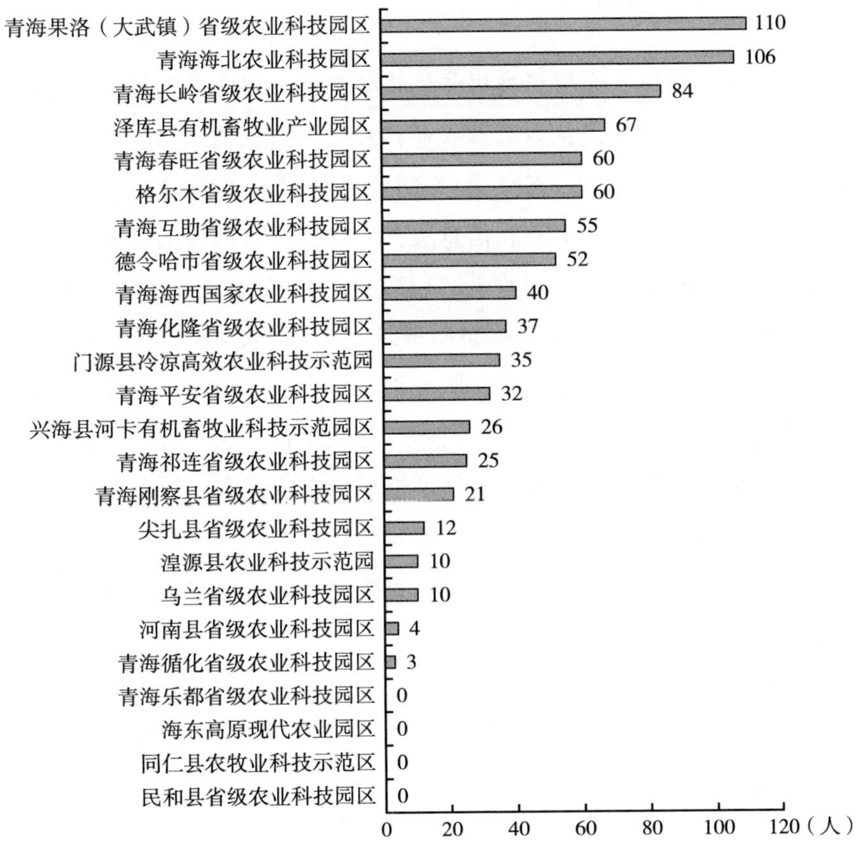

图8 省级农业科技园区科技特派员人数情况

表9 不同地区科技特派员和“三区”人才分布情况

单位：人

统计	总体	西宁	海东	海北	海南	海西	黄南	果洛
总数/人	849	43	413	88	26	76	203	0
占比/%	100	5.06	48.65	10.37	3.06	8.95	23.91	0.00
园区数/个	24	3	7	4	1	4	4	1
园区平均/人	35	14	59	22	26	19	51	0

（二）信息化建设

农村信息化建设是农村科技进步的重要载体，对农业科技创新发挥着重要作用。经过多年的建设，青海省农业科技园区信息技术初步应用，信息资源建设成效显现，园区“三农”服务的信息化水平不断提高。目前，多数园区已建成科技信息服务中心、信息服务大厅、科普惠农信息服务站、农村科技信息网络等服务平台，开通了“12319”科技信息查询和“12316”“三农”服务热线，有些园区甚至还将服务下延至乡镇，建立了乡镇信息服务站。同时依托全省农村信息化综合服务平台，通过多种技术手段、多种服务通道，预先、主动地将农牧业生产技术、林业培育、病虫害防治技术、市场交易、气候预警、社会管理等信息精准推送给农牧民和农牧业龙头企业、农牧业生产基地等，有力推动了全省农牧业新技术、新成果在农牧区的推广应用，在一定程度上提升了信息化对园区农牧业产业以及农牧区社会管理与民主保障的水平。

根据农业科技园区评估指标，信息化应用水平分为高、有一定水平、低三个等级。2019 年，青海省信息化应用水平等级为高的青海省农业科技园区有 12 个，占 50%。

（三）投入情况评价

根据各省级农业科技园区上报数据，2019 年，园区及园区内企业的投融资总额达 380479.16 万元，其中，政府投入 167365.3 万元，占 44%；社会资本投入 155378.2 万元，占 41%；园区自身投入 57735.66 万元，占 15%。初步形成了政府、企业、社会资本投资参与园区建设和技术引进的多渠道、多元化投融资机制，大大加快了园区建设（见表 10）。

1. 政府投入

2019 年，园区政府投入总额达 57735.66 万元，平均每个园区投入 2405.65 万元。政府投入前 5 名的是民和县省级农业园区、泽库县有机畜牧业产业园区、青海平安省级农业科技园区、海东高原现代农业园区、青海化隆省级农业科技园区，分别为 67300.5 万元、35900 万元、15000 万元、14000 万元、9960.7 万元（见图 9）。

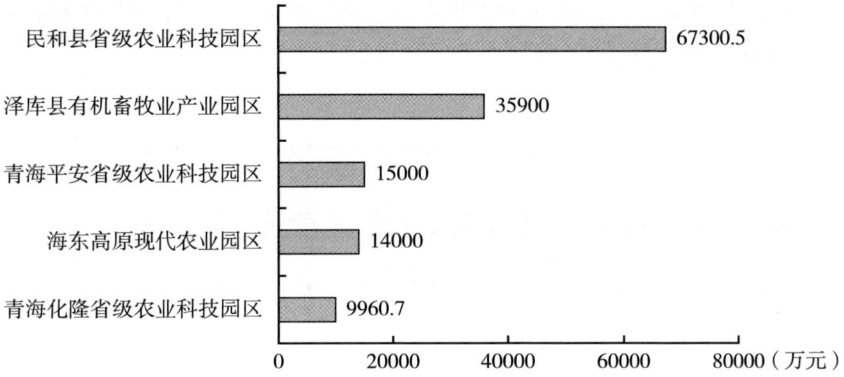

图 9　省级农业科技园区政府投入前五情况

按地域分，不论是总额还是平均值，海东和黄南地区园区都比其他地区园区要高。2019 年，海东和黄南州政府投入共 115677 万元和 44346.6 万元，每个园区政府投入平均值分别为 16525.29 万元和 11086.65 万元，远高于其他地区园区平均值（见表 10）。

表 10　2019 年农业园区按地域分投融资情况

分类	项目	西宁	海东	海北	海南	海西	果洛	黄南
政府投入	总额/万元	363.06	115677.00	1086.00	400.00	5000.00	492.64	44346.60
	园区数/个	3	7	4	1	4	1	4
	平均值/万元	121.02	16525.29	271.50	400.00	1250.00	492.64	11086.65
社会资本投入	总额/万元	1260.00	94197.00	1229.20	0	0	20.00	58672.00
	园区数/个	3	7	4	1	4	1	4
	平均值/万元	420.00	13456.71	307.30	0	0	20.00	14668.00
园区自身投入	总额/万元	62.26	34210.00	1620.00	300.00	765.00	0	20778.40
	园区数/个	3	7	4	1	4	1	4
	平均值/万元	20.75	4887.14	405.00	300.00	191.25	0	5194.60

2. 社会资本投入

2019 年，园区社会资本投入 155378.20 万元，平均每个园区 6474.09 万元。社会资本投入前 5 名的是青海乐都省级农业科技园区、河南县省级农业科技园区、海东高原现代农业园区、青海互助省组农业科技园区和青海化隆省级农业科技园区，分别为 45304 万元、38500 万元、24700 万元、21050 万元和 2978 万元（见图 10）。

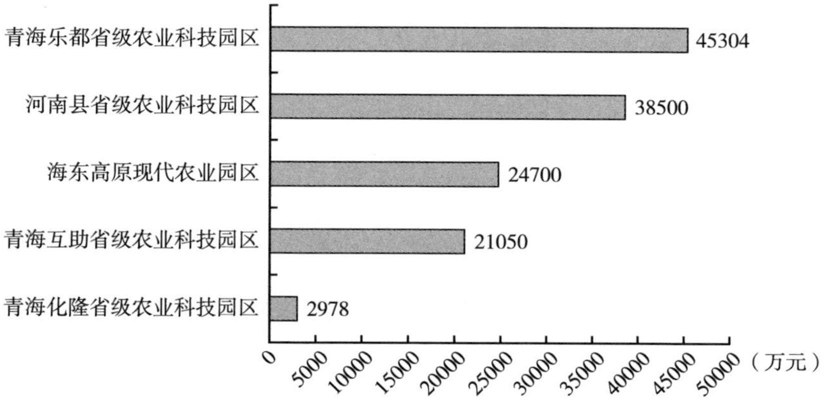

图 10　省级农业科技园区社会投入前五情况

按地域分，不论是总额还是平均值，海东和黄南地区园区都比其他地区园区要高。2019 年，海东和黄南园区社会资本投入分别为 94197 万元和 58672 万元，每个园区社会资本投入平均值分别为 13456. 71 万元和 14668 万元，远高于其他地区园区平均值（见表 10）。

3. 园区自身投入

2019 年，园区自身投入 57735. 66 万元，平均每个园区 2405. 65 万元。园区自身投入前 5 名的是青海互助省级农业科技园区、同仁县农牧业科技示范区、河南县省级农业科技园区、青海刚察县省级农业科技园区、格尔木省级农业科技园区，分别为 32890 万元、15000 万元、5353. 4 万元、1620 万元和 765 万元。（见图 11）

按地域分，不论是总额还是平均值，海东和黄南地区园区都比其他地区园区要高。2019 年，海东和黄南园区自身投入分别为 34210 万元和 20778. 4 万元，每个园区自身投入平均值分别为 4887. 14 万元和 5194. 60 万元。

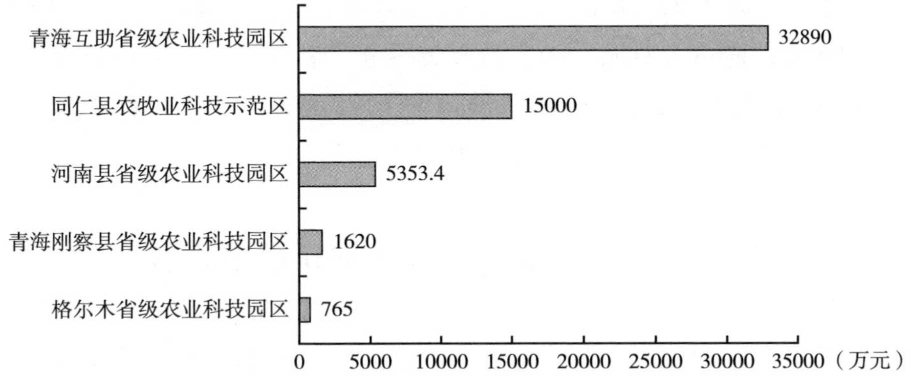

图 11　省级农业科技园区自身投入前五情况

（四）组织管理模式

随着园区的建设和发展，园区管理体系与保障机制逐步完善，园区建设步入规范化、科学化发展阶段。上报数据的 24 家省级农业科技园区中，政府主办型 15 个，企业主办型 7 个，科研单位与企业合办 1 个，其他型 1 个。从管理体制上看，园区所在市州县基本上都成立了以主管科技或农业的党政领导为组长，科技、农业、林业、畜牧、水利、交通、发改、财政等相关单位为成员的园区建设工作领导小组，同时成立了农业示范园区管委会等机构。主要职责是全面负责科技园区的运行管理，拟定园区经济发展总体规划、年度计划、基础设施、公共设施的建设与管理、合理流转并使用土地、项目的审报、审核机构、入园企业的管理审批、园区内各科研基地和生产基地的监管工作；做好园区内的招商引资和有关企业的组织运行管理工作。

（五）政策环境

园区建设始终坚持“政府引导、企业运作、社会参与、农民受益”的原则。多数园区制定了《农业科技园区管理办法》等政策，使园区建设管理有序规范。各地政府在人才、项目、土地、基础设施、招商引资等方面制定了多项优惠政策，为园区内企业引进、农业产业化发展创造了良好的政策环境。

从上报数据结果总体情况来看，24 家省级农业科技园区当年出台管理制度和地方政府出台对园区的支持政策得分（满分 2 分）平均分为 0.96 分，满分的园区 9 家，占 37.5%。排名前 10 位的园区中有 5 家园区满分，表明园区建设水平与政策支持有较大相关性。

四 青海省农业科技园区创新水平评价

创新水平反映的是各园区开展的创新活动以及取得的技术成果，主要包括开展的研发项目取得的专利成果、引进示范的活动及成果（引进和推广的新品种、新品系、新技术、新产品和新设施等）。

（一）创新成果

本报告采用当年获得的专利总数、标准总数作为衡量园区创新成果的主要评价指标。

参与本次评价的 24 个农业科技园区中，2019 年当年取得专利和标准的农业科技园区共 5 家。其中，除湟源县农业科技示范园在 2019 年取得专利和成果 12 项外，其余园区科技成果均低于 5 项。通过分析，24 家参与考核的农业科技园区中，平均每个园区获得专利和标准数为 0.92 项。取得专利的农业科技园区占所有参与评价的农业科技园区总数的 20.8%。取得专利和标准的农业科技园区如图 12 所示。

不同地区的农业科技园区获得专利数如图 13 所示。

从图 13 来看，西宁、海东、海北和黄南四个地区的农业科技园区在 2019 年当年取得了专利和标准。其中，尤以湟源县农业科技示范园和青海刚察县省级农业科技园区取得专利和标准较多，分别是 12 项和 5 项，高于其他农业科技园区。

（二）园区集成创新

对园区集成创新示范能力的评价采用科技引进类指标，包含新品种、新

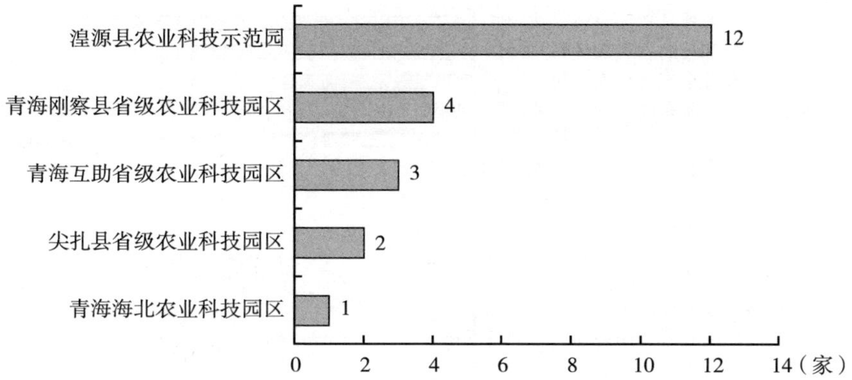

图 12　获取专利和标准的农业科技园区

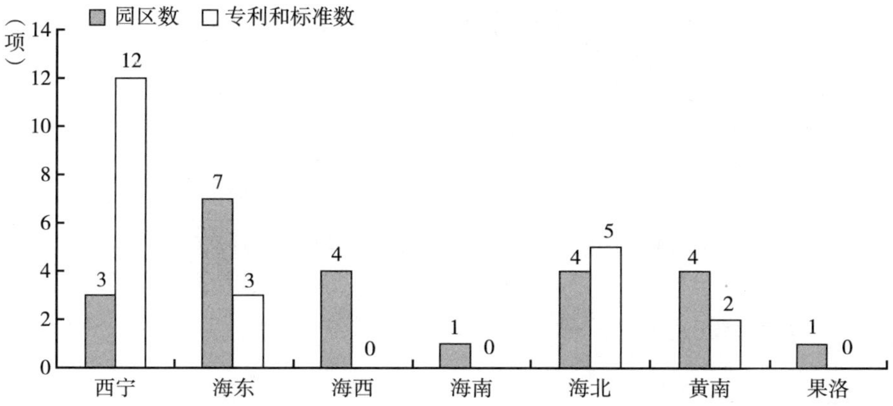

图 13　不同地区获取专利和标准的农业科技园区分布情况

技术、新产品、新设施等指标。

参与本次评价的 24 个省级农业科技园区中，2019 年当年引进新品种、新技术、新产品、新设施的农业科技园区有 22 家，共引进新品种 629 个；没有引进新品种、新技术、新产品、新设施的 2 家农业科技园区，是青海海西国家农业科技园区和青海长岭省级农业科技园区。通过分析，24 家参与考核的农业科技园区中，平均每个园区引进新品种数为 26.2 个。引进新品种、新技术、新产品、新设施排名的农业科技园区如图 14 所示。

不同地区的所有园区引进新品种数如图 15 所示。

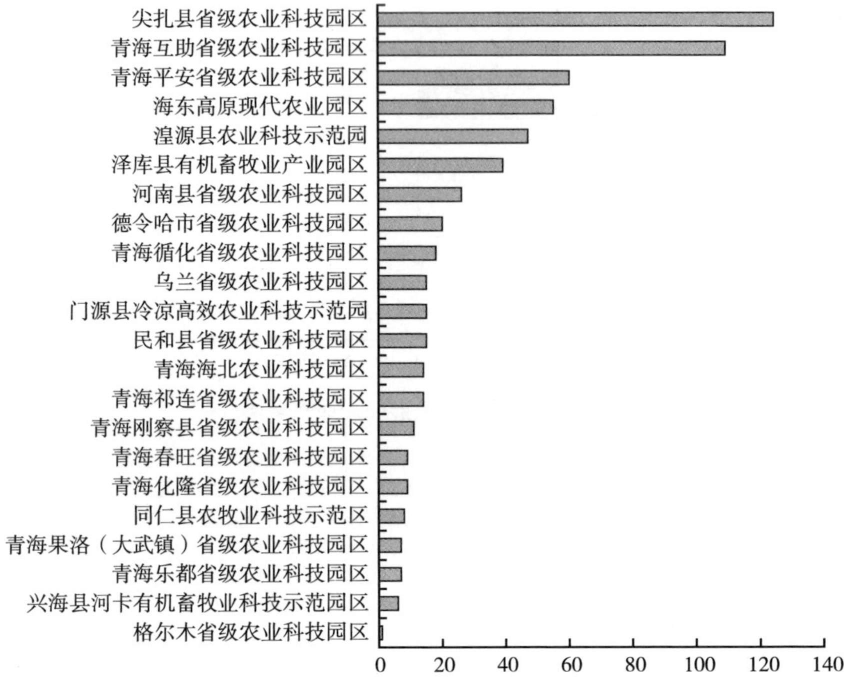

图 14　引进新品种、新技术等排名农业科技园区

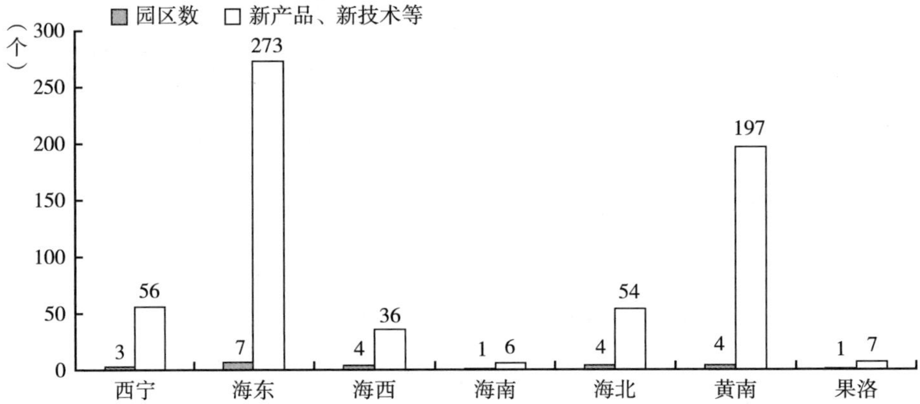

图 15　不同地区引进新品种的农业科技园区分布情况

从图 15 来看，海东、黄南两个地区的农业科技园区在 2019 年当年引进的新品种数量都超过 100 个，分别达到 273 个和 197 个，远多于其他地区的农业科技园区。其中高于全省农业科技园区引进新品种平均值26.2的农业科技园区数量有6家，占参与农业科技园区评价总数的25%。按农业科技园区引进的新品种类型来说，主要是蔬菜和水果，其次是新技术等。

（三）园区示范成果辐射

对园区示范成果辐射能力的评价采用园区示范辐射带动面积及单位示范辐射带动面积集成推广的新品种、新技术、新设施、新产品等指标双重评价。

1.示范辐射带动面积

参与评价的24个农业科技园区，示范辐射带动面积排名的农业科技园区如图16所示。

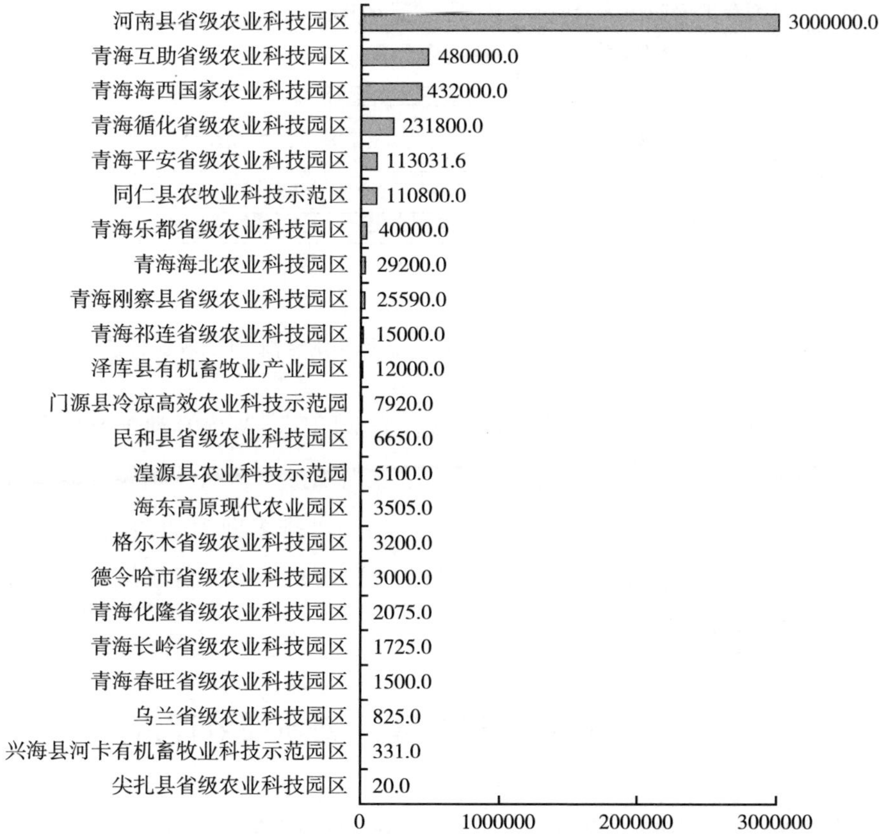

图16 示范辐射带动面积排名的农业科技园区统计

通过数据统计，参与评价的 24 个农业科技园区，平均示范带动面积为 188553.025 亩。其中，河南县省级农业科技园区示范辐射带动面积最大，达到 300 万亩，远超其他农业科技园区。

2. 单位示范辐射推广面积集成推广的新品种、新技术、新产品、新设施

参与评价的 24 个农业科技园区，单位示范辐射带动面积推广新品种排名前 10 的农业科技园区如图 17 所示。

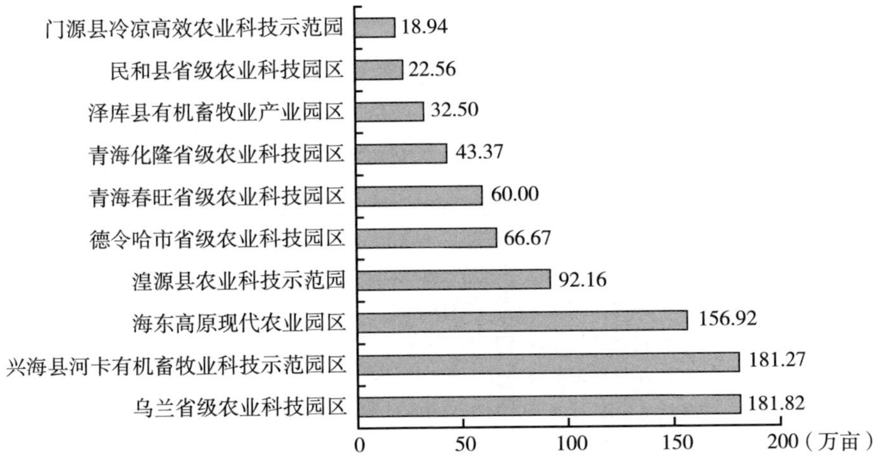

图 17　单位示范辐射带动面积集成推广新品种排名前 10 的农业科技园区

通过数据统计和分析，海东高原现代农业园区、兴海县河卡有机畜牧业科技示范园区和乌兰省级农业科技园区单位面积推广新品种相较其他园区要多 2 倍以上。单位示范辐射带动面积推广新品种排名前 10 的农业科技园区里，海东 3 家、西宁市 2 家、海北州 2 家、海西州 2 家、黄南州 1 家，说明示范带动作用较强的地区是海东。

五　青海省农业科技园区创新绩效评价

创新绩效反映的是农业科技园区创新活动取得的经济效益与社会效

益，体现了农业科技园区的建设以促进社会经济发展为根本。本章从经济收益、人才培训、孵化企业等方面对园区的创新绩效进行定量分析。

（一）经济产出情况

园区科技创新在经济效益方面的最直接体现就是近三年园区企业产值平均增幅。青海省农业科技园区近三年产值平均增幅为12.85%，显示了园区产业发展的强势劲头。其中青海海西国家农业科技园区、海东高原现代农业园区近三年园区企业产值平均增幅居于前位。2017年以来园区总产值逐年增加，其中2017年106.81亿元，2018年116.29亿元，2019年产值136.0447亿元。尤其是2019年度增长率达到17%。按地域划分，海东、海北、海西、黄南等地区近三年园区企业产值较大。尤其是海东市内园区企业产值占总产值比达到39.95%（见表11）。

表11　近三年青海省重点农业科技园区企业产值地域分布情况

项目	海东	海北	海西	黄南
总产值(万元)	641349.3	255465.69	485140	132019.9
平均数(万元)	91621.33	63866.42	121285	33004.91
占比(%)	39.95	15.91	30.22	33.00

（二）人才培训情况

青海省农业科技园区积极举办农业科技培训班，全年累计技术培训农牧民86336人次，平均培训3597人次。同时，向周边农户提供园区先进的养殖技术资料和派专业技术人员进行现场培训，加强农村科技骨干的培训。其中海东高原现代农业园区在人才培训方面取得突出的成绩，累计培养人才超过45000人次（见图18）。

（三）园区企业培育

在孵企业数方面，24个农业科技园区平均在孵企业数为28.72家。其

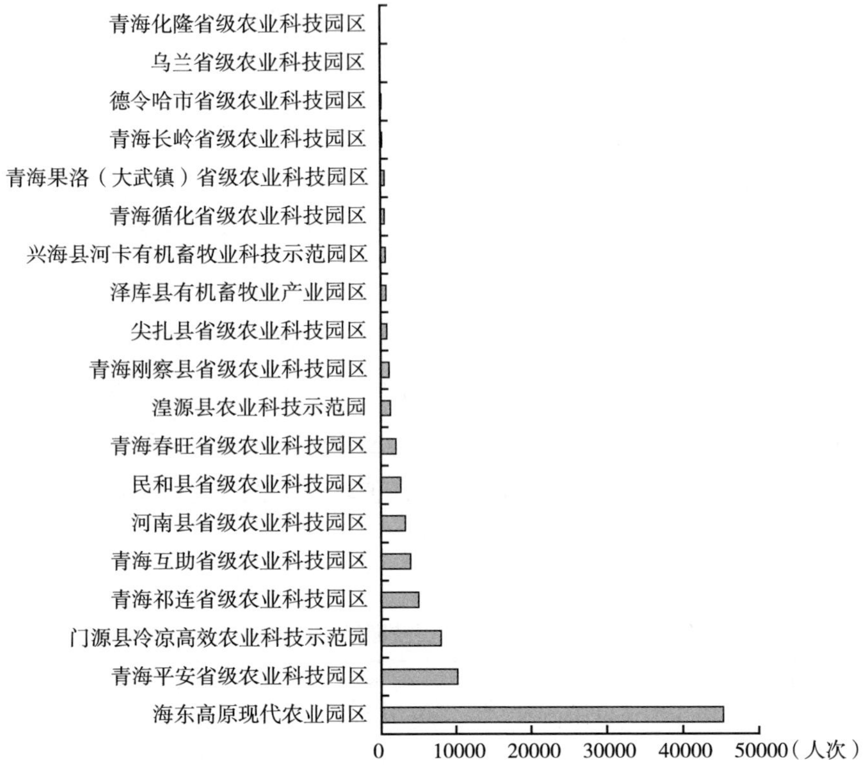

图 18　园区累计人才培训数量排名

中青海海西国家农业科技园区入孵企业超过 160 家，乌兰省级农业科技园区、格尔木省级农业科技园区和青海春旺省级农业科技园区等在孵企业不足 10 家。按地域划分，各州市园区的在孵企业数分布情况见表 12。海东园区孵化企业总数和平均数分别为 632 家和 38. 28 家，高于其他地方园区。

表 12　孵化（含入住）企业数分地域分布情况

单位：家

地区	西宁	海东	海北	海南	海西	黄南	果洛
总　数	11	268	48	29	168	107	1
平均数	3. 7	38. 28	12	29	56	26. 75	1

六　青海省农业科技园区排序评价结果

（一）总体排序

根据创新能力得分值，24 个青海省农业科技园区整体排名见表 13。

表 13　青海省农业科技园区整体排名汇总

序号	园区名称	地区	创新能力分值	排名
1	青海互助省级农业科技园区	海东	92	1
2	河南县省级农业科技园区	黄南	91	2
3	民和县省级农业科技园区	海东	88	3
4	青海循化省级农业科技园区	海东	87	4
5	青海刚察县省级农业科技园区	海北	87	5
6	湟源县农业科技示范园	西宁	83	5
7	青海平安省级农业科技园区	海东	81	7
8	海东高原现代农业园区	海东	78	8
9	泽库县有机畜牧业产业园区	黄南	77	9
10	青海乐都省级农业科技园区	海东	75	10
11	青海祁连省级农业科技园区	海北	75	10
12	门源县冷凉高效农业科技示范园	海北	73	12
13	青海化隆省级农业科技园区	海东	66	12
14	兴海县河卡有机畜牧业科技示范园区	海南	66	14
15	同仁县农牧业科技示范区	黄南	65	15
16	尖扎县省级农业科技园区	黄南	63	16
17	格尔木省级农业科技园区	海西	62	17
18	青海海西国家农业科技园区	海西	60	18
19	乌兰省级农业科技园区	海西	56	18
20	德令哈市省级农业科技园区	海西	47	20
21	青海春旺省级农业科技园区	西宁	47	21
22	青海海北农业科技园区	海北	45	21
23	青海果洛(大武镇)省级农业科技园区	果洛	40	23
24	青海长岭省级农业科技园区	西宁	27	24

（二）分地区排序

根据创新能力得分值，24个青海省农业科技园区按照地区分布排名见表14。

表14　青海省农业科技园区按地区排名汇总

序号	园区名称	地区	创新能力分值	排名
1	湟源县农业科技示范园	西宁	83	1
2	青海春旺省级农业科技园区		47	2
3	青海长岭省级农业科技园区		27	3
1	青海互助省级农业科技园区	海东	92	1
2	民和县省级农业科技园区		88	2
3	青海循化省级农业科技园区		87	3
4	青海平安省级农业科技园区		81	3
5	海东高原现代农业园区		78	5
6	青海乐都省级农业科技园区		75	6
7	青海化隆省级农业科技园区		66	7
1	格尔木省级农业科技园区	海西	62	1
2	青海海西国家农业科技园区		60	2
3	乌兰省级农业科技园区		56	3
4	德令哈市省级农业科技园区		47	3
1	河南县省级农业科技园区	黄南	91	1
2	泽库县有机畜牧业产业园区		77	2
3	同仁县农牧业科技示范区		65	3
4	尖扎县省级农业科技园区		63	4
1	青海刚察县省级农业科技园区	海北	87	1
2	青海祁连省级农业科技园区		75	2
3	门源县冷凉高效农业科技示范园		73	3
4	青海海北农业科技园区		45	4
1	兴海县河卡有机畜牧业科技示范园区	海南	66	1
1	青海果洛(大武镇)省级农业科技园区	果洛	40	1

专题报告

Special Report

G.9

2020年青海科技计划与重大科技项目评价报告*

摘　要： 2020年，青海省科技部门按照“十三五”确定的目标任务，不断加大科技创新工作力度，重点围绕“一优两高”战略需求，精心组织重大科技专项、重点研发与转化计划、基础研究计划、创新平台建设专项等各类科技计划项目。全年共安排省级财政科技专项资金4.76亿元，组织实施各类创新科技计划项目349项，在构建绿色产业技术体系、实施重大科技创新工程、推进重大科技行动等方面取得积极进展。

关键词： 科技计划　重大科技项目　产业技术体系　青海省

2020年，青海省科技部门围绕重大科技专项、重点研发与转化计划、

* 课题组成员：许淳、曹慧、柏为民、张巍山、巩志娟、李琴、马冠奎、严进鹏、赵润身、向梦芸。

基础研究计划、创新平台建设专项等部署新开科技计划项目349项，以创新型省份建设为目标，以科技治理能力建设为主线，在绿色产业技术体系、重大科技创新工程、重大科技行动推进及科技体制机制改革等领域取得了若干重要进展。

一　2020年青海科技计划项目部署情况

为切实推进具有青海特色优势的区域创新体系建设，加快步入创新型省份行列的步伐，结合《青海省"十三五"科技创新规划》重点任务部署，制定了《2020年青海省科技计划项目申报指南》（以下简称《指南》），明确2020年科技计划重点支持方向。按照《指南》确定的重点方向，2020年安排科技总投入共计74432.75万元，集中力量攻克制约青海经济社会发展的重要科技问题。2020年科技项目计划由重大科技专项、重点研发与转化计划、基础研究计划、创新平台建设专项、其他五部分组成。以下将分别从项目经费资助强度、项目分布、重点技术体系及创新载体等不同维度，对2020年省级科技计划项目部署情况进行分析。

（一）项目资助经费概况

2020年青海省新开科技计划项目总计349项。其中，重大科技专项项目4项，资助经费3600万元，2020年资助经费1450万元，科技投入7200万元，带动社会总经费共7200万元；重点研发与转化计划项目137项，资助经费20526万元，2020年资助经费8627万元，科技投入37350.5万元，带动社会总经费40718.7万元；基础研究计划项目173项，资助经费9965万元，2020年资助经费9165万元，科技投入10240万元，带动社会总经费10240万元；创新平台建设专项项目34项，资助经费8260万元，2020年资助经费5860万元，科技投入9430万元，带动社会总经费9430万元；其他计划项目1项，共资助经费6584.05万元，2020年资助经费6584.05万元，科技投入6584.05万元，带动社会总经费6844.05万元（见表1）。

表 1　2020 年青海省科技计划各计划类别项目经费安排情况

单位：万元

计划类别	项目数	总经费	科技投入	总资助	平均资助	2020 年资助
重大科技专项	4	7200	7200	3600	900	1450
重点研发与转化计划	137	40719	37351	20526	150	8627
基础研究计划	173	10240	10240	9965	58	9165
创新平台建设专项	34	9430	9430	8260	243	5860
其他	1	6844	6584	6584	6584	6584
总计	349	74433	70805	48935	140	31686

资料来源：青海省科学技术厅。下同。

2020 年青海省科技计划项目中，基础研究计划项目数高于其他计划类别，占 2020 年新开项目总数的 49.57%，其平均资助强度低于其他计划类别。重大科技专项项目数较少，资助强度高于其他计划类别。从重点研发与转化计划项目数和资助强度、带动社会投入方面综合来看，为 2020 年科技计划的主要的立项支持计划类别。

重大科技专项、重点研发与转化计划以及创新平台建设专项重点关注的是青海省经济结构调整、产业转型中亟须解决的关键科技问题，针对性强，资助力度相对大；基础研究主要面对经济社会、民生领域中的基础研究问题，涉及面广，项目数量多。

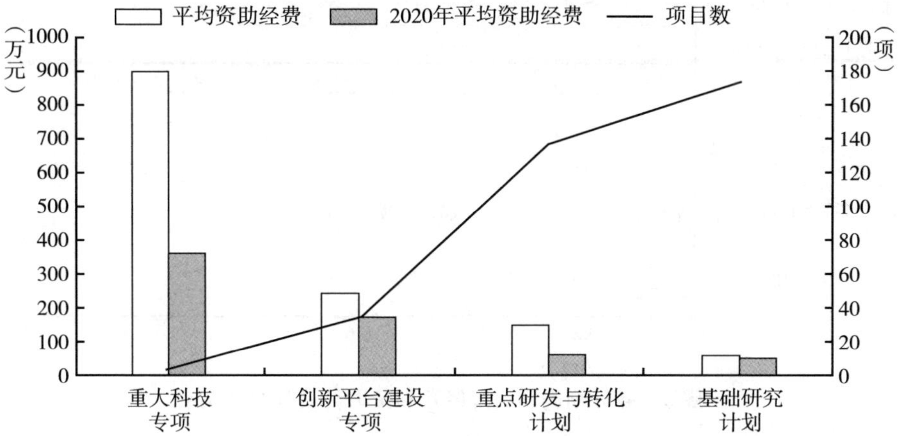

图 1　2020 年各科技计划平均资助情况

如图1所示，重大科技专项的平均资助经费强度远高于其他计划类别，平均资助经费达到900万元左右，充分体现了项目少、课题重大、单项资助强度大的特点；创新平台建设专项计划次之，平均资助经费243万元左右；重点研发与转化计划的平均资助经费强度为150万元左右；基础研究计划的平均资助经费强度最低，约为58万元。

（二）资助经费与自筹经费配套比例分析

从经费角度看，2020年青海省各计划类别的经费来源主要包括资助经费及项目申报单位自筹经费两部分。其中，重大科技专项计划项目共4项，自筹经费3600万元，资助经费3600万元，自筹经费和资助经费的配套比例为1∶1，带动社会总经费7200万元；重点研发与转化计划安排项目137项，自筹经费16824.5万元，资助经费20526万元，自筹经费与资助经费配套比例约为0.82∶1，带动社会总经费40718.7万元；基础研究计划项目173项，自筹经费275万元，资助经费9965万元，自筹经费与资助经费配套比例约为0.03∶1，带动社会总经费10240万元；创新平台建设专项项目共34项，自筹经费1170万元，资助经费8260万元，自筹经费与资助经费配套比例约为0.14∶1，带动社会总经费9430万元（见图2）。

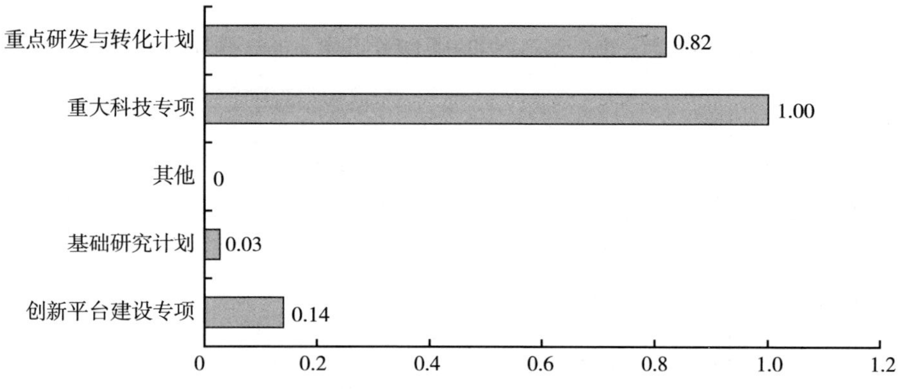

图2　各计划类别自筹经费和资助经费配套比例

2020 年，在计划类别中，重大科技专项的自筹经费和资助经费的配套比例最高且配比相对平均，为 1 ∶1；创新平台建设专项和基础研究计划经费主要为政府的专项资助，其中基础研究计划的自筹经费和资助经费的配套比例最低，为 0. 03 ∶1。从基础研究计划的基本定位出发，基础研究计划主要是由高校及科研院所等科研机构承担的有关基础理论及软科学方面的研究，其经费的来源主要依靠政府财政拨款。

从各产业技术体系的自筹经费和资助经费配套比例来看，自筹经费与资助经费配套平均比例约为 0. 45 ∶1，其中，先进制造业产业技术体系和新能源产业技术体系的配套比例较高，分别为 2. 40 ∶1 和 1. 05 ∶1。现代生物产业技术体系自筹经费强度相对较低，配套比例为 0 ∶1，其经费的来源主要依靠财政拨款（见图 3）。

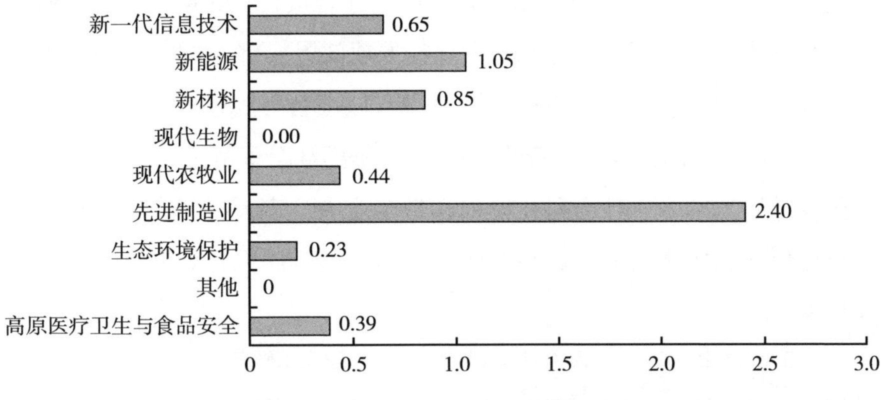

图 3　各产业技术体系自筹经费和资助经费配套比例

从“一优两高”类别的自筹经费和资助经费配套比例来看，高质量发展类别的自筹经费和资助经费配套比例最高，为 0. 49 ∶1。生态环境保护优先类别的自筹经费强度相对较低，配套比例为 0. 22 ∶1（见图 4）。

（三）资助经费带动社会科技投入与总经费关系分析

从资助经费带动的社会科技投入和总经费比例来看，重大科技专项计划在所有计划类别中带动经费的比例最高，资助经费约带动 2 倍的科技投入。重

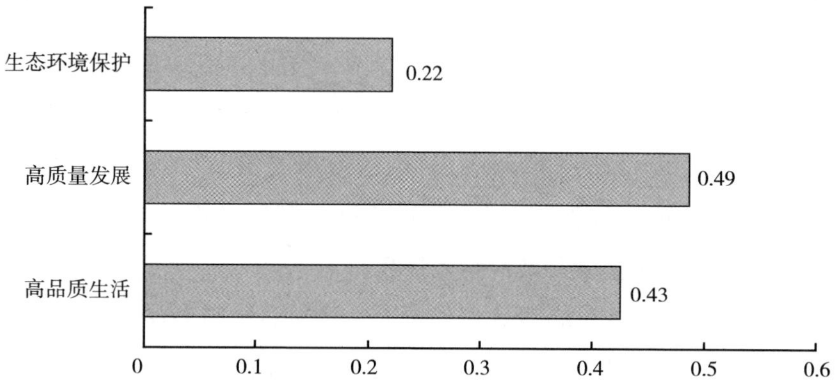

图 4　“两优一高”类别自筹经费与资助经费比例

点研发与转化计划部署项目 137 项，项目资助经费约带动 1.82 倍的科技投入，约带动 1.98 倍的社会总经费。基础研究计划部署项目 173 项，项目资助经费约带动 1.03 倍的科技投入。创新平台建设专项部署项目 34 项，项目资助经费约带动 1.14 倍的科技投入。其他类计划没有以项目方式进行资助，其科技投入全部来自专项资助，资助经费约带动 1.04 倍的社会资金投入。

在各计划类别中，社会科技投入和带动能力，重大科技专项最高，重点研发与转化计划次之，而创新平台建设专项和基础研究计划低于其他两类计划（见图 5）。

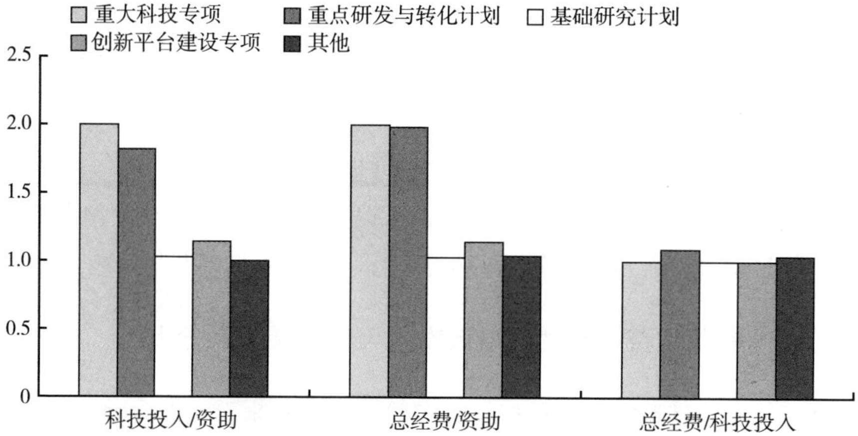

图 5　各计划类别资助经费带动的社会科技投入和总经费比例

从各产业技术体系资助经费带动的社会科技投入和总经费比例来看，先进制造业、新能源和新材料领域研究项目带动经费的比例较高。其中，先进制造产业技术体系、新能源产业技术体系和新材料产业技术体系的资助经费分别带动约3.40倍、2.05倍和1.85倍的科技投入。其他产业技术体系资助经费带动的社会科技投入和总经费比例相对较低（见图6）。

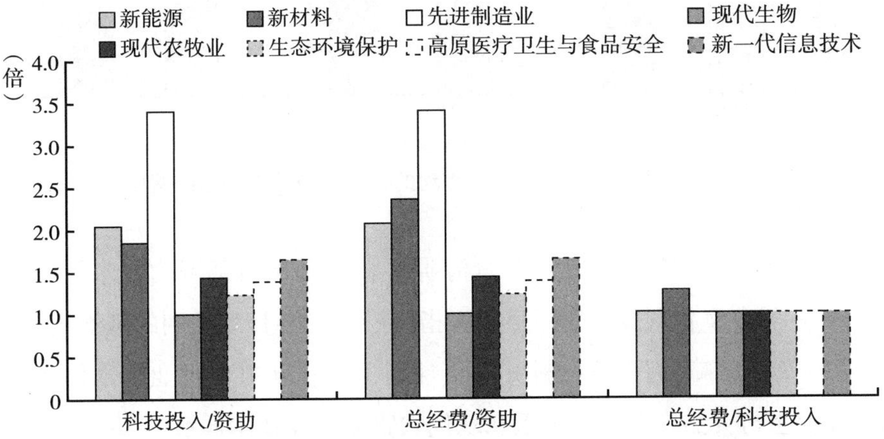

图6　各产业技术体系资助经费带动的社会科技投入和总经费比例

从“一优两高”的战略部署中资助经费带动的社会科技投入和总经费比例来看，“高质量发展”项目和“高品质生活”项目带动经费的比例较高，资助经费分别带动约1.49倍、1.43倍的科技投入；“生态环保”项目的资助经费带动科技投入与社会总经费均为1.22倍（见图7）。

二　2020年青海科技计划项目重点产业技术体系

2020年青海省科技计划项目部署基本覆盖了《青海省“十三五”科技创新规划》提出的科技发展重点技术体系。

（一）计划类别的产业技术体系结构

围绕《青海省“十三五”科技创新规划》中提出的重点任务，针对青

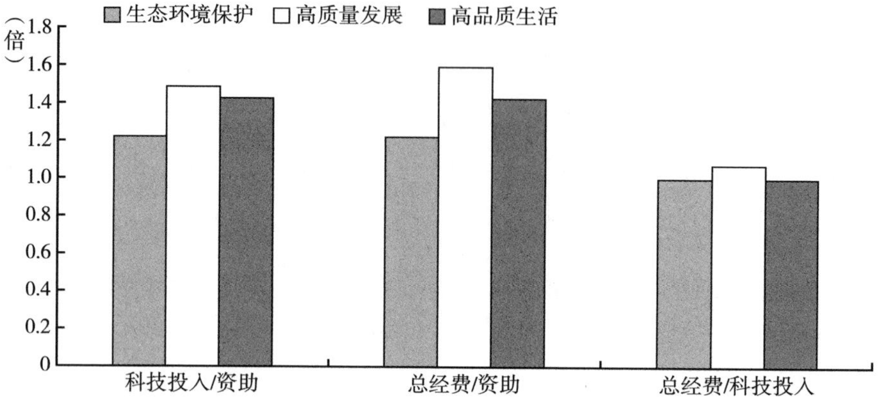

图 7 “一优两高”资助经费带动的社会科技投入和总经费比例

海省经济社会发展需求，2020 年青海省科技计划项目部署的技术体系，符合《2020 年青海省科技计划项目申报指南》中对各计划类别的基本定位。

（1）2020 年青海省重大科技专项计划项目在新材料产业技术体系、高原医疗卫生与食品安全技术体系和现代农牧业产业技术体系三大技术体系进行了项目部署。重点集中在新材料产业技术体系、高原医疗卫生与食品安全技术体系，2020 年资助经费占重大科技专项资助经费总额的 41.67%。

（2）2020 年重点研发与转化计划中，现代农牧业产业技术体系是项目部署及经费资助最多的产业技术体系，资助经费占重点研发与转化计划资助经费总额的 30.22%；新一代信息技术、新材料、生态环境保护、高原医疗卫生与食品安全技术体系资助经费在重点研发与转化计划资助经费总额中的占比分别为 17.68%、15.93%、10.86%、9.84%，重点研发与转化计划对现代农牧业、新一代信息技术、新材料、生态环境保护产业技术体系资助经费达 74%，是重点研发与转化计划的资助重点。

（3）2020 年基础研究计划在高原医疗卫生与食品安全技术体系部署项目最多，共 40 项，占基础研究计划的 23.12%；其次为现代农牧业产业技术体系、生态环境保护产业技术体系、新材料产业技术体系、新一代信息技术产业体系，分别开设 34 项、32 项、28 项、20 项，占比分别为 19.65%、

18.5%、16.18%、11.56%。

（4）2020 年创新平台建设专项中科技基础条件平台、重点实验室、工程技术研究中心奖励、孵化器绩效评价、众创空间绩效评价5 个子计划在高原医疗卫生与食品安全技术体系、生态环境保护产业技术体系、现代农牧业产业技术体系、新材料产业技术体系、新能源产业技术体系、新一代信息技术产业体系均有项目部署。其中现代农牧业产业技术体系部署项目最多，开设项目 11 项；其次为高原医疗卫生与食品安全技术体系、新材料产业技术体系，均占 8 项。

（二）产业技术体系分布

2020 年青海省科技项目部署涵盖了《青海省“十三五”科技创新规划》中的八大产业技术体系，具体分布情况如图 8 所示。

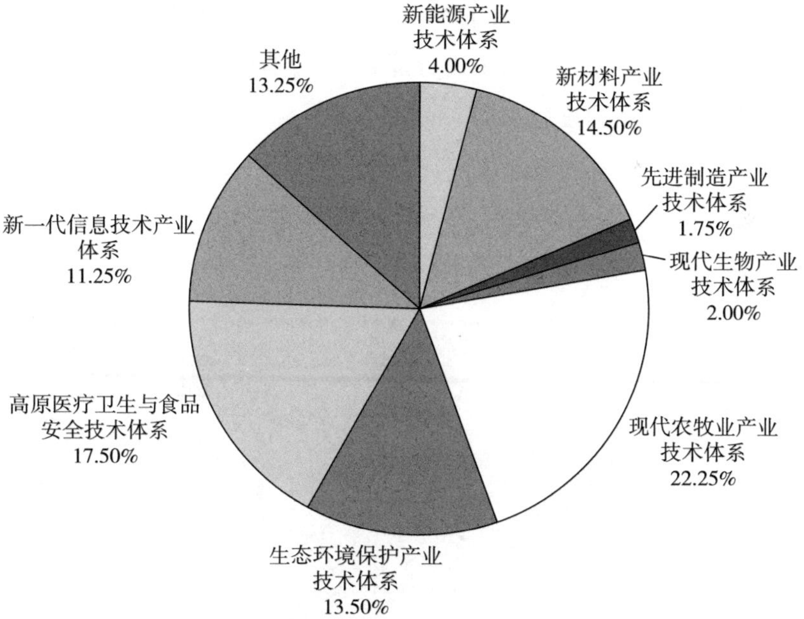

图 8　2020 年青海省科技计划领域项目数占比分布

从立项数量看，2020 年青海省科技计划项目产业技术体系主要分布在现代农牧业产业技术体系、高原医疗卫生与食品安全技术体系、新材料产业技术体系、生态环境保护产业技术体系、新一代信息技术产业体系，其新开项目数在2020年新开项目总数中占比超过79%。现代农牧业产业技术体系是2020年项目数最多的技术体系，占比22.25%，是2020年青海省科技项目的重点部署领域，项目围绕青海省高原特色作物绿色高效生产、特色畜禽品种提质增效和农畜产品精深加工等方面开展关键技术研发和技术集成与应用。其次为高原医疗卫生与食品安全技术体系和新材料产业技术体系，项目数占比分别为17.50%、14.50%，重点针对高原重大疾病防治和盐湖特色材料高值化利用开展重点技术攻关。

从资助经费看，2020年现代农牧业产业技术体系是资助经费最多的技术体系，占全年新设项目产业技术体系的20.27%；新材料产业技术体系占13.41%（见图9）。现代农牧业产业技术体系是2020年青海省科技计划的一个重要主题，在各类计划类别中均占较大比重。高原医疗卫生与食品安全技术体系主要在基础研究计划中进行部署。不同计划类别对不同领域各有侧重，定位不同，支持力度也不同。

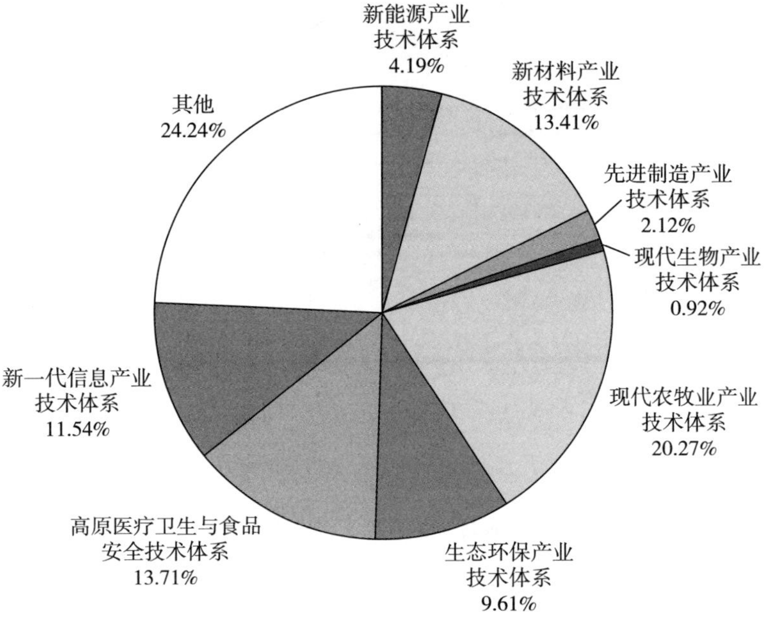

图9　2020年青海省科技计划领域资助经费分布

（三）产业技术体系分布对比

与2019年相比，2020年青海省科技计划项目的重点技术体系侧重有所不同。其中，现代农牧业产业技术体系、高原医疗卫生与食品安全技术体系和新材料产业技术体系从项目数和资助经费来看，都是2020年科技计划项目部署的重点领域（见表2）。

表2　2019年和2020年青海省科技计划重点技术体系侧重

序号	项目数		资助经费		当年资助经费	
	2019年	2020年	2019年	2020年	2019年	2020年
1	高原医疗卫生与食品安全	现代农牧业	现代农牧业	现代农牧业	现代农牧业	现代农牧业
2	现代农牧业	高原医疗卫生与食品安全	新一代信息技术	高原医疗卫生与食品安全	新一代信息技术	高原医疗卫生与食品安全
3	生态环境保护	新材料	生态环境保护	新材料	生态环境保护	新一代信息技术
4	现代生物	生态环境保护	先进制造业	新一代信息技术	高原医疗卫生与食品安全	生态环境保护
5	新一代信息技术	新一代信息技术	高原医疗卫生与食品安全	生态环境保护	先进制造业	新材料
6	先进制造业	新能源	新能源	新能源	新能源	新能源
7	新材料	现代生物	新材料	先进制造业	现代生物	现代生物
8	新能源	先进制造业	现代生物	现代生物	新材料	先进制造业

从部署项目数来看，2020年现代农牧业产业技术体系和高原医疗卫生与食品安全技术体系仍是部署项目最多的两个领域；新材料产业技术体系代替生态环保产业技术体系项目部署排在第三位；现代生物产业技术体系部署项目数排名有所下降。

从当年资助经费来看，2020年现代农牧业产业技术体系仍是排名最高的领域。高原医疗卫生与食品安全技术体系和新材料产业技术体系的资助排名有所上升，新一代信息技术产业体系、生态环保产业技术体系和先进制造业产业技术体系的资助地位则有所下降。“十三五”期间，青海省科技计划项目每年部署的重点有所不同，各领域协同发展。

三 2020年青海科技计划项目创新载体

（一）创新载体分布分析

企业、高校科研机构、事业单位等多类型机构共同参与承担了2020年青海省科技计划项目。不同科技计划项目类别在科技项目部署中对不同类型的承担机构各有侧重，又彼此互补。2020年青海省各计划类别创新载体（第一承担单位与合作单位）分布情况如表3、图10所示。

表3 2020年青海省科技计划各计划类别创新载体分布

单位：个

计划类别	企业	高校科研机构	事业单位	其他载体	总计
重大科技专项	9	6	2	0	17
重点研发与转化计划	121	125	44	4	294
基础研究计划	10	163	36	1	210
创新平台建设专项	17	30	8	0	55
总计	157	324	90	5	576

注：其他载体主要包括非营利性社团组织和合作社。

从整体上看，各计划类别项目承担单位中均涵盖企业、高校科研机构以及事业单位。具体而言，不同的计划类别因基本定位不同，创新载体的分布也各有特点。

在重大科技专项、重点研发与转化计划实施过程中，企业和高校科研机构均是主要的创新主体，其中重大科技专项是唯一企业创新载体占主导地位的项目类别。重点研发与转化计划的参与主体更加多样化，合作社和非营利性社团组织在研究过程中也起到一定的辅助作用。

在基础研究计划中，高校科研机构在参与的承担单位中占据主体地位，

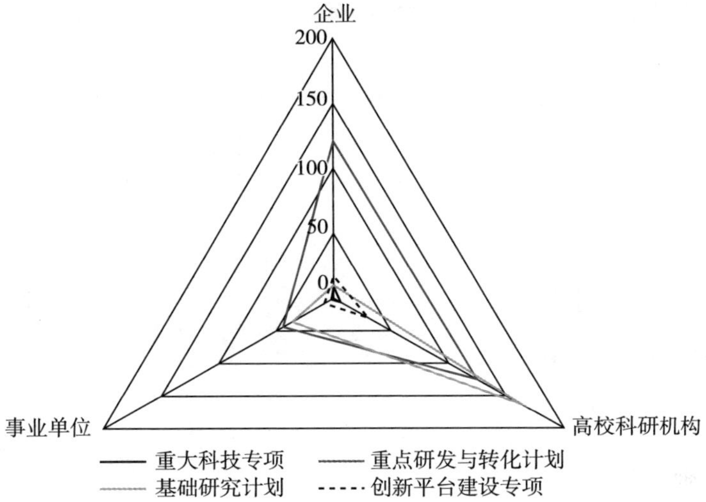

图 10　2020 年青海省科技计划各计划类别创新载体分布

具有明显的优势，企业参与度相对较低。这主要与基础研究计划的基本定位有关，基础研究计划主要关注一些具有前瞻性、全局性、带动性技术的前期基础理论研究。

创新平台建设专项各项计划研究内容相对聚焦。从类别上来看，企业和高校科研机构是主要的创新主体，承接了 85% 以上的研究项目，事业单位的参与度相对较低。

从产业技术体系的视角来看，各类产业技术体系的项目实施都离不开各类创新载体的合作与配合。整体上，大部分产业技术体系都是以科研院所作为主要创新载体，与企业主体协调配合，并在行政事业单位的辅助下开展各类科学研究（见图 11）。

高原医疗卫生与食品安全技术体系由于其专业的医疗属性，吸引了包括青海省人民医院、青海大学附属医院和青海省藏医院等众多医院的参与，事业单位的占比显著提高。先进制造业产业技术体系是唯一企业创新主体占主导地位的领域，青海华鼎重型机床有限责任公司、青海中钛青锻装备制造有限公司等企业深度参与先进制造业项目研发与示范。在新能源产业技术体系

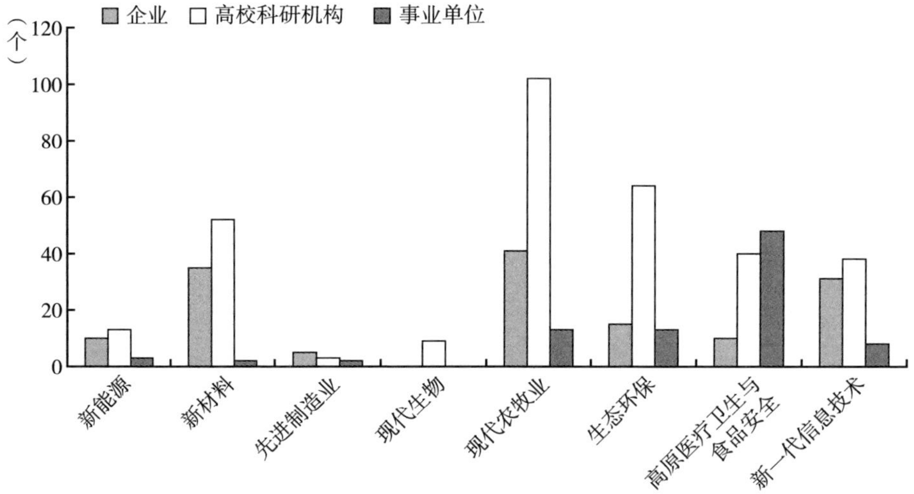

图 11　2020 年青海省各产业技术体系创新载体分布

中，企业主体的参与度较高，这与新能源领域的专业化特性密不可分，很多电网专业设备的铺设等行为都离不开国家电网等企业的参与。现代农牧业和生态环保产业技术体系的发展过程中，由于对前沿科学研究的重视，高校科研机构是其最重要的创新载体。

（二）创新载体合作网络

创新载体活跃度网络可以对科技计划项目参与单位的参与程度进行统计与展示。在创新载体活跃度网络图中，节点表示参与完成项目的每个创新载体，连边表示两个创新载体之间共同完成了某一项目。节点越大表示某一创新载体参与完成的项目越多，连边越粗表示两单位之间共同参与完成的项目越多。为了分析创新载体参与合作情况的变化，将 2019 年和 2020 年创新载体合作网络图进行对比。为凸显参与单位之间的合作关系，图 12 和图 13 分别展示了 2019 年和 2020 年去除孤立点之后的合作网络，由图 12 和图 13 呈现青海省科技项目承担单位合作网络的一些基本特点。

（1）2020 年和 2019 年青海省科技项目创新载体合作网络的共性特点：一是合作网络结构均比较松散，有众多相对独立的小团体；二是虽然参与合

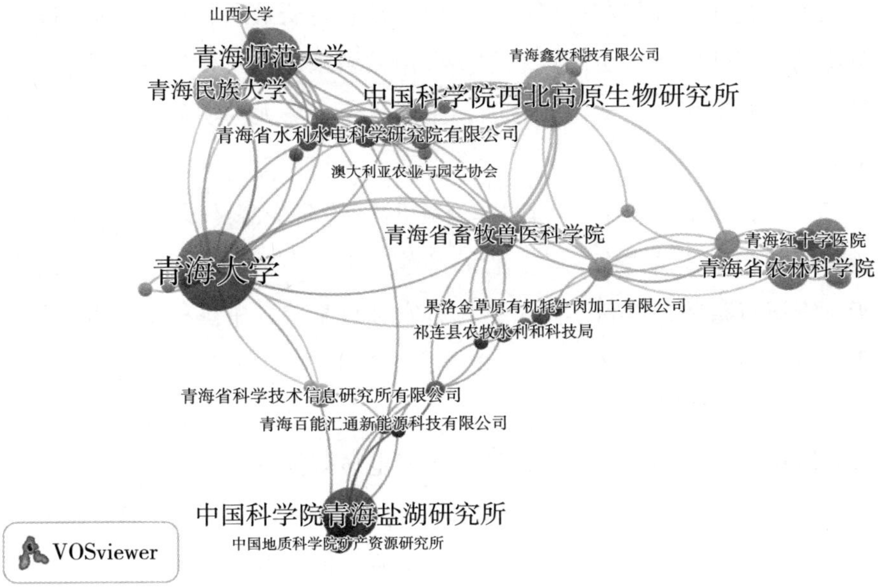

图 12　2019 年青海省科技项目参与单位合作网络

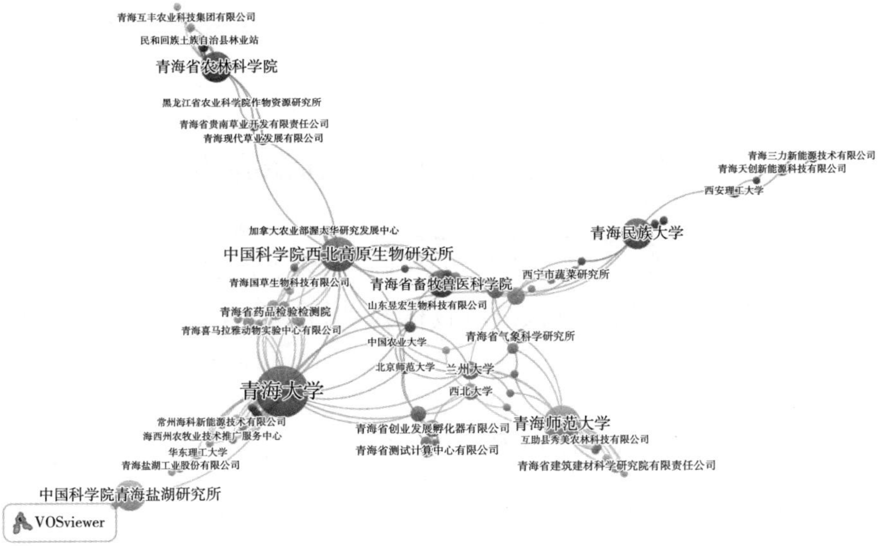

图 13　2020 年青海省科技项目参与单位合作网络

作的机构有企业、高校和科研院所，但高校和科研院所相对于企业和其他事业单位的参与活跃程度更高；三是从合作领域来看，主要集中在盐湖、农牧业科技、医药卫生、新能源等方面，主体集聚现象尤为明显，已初步呈现创新集群雏形。

（2）青海省科技项目创新载体合作网络的演变态势是：2019 年，活跃度最高的创新主体被青海大学、青海师范大学、中国科学院西北高原生物研究所、青海省畜牧兽医科学院、青海省农林科学院、中国科学院青海盐湖研究所、青海民族大学所占据。2020 年，上述几个创新载体仍然维持着较高的活跃度，此外，兰州大学、西北大学、青海省创业发展孵化器有限公司、青海省测试计算有限公司等机构的参与度也显著提高。

（3）中介服务机构的参与主体地位逐步显现。在完成青海省科技项目中，虽然活跃度较高的仍是高校与科研院所，但企业与事业单位的参与度呈提升的趋势，中介服务机构的参与主体地位逐步显现。从图 13 中可以看出，青海省创业发展孵化器有限公司、青海省测试计算中心有限公司、青海省药品检验检测院等已担负起不同单位合作的关键节点，起到重要桥梁纽带作用。

四　2020年青海科技创新亮点

2020 年度青海省科技创新在绿色产业技术体系构建、重大科技创新工程实施、重大科技行动推进以及科技体制机制改革深化等方面取得诸多亮点。

（一）绿色产业技术体系构建

1. 提升青海省高寒高海拔地区新能源技术研发应用能力

（1）高寒高海拔用电供暖供氧一体化集成研究与应用。利用新能源技术解决可可西里各保护站的供电、供暖、供氧及设备系统一体化应用，形成高海拔用能标准规范，为今后同类建设提供技术支持，为可可西里保护站提供用电、取暖、供氧一体化生产生活服务保障，为青藏高原第二次科学考察提供野外服务保障。

（2）高寒地区光热储能系统关键技术研究及应用。开展了1300MWh熔盐储热系统的设计和建设，完成了大规模槽式发电系统高温熔盐安全技术的研究；进行了50MW级槽式聚光－集热－储热－换热－发电全流程实验验证，建成了采用离子交换法制备万吨级硝酸钾生产线；围绕储热硝酸盐制备及光热储能电站系统，形成了一系列自主知识产权，突破了高纯度高温熔盐的产品空白，实现了国产化产品、设备的首次应用。

（3）高海拔地区特高压直流工程试验装备研究及应用。研制了适用于高海拔地区的成套特高压直流工程电气设备试验装备，首次实现了高海拔地区±800kV换流变出厂试验及型式试验，开创了高海拔地区特高压换流变试验的示范和样板，助力国内首条特高压清洁能源外送通道青海至河南特高压直流工程建成投运。

2. 推动新材料产业技术体系关键技术攻关

（1）开发了锂离子电池宽温程电解液技术。针对高原高寒地区环境特点，创新性地提出了四元溶剂复合锂电解质双盐体系，研究开发了一种性能良好的针对宽温域应用的电解液，开发了宽温程锂电池260模块，并建成日产100套260模块的生产线一条。产品在通信基站、生态环境检测、无人值守设备以及特种设备的供电方面，取得了良好的应用效果。

（2）开展盐湖镁资源镁基功能材料工程化关键技术应用与示范。研发盐田精控工艺成核－晶化隔离、程序控温动态晶化等多项技术制备了高纯、高附加值的镁基功能材料产品，用于紫外阻隔和气体阻隔薄膜材料，显示了优良性能，建立了盐湖镁资源高效、高值利用的优化途径。项目建成了首条百吨级由盐湖镁资源生产镁基功能材料的中试示范线，打通了工艺流程，示范线可作为多种类型、多种尺寸LDHs产品生产的通用技术平台，为镁基功能材料产品的工程化提供理论基础、设计依据及技术支撑。

（3）突破了连续生产高端磁性氢氧化镁阻燃剂关键工艺。建立了一套年产1000kg高纯超细及特殊形貌高分散磁性氢氧化镁复合材料试验装置，探明了氢氧化镁的结构、热解与表面化学特征等性能参数对阻燃高分子材料性能的影响因素，为不同阻燃高分子材料表面改性提供了新思路，拓展了高附加值氢氧化镁应用领域，促进了环保型阻燃高分子复合材料的发展。

3. 提供现代生物产业技术体系技术支撑

（1）仿生矿化技术提高 D 型肉毒毒素热稳定性及生物利用度的研究取得突破。通过 D 型肉毒毒素蛋白生物保护剂的筛选，采用仿生矿化技术研制了 D 型肉毒毒素仿生矿化颗粒新剂型。研究成果为今后 D 型灭鼠剂新剂型进入农田、仓储以及城市鼠害防治市场奠定了坚实的基础。

（2）青海冬虫夏草（真菌及寄主昆虫）种质资源库建立及虫菌协调进化研究取得新进展。采集了青海省玉树、果洛、黄南等州 6 个主产区冬虫夏草标本，初步建立了青海省冬虫夏草种质资源库和资源数字信息系统；从基因组水平揭示不同地区居群之间及同一地区的不同个体之间的遗传分化关系，解释了不同地区冬虫夏草的遗传进化地位；探索了多种基因型冬虫夏草菌和其他相关真菌的生物学关系；完成了冬虫夏草主产区蝙蝠蛾的遗传多样性评价。

（3）启动“中藏药安全性评价技术体系建设与重点中藏药评价”和“黑果枸杞产业关键技术研究及高值利用”重大科技专项。其中，前者围绕中藏药安全性评价中心技术体系建设、重点藏药有效性和安全性评价，开展 GLP 平台（软件及硬件）建设、动物疾病模型构建等研究；后者围绕制约黑果枸杞产业发展的共性关键问题，开展黑果枸杞最优采摘期确定、花青素稳定性的关键影响因素研究与保护技术、通过发酵进行深加工及产业化示范。

（4）青藏高原鱼类的物种形成和进化研究。通过对青藏高原鱼类物种形成和进化的研究，提出了青藏高原鱼类物种形成的主要模式为隔离分化，首次在青藏高原冰川湖泊中发现了一个同域物种形成的案例，为澄清同域物种形成理论提供了新的证据。项目命名了裂腹鱼类和高原鳅属鱼类新种各 1 种，并建成高原鱼类科普教育基地，为青藏高原鱼类生物多样性认识和保护提供了理论依据和技术支撑。

（5）青海省自然科学基金项目“青海省特色真菌圆孢蘑菇抗 HDAc1 酶活性研究”。项目搭建重要药物靶点 HDAc1 抑制剂的高通量筛选平台，为从青海特色生物资源中发现新型抗肿瘤药物提供了重要手段。创建了可用于 HDAc1 高通量小分子抑制剂活性的筛选方法。结果表明过氧麦角甾醇能够通过抑制 HDAc1 的活性，促进癌细胞死亡。项目为从青海特色生物资源中开发新型具有明确靶向性抗肿瘤药物提供了理论依据。

（6）开展黄绿蜜环菌次级代谢产物及其生物活性研究。建立了黄绿卷毛菇样品前处理及其次级代谢产物分离纯化方法体系，从其次级代谢产物中纯化制备并鉴定了 31 个化合物，筛选并制备了 1 个强极性自由基抑制剂、4 个具有显著抑制肝癌细胞增殖活性的组分和 3 个甾醇类活性化合物。明晰了黄绿卷毛菇的物质基础，促进其由“食用菌”向“食药用菌”的身份转化，为抗肿瘤、抗氧化及其他活性化合物的高效分离制备提供了技术支撑。从黄绿卷毛菇次级代谢产物中分离的化合物有 19 个为该物种首次分离，1 个强极性自由基抑制剂为首次从天然产物中分离得到。

（7）青海当归、黄芪优质高效栽培技术集成示范与推广研究。完成了“种子种苗基地建设 - 规范化种植 - 产地加工和销售平台”为一体的产业链，开展当归、黄芪药材大田种植技术研究，确定了当归、黄芪合理的株行距和施肥量，建成规范化当归、黄芪种植基地 3930 亩，培训农牧民 443 人次，完成 77 家农户 310 人脱贫。制定《当归生产技术规程》《蒙古黄芪栽培技术规程》等标准草案 8 套，申报专利 1 项，为青海省中藏药材规模化种植提供了新范例。

4. 推动农牧业技术体系加快发展

（1）海东市乐都区肉羊杂交培育研究取得新进展。在保护山谷型藏羊遗传资源的基础上，通过引进杜泊羊对藏羊进行杂交改良和定向选育，产羔率达到 157%；杂交肉羊屠宰率和产肉性能显著提高，杂交肉羊选育进程得以加快，优良个体的扩繁和繁殖率不断提高。以 9 个乡镇 25 家养殖户为推广示范点，杂交肉羊养殖规模达 4200 只，经济产值达 540 万元。

（2）青海藏羊肝片吸虫生物学特性及分子分类学研究取得突破。完善了藏羊肝片吸虫的生物学特性研究，确定了藏羊肝片吸虫和歧腔吸虫的分类学地位，并研究了藏羊肝片吸虫幼虫的形态学及分子分类；开展了青海藏羊肝片吸虫寄生螺的分类研究；开展了植物提取物对青海藏羊肝片吸虫寄生螺杀灭试验；选用治疗药物进行驱虫试验后，筛选出防治青海藏羊肝片吸虫病和歧腔吸虫病的首选药物。

（3）基于物联网的枸杞水肥耦合模式构建研究取得新进展。引入物联网技术，以解决枸杞生产中水肥利用率偏低问题为导向，研发了有机无机滴灌肥、灌溉施肥设备及智能化控制系统，获批实用新型专利 2 个，对应用推广水肥耦合技术模式、促进全省枸杞产业提质增效起到积极作用。

（4）高原温室生姜、马铃薯、花生、嫁接辣椒套种高效栽培技术集成与示范。通过高效栽培技术集成与示范，筛选出适宜青海种植的花生品种 5 个，其中亩产鲜花生 800 公斤以上的温室种植品种 2 个，亩产鲜花生 700 公斤的露地种植品种 3 个。更新了对我国花生种植区域分布情况的认识，填补了青海省花生种植的空白，也为青海农业提质增效和农民增收致富提供了一条新途径。

（5）开展专用型马铃薯产业高质量发展关键技术研发与示范。打造“专用品种（原料）→专用设备配置→加工产品→市场”的全产业模式，建设专用型马铃薯种薯及商品薯高效繁育技术体系，提升了马铃薯产品的附加值；筛选出了适合在藏区种植的马铃薯品种，开展了机械化种植等丰产栽培技术集成，针对不同主产区、不同生态区马铃薯产业生产瓶颈问题提供优化解决方案，推动了全省马铃薯产业科技创新和绿色高质量发展。

（6）高原牧区羊梭菌性疫病综合防控能力研究。围绕病原分离、诊断方法建立、菌株产毒性能的提升、增效疫苗研制与试用开展研究，通过对青海省绵羊梭菌类疫病的病原分离鉴定，筛选出产毒性能良好的菌株，为研发梭菌性疫病血清学诊断方法奠定了基础。

（7）食用菌高原设施及仿生栽培技术推广研究。自主选育了 5 个羊肚菌新品种在青海省多地进行推广示范，在西宁市湟中区、海东市平安区、黄南州尖扎县、海西州德令哈市建立了羊肚菌标准化种植示范基地 4 处，种植面积160亩，单季亩产鲜菇达到150公斤，已实现产值555万元。项目团队已育成适宜青海气候特点的羊肚菌新品种5个及相应的种植技术规范，全年开展基层科技服务30余次，培训和指导基层科技人员和种植户500余人次，实现了科研工作与生产的紧密结合。

5. 形成生态环保技术体系典型示范

（1）青海省高寒草甸退化草地水土流失力学机制研究取得新进展。从根－土力学强度及其抗蚀力方面揭示了退化草甸根－土微观结构、根－土力学特性、土壤抗侵蚀能力等之间的关联性，以及退化草甸发生水土流失的内在机理。研究成果对改善草地生态环境、促进草地资源管理与草地恢复具有一定的指导意义。

（2）青海湖流域沙化土地综合治理技术集成示范。项目建立了"生物沙障＋乔木＋灌木＋草本＋中草药植物"综合防沙治沙试验示范区，筛选出乔灌草药适宜青海湖高寒沙区的固沙植物，采用乔木高秆深栽、灌木实生苗造林、草本抢墒直播等植被建植技术，成活率达到85%以上，保存率达80%。研发了6种乔灌草优化混交的工程和植物综合治沙造林模式。编制了高寒沙化土地治理的沙障设置技术规程和固沙造林技术规程，为防沙治沙工程提供了理论依据和科技支撑。

（3）青海省祁连山生态保护与建设综合治理示范推广。首次进行了祁连山区黑土滩恢复适宜草种麦宾草播量、行距和播种量的栽培技术研究，采用"禁牧＋免耕补播＋无纺布覆盖"模式治理黑土坡退化草地1000亩，植被盖度达65%以上；采用"翻耕－镇压－施肥播种－镇压"模式建立黑土滩退化草地植被恢复示范基地4000亩，植被盖度达85%以上，亩产干草350公斤以上。编制《黑土滩（坡）植被恢复与重建技术规范》，在祁连山区建立了一个具有长效机制的、具有代表性的草地生态野外科学试验站。提升了祁连山区水源涵养功能，集成、研发并构建适合祁连山不同自然条件的近自然可持续的森林经营技术体系，为祁连山水源增贮潜力评价奠定了技术基础。

（4）开展了三江源国家公园野生动物调查研究和植物多样性系统性本

底调查。首次形成了三江源国家公园陆生脊椎动物物种名录，建立了三江源国家公园野生动物本底数据库；绘制了藏羚、藏野驴、藏原羚、胡兀鹫、黑颈鹤等重要物种分布图，利用栖息地适宜性指数模型对雪豹、藏羚、藏野驴等10个重要物种的栖息地适宜性进行了评估；研究判定三江源国家公园分布有森林、灌丛、草原、草甸、荒漠、高山垫状植被、高山流石滩稀疏植被、沼泽和水生植被8个植被型组33个群系，初步摸清了三江源国家公园植物多样性、植被类型多样性以及重点保护植物和极小种群的分布情况，为三江源国家公园植被类型的划分和边界设定提供了数据支撑。研究工作为三江源国家公园各类专项规划制定、边界范围及功能区调整提供了有力支撑。

6. 助推高原医疗卫生技术体系持续攻关

（1）藏药研究开发取得突破。启动了“中藏药安全性评价技术体系建设与重点中藏药评价”“鲁比前列酮原料及软胶囊的仿制型新药开发”“‘玛诺’系汤系列产品二次开发”等项目。成功研制出藏药“獐牙菜醇苷”等7种国家天然产物标准样品；“梓醇片”获得一类新药临床批件，实现青海省新药研发零的突破；挖掘整理了七十味珍珠丸、二十五味沉香丸等一批名贵藏药复方品种，研发出珍龙醒脑胶囊等10余种新产品和5种国家重点产品。

（2）青海省野生狐狸棘球绦虫流行病学调查及防控研究取得新进展。通过粪便虫卵检查和动物剖检的方法，明确了野生犬科动物肠道蠕虫的感染情况和优势虫种；通过对野生狐狸的行动行为学调查，表明野生狐狸的活动规律和高原鼠兔活动高峰时间相吻合；通过对藏狐和红狐的食性分析，阐明了野生狐狸感染多房棘球绦虫与其食性的相关性，证明了野生狐狸在多房棘球绦虫病的流行中起到关键作用。研究成果为青藏高原野生犬科动物包虫病防控提供了科学依据和技术方法。

（3）青海包虫病科研攻关持续推进。一是高通量测序关键技术不断优化。在泡型包虫病患者血浆中检测到不同含量的虫源性游离核酸（Em－cfDNA），证实血浆Em－cfDNA检测方法对泡型包虫病诊断具有高度的敏感性和特异性，对泡型包虫病诊断和治疗效果评价具有重要的指导意义。二是现有药物剂型改造取得进展。将阿苯达唑改造成阿苯达唑晶体分散体，治疗效果大幅度提升，具有较强的应用潜力。三是通过荧光腹腔镜及荧光导航技术，确保手术安全及精准肝切除，提升了手术成功率。四是将微波消融技术应用于早期泡型包虫病的治疗，实现了该技术从实验研究到临床应用的转化，目前已使数百余患者获益。五是包虫病源头智能管控能力不断提升。构建基于物联网技术的包虫病源头智能管控平台，打造自动、定时、定量的智能传染源控制驱虫新模式，将进一步提升包虫病源头管控能力，为青海省包虫病防控提供技术支撑和示范引领。

（4）自然科学基金项目推动高原医学关键技术攻关。一是高原临床放疗辐射对药物代谢酶 CYP450 活性的影响及机理研究结合高原临床放疗辐射和药物代谢，研究了临床 X 射线辐射后咖啡因、伊立替康、氯唑沙宗的药代动力学特征，探讨了蛋白和基因水平上的相关机制，提出了临床放疗后化疗药物用药方案的建议。对临床合理用药，尤其是临床放疗和化疗同时进行时药物给药方案的设计具有重要指导意义。二是基于数据挖掘的藏医诊疗决策支持系统关键技术研究项目利用数据挖掘技术，分析慢性萎缩性胃炎患者症状与证型、症状与用药、药材与药材之间的关联规则，从而得到藏医药针对慢性萎缩性胃炎的用药规律，建立了高原常见病（如萎缩性胃炎）藏医诊疗预测模型。同时对藏医诊疗知识库系统进行模型验证和性能分析，进一步调整和优化了所实现的策略和算法，并且对挖掘结果进行了可视化展示，最终设计并实现用药推荐和证型分类的藏医诊疗系统。

7. 推动与新一代信息产业技术的融合发展

（1）开展海北州高寒草地生态畜牧业大数据管理平台与关键技术集成示范研究。围绕高寒地区草地畜牧业生产与生态保护监管需求，开发集成天然草地数据自动采集站、家畜定位及游牧路线分析系统、家畜管理及自动称重系统、畜棚环境自动采集系统、家畜数量自动采集系统和草场可视化传输分析系统，搭建了天然草地数字采集设施，实现了草地实时监测数据的采集及传输，构建了草地生态畜牧业物联网，为草地畜牧业数字化管理和卫星遥感的标定奠定了技术基础。

（2）高效智能型设施蔬菜生产技术集成与示范研究。通过智能化数字农场、综合信息服务平台建设和设施设备机械化生产技术研究，提升了温室环境自动化调控能力，初步实现了温室栽培的自动化和智能化，以及设施蔬菜种植的轻简化、机械化。项目在技术集成与熟化基础上，构建了青海省高效智能型设施蔬菜生产技术新体系，取得了良好的试验示范效果。

（二）重大科技创新工程实施

1. 以创新载体为依托带动特色产业科技创新工程

（1）青藏高原特色生物资源工程技术研究中心能力建设项目成效显著。建立了基于膜分离技术的黑果枸杞花青素、基于大孔树脂技术的大麦和藏茵陈总苦苷有效部位中试制备等工艺，研制了雏菊叶龙胆酮和胡麻苷国家藏药标准样品；取得了13种生物医药类新产品，新增产值3000余万元；授权国际发明专利4件、国内发明专利13件、实用新型专利4件，申请国内发明专利13件，发表SCI论文8篇，登记科技成果13项，培养博士研究生5名、硕士研究生7名、中科院关键技术人才1名、中科院青促会成员2名；为省内外200余家企事业单位提供检验检测服务，出具相关检测报告3000多份。

（2）青藏高原生物科技集成创新中心成效显著。建成高产优质规范化黄芪、当归、贝母、秦艽、麻花艽等中药材种子种苗和示范基地6000余亩，驯化、培育或选育藏药材品种20余种，建立种植生产技术规程和技术标准30余项，获得发明专利40余项，为解决藏医药资源短缺问题提供了种质资源保障。

（3）青海省高原牦牛研究开发中心能力建设项目成效显著。形成了联合攻关、协同作战的研究开发和成果转化模式，改善了中心的实验条件，通过牦牛繁育、营养调控及畜产品加工等技术的应用，开发牦牛系列产品7个，新增产值3940万元；编制地方标准7项，申请发明专利3件、授权实用新型专利8件，发表学术论文16篇，登记省级科技成果5项，培养引进博士和硕士研究生11名，完成关键技术培训和对外开放服务417人次。

（4）青海省高原特色农作物现代种业创新体系建设项目成效显著。建立并完善了杂交油菜、马铃薯、青稞和蔬菜种子生产基地，研发了青海省种子追溯系统和种子信息服务系统，构建了作物品种网络多媒体数据库；制定技术标准22项、申请发明专利3件、授权实用新型专利2件、申报品种保护权7项、发表核心论文10篇；筛选新品种15个，建立制（繁）种基地16.3万亩，实现产值4.23亿元，种植户增收1.19亿元；示范推广杂交油菜、马铃薯、青稞、蔬菜133.89万亩，示范区增加收入2.36亿元。

2. 科技支撑三江源区生态保护

（1）开展三江源国家公园区域综合科学考察。首次利用直升机搭载可见光、中波红外、偏振光、激光雷达、高光谱等设备开展三江源国家公园有蹄类动物种群总量调查与验证，全面摸清勒池草原约3000平方公里区域内的动物及植被分布情况，对三江源国家公园开展有蹄类动物种类、数量、分布，野生动物适应及进化，以及微生物资源利用等研究具有重要价值，同时对可可西里地区水资源、地质地貌的研究提供了宝贵科学资料。

（2）开展青海省三江源内黄河源区和澜沧江源区联合冰川科学考察。青海省三江源内黄河源区和澜沧江源区联合冰川科学考察是2020以来在青海首次开展的海拔最高、规模最大、技术手段最新、参与单位最多的一次冰川综合科学考察。科考队首次系统获得三江源核心区当前冰川状况和长时间尺度的冰芯连续记录等宝贵科学资料，对于认识青藏高原腹地长期气候环境变化机理、冰川变化及其对水文水资源的影响意义重大，并将为三江源国家公园建设提供基础科学数据和理论支撑。

3. 以打造高品质生活为目标落实科技惠民工程

果洛州达日县夏曲村120千瓦光伏扶贫电站顺利并网。夏曲村120千瓦光伏扶贫电站与国家电网顺利并网，光伏扶贫项目实现了贫困人口的“阳光增收”，对村集体经济发展发挥了重要支撑引领作用。

4. 以基础研究为抓手推进科技创新能力提升工程

（1）青海省大型科学仪器开放共享取得新成效。通过技术手段升级和管理机制创新，加强省级大型科研仪器网络管理平台升级改造，规范平台数据传送，完善大型仪器资源数据库。青海省大型科学仪器共享服务平台共拥有大型科学仪器共享服务单位 96 家、入网仪器 1257 台（套），获得了一批有价值的基础科技资源数据，健全了科技资源优化配置和开放共享体系。

（2）青海冷湖天文观测基地取得重要科学进展。“天文大科学装置冷湖台址监测与先导科学研究”重大科技专项推动大科学装置落户冷湖，打造冷湖天文观测基地，首台科学级光学望远镜 50Bin 在赛什腾山海拔 4200 米观测点成功安装并实现科学观测。经过精确调焦后，得到第一幅图像，测量显示，星象的半高全宽是 0.68 角秒，台址的质量得到科学设备的印证，证明冷湖天文台址具备世界一流的视宁度，结合其他监测数据，可支撑天文大科学装置充分发挥科学能力，冷湖天文观测基地具备了巨大科学潜力，能够为中国观测天文学提供有力保障。

（3）“黄河上游生态保护与高质量发展实验室”揭牌。实验室以“强基”“破卡”为发展目标，拟在江河源区气候 - 水文 - 生态耦合机理及未来情势、人工智能与智慧黄河、黄河上游生态保护和水源涵养、高原高寒重大工程关键科学和技术、新型储能和多能互补调控等五个方面开展研究。通过体制机制创新、凝练研究方向、招募研究团队及 PI，解决青海省直接引进相关高水平人才困难的问题，提升自身基础研究能力和突破“卡脖子”技术。将为全省积极融入黄河战略国家实验室筹建工作提供平台支撑，实验室围绕青海特色优势，以生态保护为重点，服务于青海省的生态保护和经济转型，更好地为国家重大战略贡献力量。

（4）国家藏医药产业技术创新服务平台建设成效显著。作为国内唯一的藏医药科技资源整合与共享平台，目前已建成平台服务中心和青海、西藏、甘肃、北京四个服务站及人才培训基地，搭建了藏汉双语平台门户网站和藏医药知识产权管理系统，形成藏医药标准规范、藏药材、藏药制剂等六大数据库和迄今规模最大、种类最全、水平最高的藏医药科技文献数据中心。

（5）海东河湟新区国家双创升级特色载体——科技资源支撑型特色载体正式揭牌。深入推动大众创业万众创新，从打造各类专业服务平台、培育和引进科技创新主体、推动产学研协同创新和成果转化、举办各类双创活动等四个方面深入推进，构建具有青海特色的区域创新创业生态体系，促进特色载体专业化高质量发展。

（三）重大科技行动推进

1. 加快培育青海省科技型企业

进一步优化科技型企业认定管理办法，持续实施高新技术企业和科技型企业"双倍增"及科技小巨人企业培育计划，制定出台了《青海省关于优化科技创新体系提升科技创新供给能力的若干政策措施》《"一优两高"科技行动计划》等一揽子激励企业创新的政策措施，着力打造有利于企业科技创新的政策环境，企业研发投入积极性不断提高，研发能力显著增强，科技型企业、高新技术企业和科技小巨人企业梯次发展格局开始显现。截至2020年底，全省高新技术企业达到218家、科技型企业达到457家，分别实现工业总产值515.53亿元和404.36亿元，为全省经济发展和产业优化升级提供了强有力的科技支撑。

2. 大力推动科技成果转移转化行动

（1）启动企业技术体检试点工作。针对省内高新技术企业、科技型企业发展过程中存在的人才、技术、政策等方面的问题和瓶颈，通过线上问诊、线下就诊、上门服务，识别发展症结、深入挖掘企业创新需求，利用大数据系统支持形成企业及产业技术报告，提供定制化诊断服务，为优化各项科技政策举措、完善区域技术转移服务体系提供依据。

（2）青海高新区特色产业全创新链多方法集成推广应用通过验收。紧密结合青海省创新体系建设和企业技术创新需求，围绕全省科技、经济发展方向和总体目标，在新能源、生物医药、盐湖化工等特色领域开展了以TRIZ为主的创新方法推广应用。新近培育了14家创新方法推广应用试点企业，培养了300余名技术创新与管理创新人才，形成了大量创新方法实施案例，在获得知识产权等多个方面取得了丰硕成果。

3. 推进技术转移人才培养

（1）“三区”人才及科技特派员发挥带动作用。围绕着《青海省科技扶贫专项方案》和省委、省政府《关于打赢脱贫攻坚战三年行动计划实施意见》确定的目标，开展“补针点睛”工作，进一步增强贫困地区人才支撑，投资2404万元，完成选派1000名科技人员深入基层开展科技服务，为全省696个贫困村每村选派一名科技特派员开展技术、市场、信息等服务，实现科技特派员对贫困村科技服务和创业带动全覆盖。

（2）青海省国家技术转移人才培养基地在西宁挂牌运行，标志着青海省首个国家技术转移人才培养基地正式运行。基地将按照“公司+基地”的管理模式，开展省内外技术转移初、中、高级技术转移人才培训，为全省各市州科技成果转移转化输送多层次人才，助推区域创新高质量发展。

4. 创新助力科技与金融结合行动

青海科技创新专板开板，依据《在区域性股权市场设立青海科技创新专板的实施意见》，首批15家科创类企业在青海区域性股权市场集中挂牌并在上海股权托管交易中心进行统一展示并授牌。从挂牌企业所处的产业领域看，涉及新材料、高端装备制造等战略性新兴领域，体现了青海区位优势特点，符合培育“四种经济形态”的需求。

5. 积极促成科技交流合作行动

（1）积极融入全球创新网络。积极参与“一带一路”科技创新行动，坚持以开放谋发展、以合作促共赢，加大对外科技合作力度，在科技人才交流与引进、项目合作和创新创业等方面开展进一步合作，不断拓宽多元化、多层次的国际科技创新合作机制，主动融入全球创新网络。

（2）与中科院兰州分院等相关团队共商省院合作。与中科院兰州分院等相关团队围绕区域发展重大主题及“十四五”科技合作与区域创新发展共商省院合作，包括共同加强对中科院盐湖研究所、西北高原生物研究所及三江源国家公园研究院发展建设的支持；强化沟通协商工作机制，建立定期院省合作联系制度；谋划签订新一轮院省合作协议，根据青海需求实际，形成高端、持续科技供给。

（3）与西藏对接“十四五”农牧业科技创新工作。围绕青藏高原牦牛、藏羊、青稞等优质特色产业发展提出了两省区科技合作需求与建议，加强常态化科技交流合作，实现优势互补、协同发展。下一步将聚焦生态环境、第二次青藏科考、高原生物种质资源、藏医药、特色农作物、生态畜牧业、矿产、新能源、科技与文化融合等九个领域重点开展科技合作。

6. 大众创业万众创新不断激发新动能

（1）青海4家众创空间纳入国家级科技企业孵化器管理体系。青海省青创投、西宁市城北区大学生创业孵化基地、青海启迪之星众创空间、西宁市城中区创新创业孵化基地获国家备案，纳入国家级科技企业孵化器管理体系。截至2020年底，全省科技企业孵化器和众创空间数量分别达到15家和48家，其中国家级分别为6家和15家，为加快培育发展新动能、实现更充分就业和经济高质量发展提供了坚实保障。

（2）2020年青海省大众创业万众创新活动周与全国双创“活动周”同步启动。以“创新引领创业，创业带动就业”为主题，讲述创新创业故事，传递创新创业精神，培育创新创业文化，激发创新创业活力和社会创造力，助力形成以国内大循环为主体、国内国际双循环相互促进的新发展格局。全省已建成国家和省级科技企业孵化器15家、众创空间48家，孵化面积160万平方米，入驻团队及企业1800余家，累计带动就业1.6万人，培育国家高新技术企业、国家科技型中小企业和省级科技型企业150家，培养创业孵化导师、专业孵化服务人员1000余人，基本形成了从种子期到孵化器到加速器的完整创新创业孵化链条，实现了“双创”特色载体数量和质量双提升。

（四）新冠肺炎疫情防控科技工作部署

（1）启动科技防控新型冠状病毒疫情应急专项。迅速组织科研团队开展新型冠状病毒感染的肺炎防控科技攻关和技术集成示范，通过简化申报程序、开放绿色通道等方式，发布《应对新型冠状病毒感染肺炎防控专项2020年度项目申报指南》，组织针对疫情防控的洗消产品、相关制剂、诊疗策略和防控体系等方向的科研攻关课题7项，并启动青海省疾控中心“传染病分子生物学实验室”重点培育计划，有力支撑服务一线防控治疗。

（2）加大科普宣传力度，拓宽防控宣传渠道。制定《青海省科技厅关于预防新型冠状病毒感染的肺炎科普宣传方案》，组织专家编写预防新型冠状病毒感染的肺炎防控科普知识，通过网络、短信等多种渠道开展科普宣传，让社会公众迅速了解有关疾病防控知识，以正确的卫生习惯增强预防疾病的能力。

（3）组织研发生产、捐赠急需药物用品。组织藏药新药研发企业、国家重点实验室、青海省藏医院等单位科研人员在藏药防瘟药囊基础上，根据此次新型冠状病毒感染的肺炎疫情特征研究，经国医大师调整，赶制出“九味防瘟黑药粉香囊”；发挥科技型企业技术优势，组织实施重大科技专项的金昆仑锂业有限公司紧急调配生产含氯消毒液，运往急需抗疫物资的重点区域。

（4）青海省首款防疫消洗产品“巴达皮肤抑菌液”取得“消字号”量产上市。以复方藏药巴达为基础，开发一系列针对面部皮肤的消毒产品，其中，巴达消毒湿巾在新冠肺炎疫情防控期间已量产并向省内主要医院捐赠，巴达皮肤抑菌液也正式量产上市，巴达消毒液已完成产品配方研究和中试工艺研究，送至第三方检测机构检测。

五　存在的问题与对策建议

（一）存在的问题

1. 科技创新效能还需有效激发

青海省科技自立自强仍面临较大制约，原始创新能力不强，关键核心技术“卡脖子”问题比较突出。产业链创新链结合还不够紧密，韧性和竞争力还需增强。青海省高校和科研院所单位科技成果研发供给与产业、企业需求匹配不高，缺乏专业性技术转移机构，成果转化服务水平和层次比较低。

2. 企业创新主体地位需进一步提升

在2020年新开科技计划项目创新载体活跃度网络中，企业作为参与主体的作用虽然逐步显现，但是高校和科研院所仍是活跃度最高的创新载体。从计划类别来看，基础研究计划和创新平台建设专项中，企业参与度仍相对较低。从产业技术体系来看，仅有先进制造业产业技术体系、新能源产业技术体系与新一代信息技术产业体系形成了以企业为主体的创新体系。需要拟定切实可行的应对策略，进一步发挥企业在科技计划项目中的创新推动作用。

3. 科研合作网络需进一步拓宽

虽然围绕不同的产业类型，已形成了相对稳定的科研合作网络和创新集群雏形，但是当前科研合作网络结构仍比较松散，彼此孤立的小团体之间连接点比较匮乏；此外，合作网络中的创新载体集中于青海省内的科研机构，而省外和国际的企业与机构参与度不高，需要开展更为广泛的科研合作。

（二）对策建议

综合来看，《青海省“十三五”科技创新规划》在2020年度科技计划项目部署中得到进一步落实。2021年是“十四五”规划的开局之年，“双碳”背景下，青海省科技创新发展也面临着诸多“三新一高”机遇与挑战。因此，针对今后科技项目部署与管理提出以下建议。

1. 持续强化科研攻关，助力实现“十四五”科技创新发展需求

按照《青海省“十四五”科技创新规划》任务进度安排，全面贯彻落实“四地”建设要求，按照省委、省政府各项决策部署，紧紧围绕青海经济社会发展的阶段特征，统筹“五个示范省”建设，强化“四种经济形态”引领，把坚持生态优先、推动高质量发展、创造高品质生活贯穿于全省科技创新工作的各环节，强化重点产业领域关键技术攻关和成果转化。组织实施一批重大科技专项，着力解决制约青海省创新驱动发展的重大瓶颈问题，突破对产业竞争力整体提升具有全局性影响、带动性强的关键共性技术，实现重点领域的战略性突破，提升全省的科技治理能力；着力补齐民生短板，以科技创新和成果转化破解民生难题，助力“四个高地”建设。

2. 大力培育科技创新主体，打造多元融合的技术创新体系

深入实施高新技术企业、科技型企业和科技“小巨人”企业培育计划，进一步健全国有企业科技创新经营业绩考核制度，全面落实企业研发费用税前加计扣除和高新技术企业所得税减免等优惠政策与科技创新券制度，切实推动企业成为技术创新决策、研发投入、科研组织和成果转化的主体；改进科技计划评价体系，推动科研院所和高等学校科研人员坚持围绕“四个面向”重大要求，开展科学技术攻关，调整学科布局，提高人才与产业创新需求匹配度，优化科研院所和高等学校的原始创新供给；引导企业联合高等学校、科研院所和创新团队，按照市场化机制建设一批具有高原特色和行业优势的产业技术研究院、创新联合体等新型研发机构，引领产业技术发展方向，打造产学研用深度融合的技术创新体系。

3. 继续深化体制机制改革，进一步保障科技计划部署与落实

创新计划项目管理，试行定向委托、揭榜挂帅、赛马争先、“帅才科学家”负责制、悬赏激励制等新型项目组织模式，面向全省乃至全国组织具有高端优秀创新能力和管理水平的科研队伍承担项目；继续深化科研领域“放管服”改革，实施“绿色通道”和科研项目经费包干制改革试点，持续精简流程、减表减负，赋予科研人员更大的科研自主权；持续推进项目评审、人才评价、机构评估改革，打破“四唯”倾向，加快建立以创新质量、贡献、绩效为导向的科技评价机制；加强科研诚信体系建设，在全社会营造鼓励大胆创新、勇于创新、包容创新的良好氛围；构建科技“大监督”格局和责权清晰、纵横联动、闭环运行的监督体系，推进科技活动全领域、全流程监督平台建设，推动不同主体监督结果的互通互认。

4. 广泛开展国内外科技项目合作，积极融入全球创新网络

深入开展东西部合作与交流，抓住黄河流域生态保护和高质量发展、西部大开发形成新格局、四省涉藏地区发展等重大政策和发展机遇，依托部省会商、对口支援、科技援青、省院合作等工作机制，将青海省的资源禀赋和东中部地区人才技术优势有效结合起来，实现优势互补、共同发展；切实强化省院合作，依托中国科学院和中国工程院人才技术等优势，健全沟通协商

工作机制，在核心技术攻关、创新资源集聚、科技成果产业化、创新人才培养等方面寻求突破；加强科技援青和东西部交流合作，积极争取国家和有关省市实施东西部科技合作项目，实现优势互补、共同发展；积极参与“一带一路”建设，通过联合设立研发机构、开展研发协作等方式，与创新大国和关键小国政府间建立广泛的科技合作网络。

G.10

青海省科技投入及活动情况分析报告*

摘　要： 2019年青海省R&D经费投入强度有所增长，R&D活动中的政府资金保持增长态势，在R&D创新活动中，政府引导作用进一步增强。企业、科研机构和事业单位R&D经费均大幅增长，而高等学校R&D经费较上年有所下降；各市州地方财政科技支出占本级地方财政支出的比重变化明显。虽然青海省创新能力基础薄弱，但青海省综合科技创新水平不断提高，科技创新发展潜力突出。未来将结合自身优势，紧跟前沿创新领域，为青海省的经济发展注入新活力。

关键词： 科技投入　科技活动　科技创新　青海省

一　2019年度青海省科技投入情况

（一）青海省R&D经费支出情况分析

1. 青海省R&D经费投入强度有所提升

2019年，青海省R&D经费支出为20.60亿元，同比增长19.08%，R&D经费支出占GDP的比重（R&D经费投入强度）为0.70%，同比提高0.07个百分点。青海省R&D经费支出从2015年的11.58亿元，增加到2019年的20.60亿元，年均增速15.49%（见图1）；R&D经费投入强度呈

* 课题组成员：许淳、柏为民、张巍山、胡永强、马冠奎、李琴、严进鹏、李廷鹃、薛仲萍、宋飞、赵润身。

现波动趋势，从2015年的0.58%，上升至2017年的0.73%，2018年下降至0.63%，2019年上升到0.70%（见图2）。

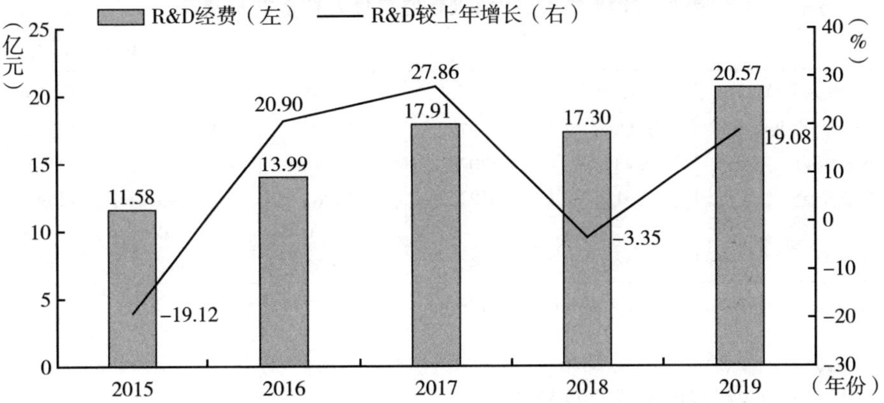

图1　2015~2019年青海省R&D经费投入及增长情况

资料来源：2016~2020年《青海科技统计年鉴》。

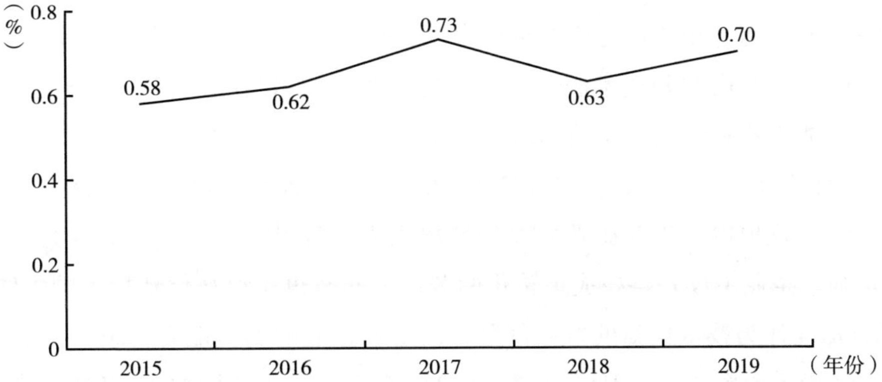

图2　2015~2019年青海省R&D经费投入强度

资料来源：2016~2020年《青海科技统计年鉴》。

2. 政府投入R&D经费持续加大

2015年以来，政府投入R&D活动的经费一直保持增长态势，在R&D创新活动中的引导作用进一步加大。2019年，政府投入R&D资金为73940

万元，同比增长 10.63%，占 R&D 经费的比重为 35.95%，同比下降 2.7 个百分点（见表 1）。

表 1　2019 年青海省 R&D 经费投入资金来源情况

单位：万元

指标名称	2015 年	2016 年	2017 年	2018 年	2019 年
R&D 经费投入	115843	139977	179109	172951	205680
政府资金	39325	52070	61876	66838	73940
企业资金	74116	85925	114981	102840	126975
境外资金	0	0	0	0	0
其他资金	2402	1982	2252	3273	4765

资料来源：2016～2020 年《青海科技统计年鉴》。

3. R&D 投入执行情况及特点

R&D 活动组成单位有科研机构和事业单位、企业、高等学校。2019 年青海省科研机构和事业单位、企业 R&D 经费均有所增长，高等学校 R&D 经费较上年有所下降。整体而言，企业是 R&D 投入的主体，占比较上年提升 1.73 个百分点。由于高等学校承担项目有所减少，研发投入力度有所下降。

（1）科学研究和技术服务业及其他事业单位 R&D 经费投入增幅显著。2019 年青海省科学研究和技术服务业及其他事业单位 R&D 经费为 55437 万元，同比增长 26.07%，占总额的 26.95%，同比提高 0.64 个百分点。

（2）规模以上工业企业研发经费投入大幅提升，自主创新活动力度不断加强。企业不仅是科技成果转化的载体，同时也是科技创新投入的主体。R&D 活动作为技术创新的核心部分，决定着企业的创新能力。2019 年青海省企业投入创新活动的 R&D 经费为 125816 万元，同比增加 22.40%，占青海省 R&D 经费的比重为 61.17%，同比提高 1.73 个百分点（见图 3）。其中：规模以上工业企业 R&D 经费为 93712 万元，同比提高 38.39%，占青海省企业 R&D 经费的 74.48%，占比提高了 20.66%。2019 年，青海省规模以上工业企业 R&D 经费占主营业务收入的比重为 0.4%，同比提高 0.1 个百分点，新产品销售收入 1233887 万元，同比提高 0.1%。表明企业创新活动力度在疫情影响下，仍然呈不断加强态势。

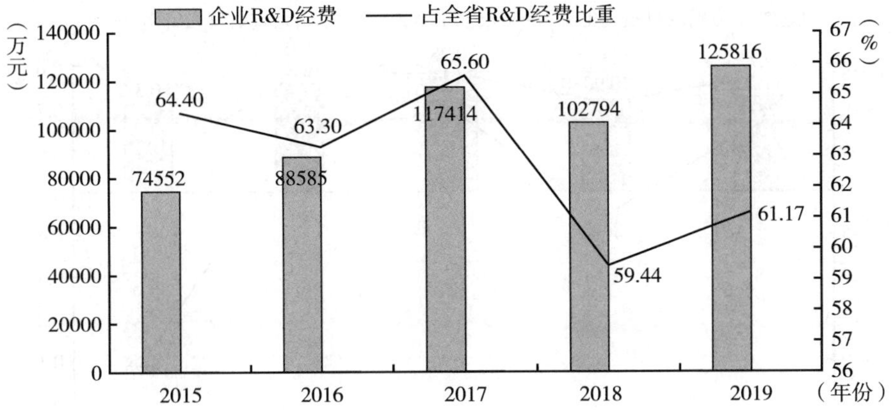

图3　2015～2019年企业R&D经费及占青海省R&D经费比重

资料来源：2016～2020年《青海科技统计年鉴》。

（3）高等学校的应用研究能力进一步加强。高等学校R&D经费为24428万元，同比下降6.71%，占总额的11.88%。其中：基础研究经费为6608万元，同比下降4.62%，占基础研究经费的28.83%；应用研究经费为17326万元，同比提高38.29%，占应用研究经费的39.76%；试验发展经费为494万元，同比下降92.66%，占试验发展经费的0.35%。

（二）青海省地方财政科技支出情况分析

1. 地方财政科技支出有所下降

2019年，青海省地方财政科技支出10.37亿元，同比下降18.98%；而同期青海省地方财政支出为1863.67亿元，同比增长13.13%。2019年青海省地方财政科技支出占地方财政支出的比重为0.56%，较上年下降0.22个百分点（见图4）。

2. 用于技术研究与开发和科技条件与服务支出大幅下降

2019年，青海省地方财政科技支出中，科学技术管理事务支出8876万元，同比下降4.50%，占全省地方财政科技拨款总额的8.56%；基础研究支出9600万元，同比增长80.86%，占全省地方财政科技拨款总额的9.26%；应用研究支出7711万元，同比下降9.14%，占全省地方财政科技

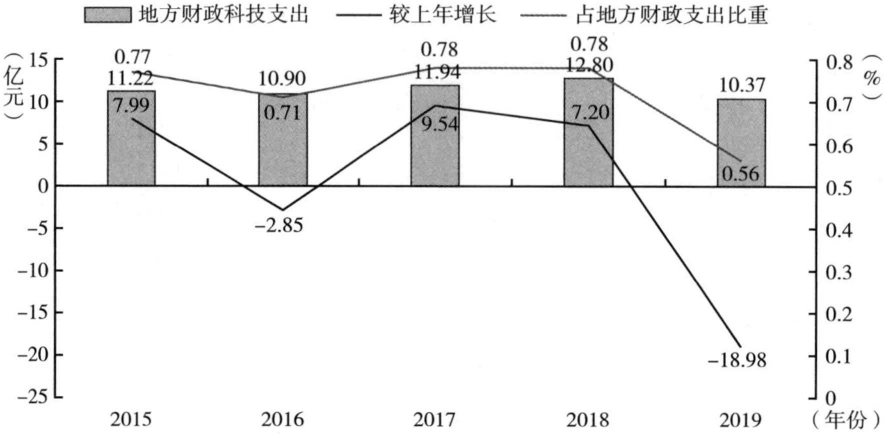

图 4　2015～2019 年青海省地方财政科技支出情况

资料来源：2016～2020 年《青海科技统计年鉴》。

拨款总额的 7.44%；技术研究与开发支出 28645 万元，同比下降 27.12%，占全省地方财政科技拨款总额的 27.63%；科技条件与服务支出 16097 万元，同比下降 41.98%，占全省地方财政科技拨款总额的 15.53%（见图 5）。

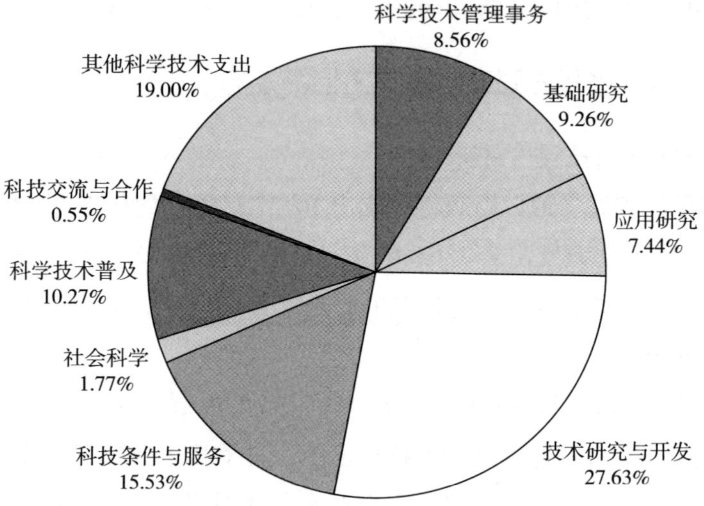

图 5　2019 年青海省地方财政科技支出按管理类别分类

资料来源：《青海科技统计年鉴 2020》。

3. 省本级地方财政科技支出占比降幅较大

2019 年，青海省本级地方财政科技支出为 57004 万元，同比下降 31.03%，占青海省地方财政科技支出总额的 54.98%，较上年降低 9.61 个百分点；占本级地方财政支出比重为 0.99%，同比降低 0.56 个百分点（见图 6）。

图 6　2015 ~ 2019 年青海省本级地方财政科技支出及占比情况

资料来源：2016 ~ 2020 年《青海科技统计年鉴》。

4. 各市州地方财政科技支出占本级地方财政支出的比重变化明显

2019 年，青海省 8 个市州地方财政科技支出总额为 46671 万元，占全省地方财政科技支出总额的 45.02%，同比提高 9.61 个百分点，占同级地方财政支出总额的 0.36%。8 个市州中黄南州（增幅 0.74%）、海东市（增幅 0.39%）、玉树州（增幅 0.21%）和海西州（增幅 0.19%）地方财政科技支出经费较上年有所增长，其余 4 个市州地方财政科技支出较上年均有所下降。

二　2019年度青海省 R&D 人员情况

（一）R&D 人员队伍不断扩大，研发队伍质量有待进一步提高

2019 年，青海省 R&D 人员 9661 人，同比增长 23.64%。其中，博士研

究生学历和硕士研究生学历合计 2299 人，同比增长 9.84%。2019 年青海省 R&D 人员折合全时当量为 5476 人年，同比增长 27.32%。

R&D 人员中研究人员所占比重，主要反映 R&D 人员队伍的质量。2019 年青海省 R&D 人员折合全时当量中研究人员为 2872 人年，同比增长 24.70%。占 R&D 折合全时人员总量的比重为52.45%，同比下降1.03 个百分点，而发达省份这一指标普遍高于 60%。这表明青海省研发队伍的质量还有待进一步提高。

（二）从事 R&D 活动的技术人员大幅增长

2019 年，青海省 R&D 折合全时人员队伍中，基础研究人员 788 人年，同比增长 3.28%，占总量的 14.39%，2015 ~2019 年年均增长 0.74%；应用研究人员 1304 人年，同比增长 8.58%，占总量的 23.81%，2015 ~2019 年年均增长 7.68%；试验发展人员 3386 人年，同比增长 44.89%，占总量的 61.83%，2015 ~2019 年年均增长 10.48%（见图 7）。2019 年，青海省从事试验发展活动的折合全时人员呈现上升趋势，表明青海省从事研发活动技术人员的研发水平在不断加强。

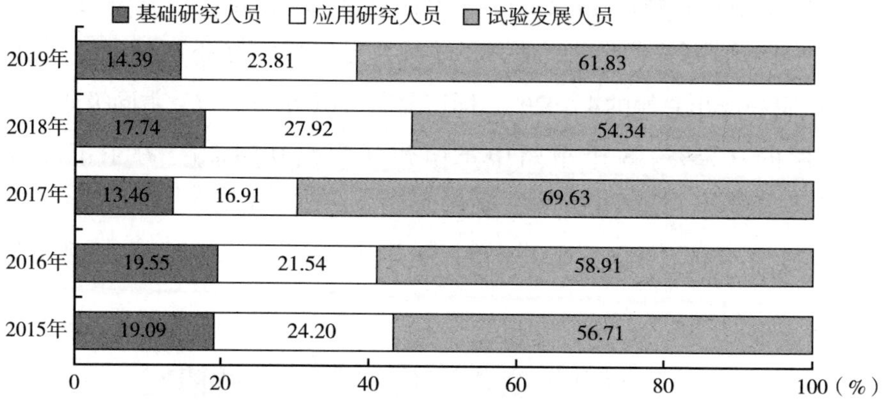

图 7　2015 ~2019 年青海省 R&D 人员按活动类型分占比情况

资料来源：2016 ~2020 年《青海科技统计年鉴》。

（三）企业研发人员大幅增长

研发人员按执行部门分为企业、研究机构、高等学校和事业单位。2019年，青海省企业 R&D 人员 5707 人，同比增长 44.85%，占总量的 59.07%，较上年提高 8.65 个百分点；科研机构 R&D 人员 1182 人，同比增长 1.29%，占总量的 12.24%；高等学校 R&D 人员 1630 人，同比增长 4.15%，占总量的 16.87%；事业单位 R&D 人员 1142 人，与上年持平，占总量的 11.82%（见图 8）。企业、科研机构、高等学校 R&D 人员数量均有所增加，事业单位 R&D 人员数量保持不变。企业研发人员的大幅增长，表明青海省企业创新活力得到进一步提升。

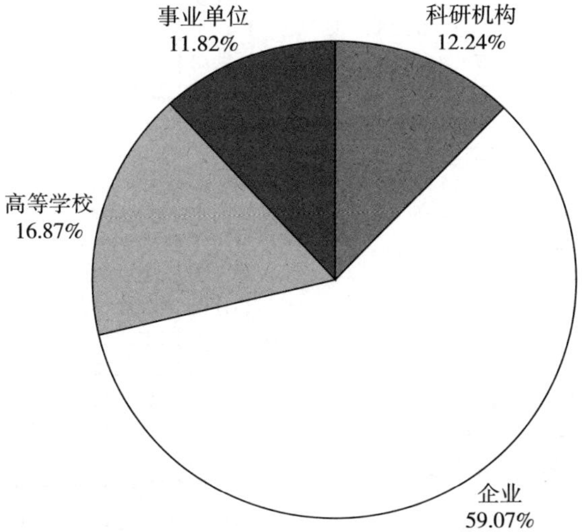

图 8　2019 年青海省 R&D 人员按执行部门分布

资料来源：《青海科技统计年鉴 2020》。

三　青海省科技创新水平态势

《中国区域科技创新评价报告（2020）》显示，2019 年青海省综合科技创新水平指数为 45.28%（见图 9），同比提高 0.78 个百分点（全国指数提高 1.48 个百分点，见图 10），排在全国第 29 位，较上年下降 2 位，在西部 12 个地区中排第 10 位（见表 2），在西北五省区中排第 4 位（见表 3）。

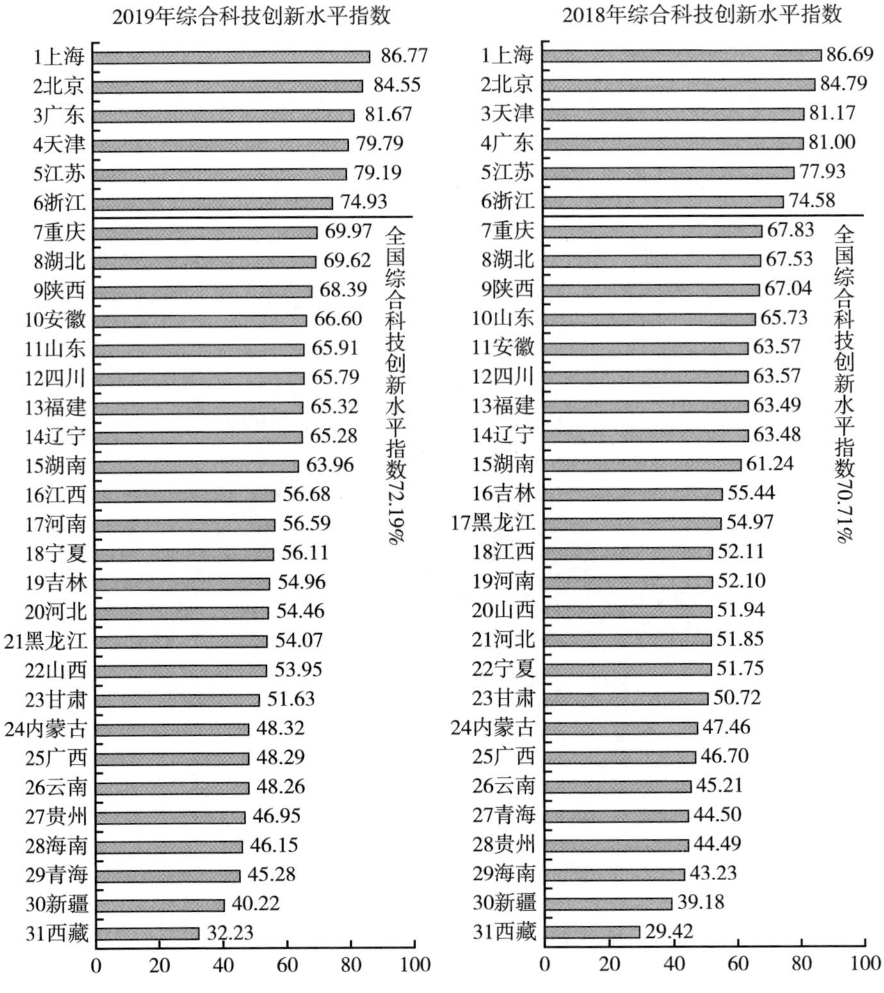

图 9　2018 年、2019 年全国 31 个省区市综合科技创新水平指数排序

2019 年青海省综合科技创新水平指数仍保持在三类地区，位于青海省之后的省份有新疆、西藏。从 2019 年综合科技创新水平指数的排序来看，全国多数地区位次变化不大，青海省在西部 12 个地区和西北五省区的排名基本稳定。

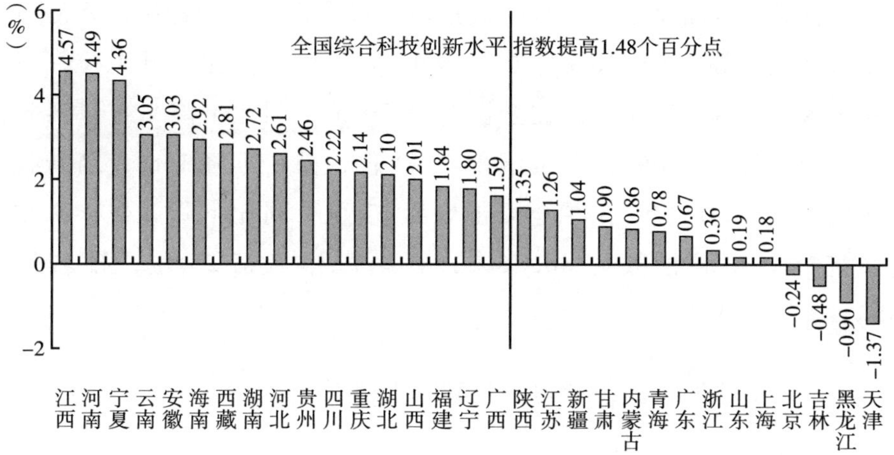

图 10　2019 年全国区域综合科技创新水平指数提高百分点排序

表 2　2015～2019 年青海省综合科技创新水平情况

年份	综合科技创新水平（%）	比上年增加（百分点）	全国平均提高（百分点）	全国排位（位）	属几类地区	西部 12 个地区排位（位）	全国平均值（%）
2015 年	41. 41	-0. 73	2. 94	27	三类地区	8	66. 49
2016 年	42. 25	1. 11	1. 08	27	三类地区	8	67. 57
2017 年	43. 95	1. 70	2. 06	26	三类地区	8	69. 63
2018 年	44. 50	0. 55	1. 08	27	三类地区	9	70. 71
2019 年	45. 28	0. 78	1. 48	29	三类地区	10	72. 19

资料来源：2016～2020《中国区域科技创新评价报告》。

表 3　2015～2019 年西北五省区综合科技创新水平指标位次比较

单位：位次

年份	青海	甘肃	宁夏	陕西	新疆
2015 年	27	18	21	9	29
2016 年	27	18	22	9	30
2017 年	26	18	24	9	30
2018 年	27	23	22	9	30
2019 年	29	23	18	9	30

资料来源：2016～2020《中国区域科技创新评价报告》。

综合科技创新水平由5个一级指标组成。在一级指标中：青海省科技创新环境指数为51.28%，在全国排第24位，同比上升1位；科技活动投入指数为25.30%，在全国排第30位，同比下降2位；科技活动产出指数为42.30%，在全国排第22位，同比下降1位；高新技术产业化指数为50.77%，在全国排名为27位，同比下降2位；科技促进经济社会发展指数为60.76%，在全国排名第25位，排名保持不变。

（一）科技创新环境指数排名略有上升

2019年青海省科技创新环境指数为51.28%，同比提高5.86个百分点，位次同比上升1位，在全国排第24位（见表4）。2019年全国科技创新环境指数为72.19%，同比提高1.48个百分点，青海省科技创新环境指数低于全国平均水平20.91个百分点。

表4　2015～2019年青海省科技创新环境情况

统计类别	2015年	2016年	2017年	2018年	2019年
评价值(%)	48.93	47.69	46.37	45.42	51.28
位次(位)	19	25	23	25	24

资料来源：2016～2020《中国区域科技创新评价报告》。

从西部12个地区排名来看，青海省排第7位，与上年持平。从西北五省区的科技创新环境水平排名情况看，青海省排第4位，与上年持平（见表5）。青海省科技创新环境指数二级指标中的科研物质条件从第23位上升至第12位，其中三级指标的每名R&D人员研发仪器和设备支出从第25位上升至第2位，表明青海省R&D经费中的仪器和设备支出较上年大幅上升。

表 5　2015～2019 年西北五省区科技创新环境指标位次比较

单位：位次

年份	青海	甘肃	宁夏	陕西	新疆
2015 年	19	17	24	8	26
2016 年	25	21	22	8	24
2017 年	23	21	20	9	26
2018 年	25	19	17	8	26
2019 年	24	20	17	8	28

资料来源：2016～2020《中国区域科技创新评价报告》。

（二）科技活动投入水平有所下降

2019 年青海省科技活动投入指数在全国排位为 30 位，位次较上年下降 2 位，指数值为 25.30%，同比降低 5.81 个百分点（见表 6），低于全国平均水平 44.97 个百分点（全国科技活动投入指数为 70.27%），增速低于全国平均水平（全国科技活动投入指数提高了 2.36 个百分点）。

表 6　2015～2019 年青海省科技活动投入情况

统计类别	2015 年	2016 年	2017 年	2018 年	2019 年
评价值(%)	28.55	26.55	27.74	31.11	25.30
位次(位)	29	30	30	28	30

资料来源：2016～2020《中国区域科技创新评价报告》。

从 2019 年西北五省区的科技活动投入排名比较情况可以看出，青海在全国排第 30 位，在西北五省中排第 5 位，全国排名同比下降 2 位，西北五省中排名同比下降 1 位（见表 7）。青海省科技活动投入指数下降的主要原因是：二级指标科技活动人力投入降低了 3 位，科技活动财力投入降低了 2 位；三级指标中万人 R&D 研究人员数下降了 4 位，企业技术获取和技术改造经费支出占企业主营业务收入比重较上年大幅降低，降低了 18 位。这表明青海省企业技术改造力度有所下降，投入研发活动的研究人员也有所减少。

表 7　2015～2019 年西北五省区科技活动投入指标位次比较

单位：位次

年份	青海	甘肃	宁夏	陕西	新疆
2015 年	29	20	21	11	27
2016 年	30	23	16	11	29
2017 年	30	23	18	11	28
2018 年	28	24	17	13	29
2019 年	30	24	18	13	29

资料来源：2016～2020《中国区域科技创新评价报告》。

（三）科技活动产出指数和位次均有所提升

2019 年青海省科技活动产出指数为 42.30%，在全国排第 22 位，同比提高 1 位（见表 8）。指数值同比增长 8.19 个百分点，增幅高于全国平均水平（全国平均产出指数下降 0.01 个百分点），增幅位列全国第 3。

表 8　2015～2019 年青海省科技活动产出情况

统计类别	2015 年	2016 年	2017 年	2018 年	2019 年
评价值(%)	34.04	41.39	43.41	34.11	42.30
位次(位)	20	17	19	23	22

资料来源：2016～2020《中国区域科技创新评价报告》。

从 2019 年科技活动产出指数及排序看，西部 12 个地区位次均低于全国平均水平（全国平均水平为 75.58%），西北五省区中新疆位次有所下降，甘肃、陕西位次保持不变，宁夏、青海均有所上升（见表 9）。青海省科技活动产出指数和位次上升的主要原因是科技产出中的万人科技论文数及获国家级科技成果奖数较上年均有所上升，位次分别上升了 5 位和 10 位。

表 9　2015～2019 年西北五省区科技活动产出指标位次比较

单位：位次

年份	青海	甘肃	宁夏	陕西	新疆
2015 年	20	14	25	6	22
2016 年	17	14	27	4	23
2017 年	19	17	30	4	25
2018 年	23	18	27	4	28
2019 年	22	18	20	4	30

资料来源：2016～2020《中国区域科技创新评价报告》。

（四）高新技术产业化水平有所下降

青海省 2019 年高新技术产业化指数为 50.77%，同比降低 4.23 个百分点，排在全国第 27 位，同比降低 2 位（见表 10）。与上年相比，全国高新技术产业化平均指数为 68.61%，提高 1.98 个百分点，青海省增幅低于全国平均水平。

表 10　2015～2019 年青海省高新技术产业化情况

统计类别	2015 年	2016 年	2017 年	2018 年	2019 年
评价值（%）	29.72	34.66	42.68	55.00	50.77
位次（位）	31	30	29	25	27

资料来源：2016～2020《中国区域科技创新评价报告》。

从全国高新技术产业化指数排序看，青海位于全国后列。在西北五省区中青海省 2019 年高新技术产业化指数排名下降 2 位，仅高于新疆，位列陕西、甘肃、宁夏之后（见表 11）。青海省高新技术产业化指数下降的主要原因是高新技术产业劳动生产率大幅下降。

表 11　2015～2019 年西北五省区高新技术产业化指标位次比较

单位：位次

年份	青海	甘肃	宁夏	陕西	新疆
2015 年	31	22	29	16	30
2016 年	30	18	31	17	29

续表

年份	青海	甘肃	宁夏	陕西	新疆
2017 年	29	18	30	13	31
2018 年	25	18	26	14	30
2019 年	27	22	26	12	31

资料来源：2016～2020《中国区域科技创新评价报告》。

（五）科技促进经济社会发展指数提高

2019 年青海省科技促进经济社会发展指数为 60.76%，较上年上升 1.4 个百分点，在全国排第 25 位，位次与上年持平（见表 12）。与上年相比，全国科技促进经济社会发展指数平均提高了 0.60 个百分点，指数值为 74.39%。

表 12　2015～2019 年青海省科技促进经济社会发展情况

统计类别	2015 年	2016 年	2017 年	2018 年	2019 年
评价值(%)	61.61	59.91	59.91	59.36	60.76
位次(位)	23	24	23	25	25

资料来源：2016～2020《中国区域科技创新评价报告》。

在西部 12 省区中，重庆科技促进经济社会发展排在前列，高于全国平均水平。西北五省区中，陕西、青海、甘肃位次与上年保持一致，新疆下降 1 位，宁夏上升 3 位。(见表 13)。

表 13　2015～2019 年西北五省区科技促进经济社会发展指标位次比较

单位：位次

年份	青海	甘肃	宁夏	陕西	新疆
2015 年	23	27	14	17	24
2016 年	24	26	13	16	25
2017 年	23	27	16	12	28
2018 年	25	27	20	10	29
2019 年	25	27	17	10	30

资料来源：2016～2020《中国区域科技创新评价报告》。

四　2019年度青海省科学研究和技术服务业事业单位R&D活动情况分析

2019年，青海省共有59家科学研究和技术服务业事业单位，其中中央部门所属8家、地方部门所属51家；有R&D活动人员1673人，同比增长7.94%；R&D经费5.13亿元，同比增长28.77%，其中来自政府的资金4.70亿元，占R&D经费比例达到91.62%。

（一）研发（R&D）人员数量稳步增加，整体队伍质量保持稳定

R&D人员是衡量机构科学研究和创新活动规模的重要指标。“十三五”期间，青海省科学研究和技术服务业事业单位基本保持在59家，从业人员、从事科技活动人员数相对比较固定，变化幅度不是很大，每年的研发人员数据只是随着单位研发项目的多少有所增减。2019年青海省科学研究和技术服务业事业单位中有R&D人员1673人，其中：女性596人，占R&D人员的35.62%，较上年提高1.75个百分点；博士研究生学历344人，占20.56%，较上年提高0.24个百分点；硕士研究生学历511人，占30.54%，较上年下降0.3个百分点；博士、硕士合计855人，占51.11%，近几年均超过一半，说明科学研究和技术服务业事业单位高学历人员的比例保持稳定，研发人员素质相对较高。

由于研发项目的有序开展，投入研发活动的人员也有所增加。2019年R&D折合全时工作量1187人年，同比增长9.60%，其中从事研发项目的研究人员630人年，占比53.07%，说明具有创造性的R&D项目主要负责人员和高级管理人员占一半以上。

（二）R&D经费持续增长

2019年，青海省科学研究和技术服务业事业单位的R&D经费为5.13亿元，同比增长28.77%，同比提高7.54个百分点。R&D经费呈持续增长态势。

R&D 经费按活动类型分：基础研究 13000 万元，同比增长 23.50%，占 R&D 经费比重为 25.33%；应用研究 15442 万元，同比增长 38.11%，占 R&D 经费比重为 30.10%；试验发展 22867 万元，同比增长 26.07%，占 R&D 经费比重为 44.57%。

（三）财政资金投入保持增长势头

青海省科学研究和技术服务业事业单位的 R&D 经费主要来自承担政府科研项目获得的财政资金投入。2019 年，R&D 经费中来自政府的资金 47014 万元，比上年增长 33.32%。财政资金投入的持续加大，使科学研究和技术服务业事业单位 R&D 经费中政府资金比例稳步上升，占比高达 91.63%，其中来自中央部门的财政资金投入占 50.72%，表明青海省投向科学研究和技术服务业事业单位的财政资金一半来自中央预算安排。

（四）来自地方政府的科技计划项目有所增加

科学研究和技术服务业事业单位是青海省创新体系的重要组成部分，也是实施国家科技计划的重要力量。我国科学研究和技术服务业事业单位研发活动主要服务于国家目标，承担国家和地方科技计划的任务。2019 年，青海省科学研究和技术服务业事业单位共承担 989 个科研项目（课题），其中 R&D 项目（课题）714 个，同比增长 18.41%；R&D 项目（课题）共投入经费 25355 万元，同比增长 32.35%。714 个 R&D 项目（课题）中，来自中央部门的项目共计 553 个，同比增长 11.94%，项目经费共计 14024 万元，占总经费的 55.31%，较上年下降 2.66 个百分点；来自地方部门科技计划项目 161 个，经费为 11331 万元，占总额的比重为 44.69%，较上年提高 2.66 个百分点。

青海省科学研究和技术服务业事业单位的研发活动在研发项目的来源上，地方科技项目占半数以上。2019 年，青海省科学研究和技术服务业事业单位的 R&D 项目（课题）中，来自国家科技的 R&D 项目（课题）比例按经费计占 23.52%，较上年下降 5.48 个百分点；来自地方科技的 R&D 项目（课题）占 55.42%，较上年提高 6.98 个百分点；企业委托科技项目 R&D（课题）占 3.32%，较上年下降 1.31 个百分点；自选科技项目 R&D（课题）占 5.68%，较上年提高 0.40 个百分点。

（五）专利申请受理量增长显著

专利、论文和著作是科学研究和技术服务业事业单位科技活动产出的重要指标。2019 年，青海省科学研究和技术服务业事业单位的专利申请受理量为 195 件，其中发明专利申请受理量 144 件，同比分别增长 43.38% 和 27.43%；专利申请授权量为 108 件，其中发明专利授权 73 件，分别比上年减少 8.47% 和 24.74%；拥有有效发明专利 558 件，同比增长 19.74%（见表 14）。科学研究和技术服务业事业单位的专利申请量有所增加，但授权量有所减少，说明申请专利的积极性有所提高，而申请专利的质量有所降低。

从 2016 年至 2019 年青海省科学研究和技术服务业事业单位投入产出指标对比可以看出，专利申请受理量和出版科技著作增长显著，专利申请授权量和发表科技论文还需进一步加强。同时可以看出“十三五”以来科学研究和技术服务业事业单位的研发投入与产出效率还需进一步提升。

表 14　2016 ~ 2019 年青海省科学研究和技术服务业事业单位 R&D 投入与科技产出增长情况

	2016 年	2017 年	2018 年	2019 年	年均增长(%)
R&D 投入					
R&D 人员全时当量(人年)	802	888	1083	1187	13.96
R&D 经费(万元)	26354.2	32868.7	39846.1	51308.7	24.88
科技产出					
专利申请受理量(件)	127	183	136	195	15.37
其中:发明专利(件)	119	171	113	144	6.56
专利申请授权量(件)	122	95	118	108	-3.98
其中:发明专利	109	82	97	73	-12.51
发表科技论文(篇)	986	1108	1079	982	-0.14
出版科技著作(种)	23	25	37	31	10.46

资料来源：2017 ~ 2020 年《青海科技统计年鉴》。

五 2019年青海省规模以上工业企业研发活动情况分析

2019 年，青海省规模以上工业企业共 585 个，有 R&D 活动的企业 99 个，有研发机构的企业 29 个；R&D 人员 3948 人，R&D 折合全时当量 2379 人年；R&D 经费支出 9.37 亿元，同比增长 38.39%。整体来看，2019 年度青海规模以上工业企业研发活力持续增长，科技创新能力进一步加强，研发活动呈现如下特征。

（一）研发经费大幅增长

2019 年，青海省规模以上工业企业研发（R&D）经费支出 93712 万元，同比增长 38.39%，占当年青海省 R&D 经费投入的比重为 45.56%，同比提高 6.41 个百分点。青海省规模以上工业企业 R&D 经费支出从 2015 年的 6.50 亿元提高至 2019 年的 9.37 亿元，年均增速为 9.57%（见图 11）。

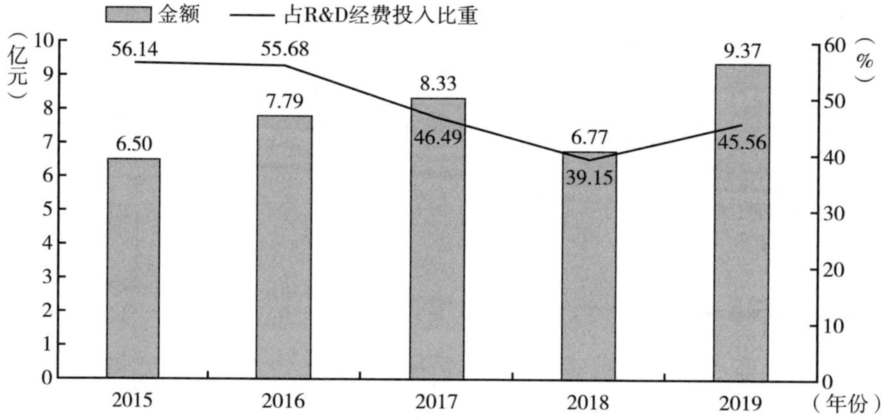

图 11 2015～2019 年青海省规模以上工业企业 R&D 经费投入情况

资料来源：2016～2020 年《青海科技统计年鉴》。

1. 试验发展经费快速增长

按研发的活动类型分，2019 年青海省规模以上工业企业研发活动中基础研究 440 万元，同比增长 29.41%，占总额的 0.47%；应用研究 3957 万元，同比下降 71%，占总额的 4.22%；试验发展 89316 万元，同比增长 66.23%，占总额的 95.31%。

青海省规模以上工业企业研发经费支出存在明显的结构性问题，主要体现在基础研究和应用研究支出长期偏低、规模明显不足，试验发展经费占比超过了 90%。试验发展是开辟新的应用，是创新链条中将新知识转化成新产品的重要环节。试验发展投入占比的不断提高，将对青海省科研成果转化及产业化过程起到积极作用，对整个地区经济的发展也产生有利影响。

2. 政府资金投入比例减少，企业自身投入的资金进一步加大

从资金来源看，2019 年青海省规模以上工业企业研发经费支出中来自政府的资金为 3613 万元，同比下降 23.53%，占总额的 3.86%，较上年降低 3.12 个百分点；来自企业的资金 90099 万元，同比增长 43.03%，占总额的 96.14%，较上年提高 3.12 个百分点。青海省规模以上工业企业研发经费支出中，政府投入偏低，政府在研发经费投入中的导向带动作用需进一步加强。

3. 大型企业是全省 R&D 活动主体，小微企业创新活力略显不足

2019 年，青海省规模以上工业企业中有大型企业 25 家，其中，有 R&D 活动的企业 13 家，占大型企业的 52%；有研发机构的企业 8 家，占大型企业的 32%。中型企业有 63 家，其中，有 R&D 活动的企业 20 家，占中型企业的 31.75%；有研发机构的企业 5 家，占中型企业的 7.94%。小型企业有 390 家，其中，有 R&D 活动的企业 61 家，占小型企业的 15.64%；有研发机构的企业 16 家，占小型企业的 4.10%。微型企业有 107 家，其中，有 R&D 活动的企业 5 家，占微型企业的 4.67%。

高效灵活的小型和微型科技企业占青海省规模以上工业企业总数的 84.96%，本应是科技创新的生力军，然而由于缺乏足够的资金支持，也缺乏有效的融资渠道和孵化体系支持，在内部条件和外部条件的双重限制下，

青海小微型工业企业的技术创新积极性并不高，小型企业和微型企业中开展R&D活动的比例分别只有15.64%和4.67%。从目前全球创新实践来看，颠覆式创新多发生于中小企业。因此，采用有效手段，降低小微企业创新成本，激发青海省小微企业创新活动，是一个迫在眉睫的重要课题。

4. 研发投入行业聚集度高，高技术产业研发投入还需进一步加强

从行业分组看，2019年青海省规模以上工业企业研发活动集中在有色金属冶炼和压延加工业、石油和天然气开采业、化学原料和化学制品制造业3个行业，其研发经费投入位居前3位，占青海省规模以上工业企业研发经费支出的55.81%（见图12）。而2018年度排在前3的行业为计算机、通信和其他电子设备制造业，有色金属冶炼和压延加工业，化学原料和化学制品制造业，3个行业合计占当年总额的54.96%。可以看出有色金属冶炼与压延加工业、化学原料和化学制品制造业是青海省研发活动密集度较高的两个支柱产业，连续三年排在前三位。尤其是有色金属冶炼和压延加工业的研发活动有了较大的突破，2019年研发支出排在行业第1位，占总额的比重为26.76%，占比超1/4。而属于高技术产业的计算机、通信和其他电子设备制造业研发投入较不稳定，从2018年的21728万元，排名第1，占总量的1/3，下降至2019年一半以下，排名第4。

（二）企业数量相对较少、企业创新活力得到增强

通过多年培育发展，青海省形成了新能源、新材料、盐湖化工、有色金属、油气化工、煤化工、装备制造、钢铁、轻工纺织、生物等优势产业。以上产业大多属于资源密集型产业，创新动力略显不足。企业是技术创新的主体，但青海省规模以上工业企业数量偏少，在西北五省区中数量最少。2019年青海省拥有规模以上工业企业585家，而陕西有7037家、甘肃有1825家、宁夏有1196家、新疆有3182家（见表15）。从企业创新活动来看，2019年青海省规模以上工业企业研发经费占全社会研发经费的比重从2018年的39.15%%增长至2019年的45.56%，整体较上年有所加强。从青海省规模以上工业企业开展创新活动企业数量来看，2019年青海省规模以上工

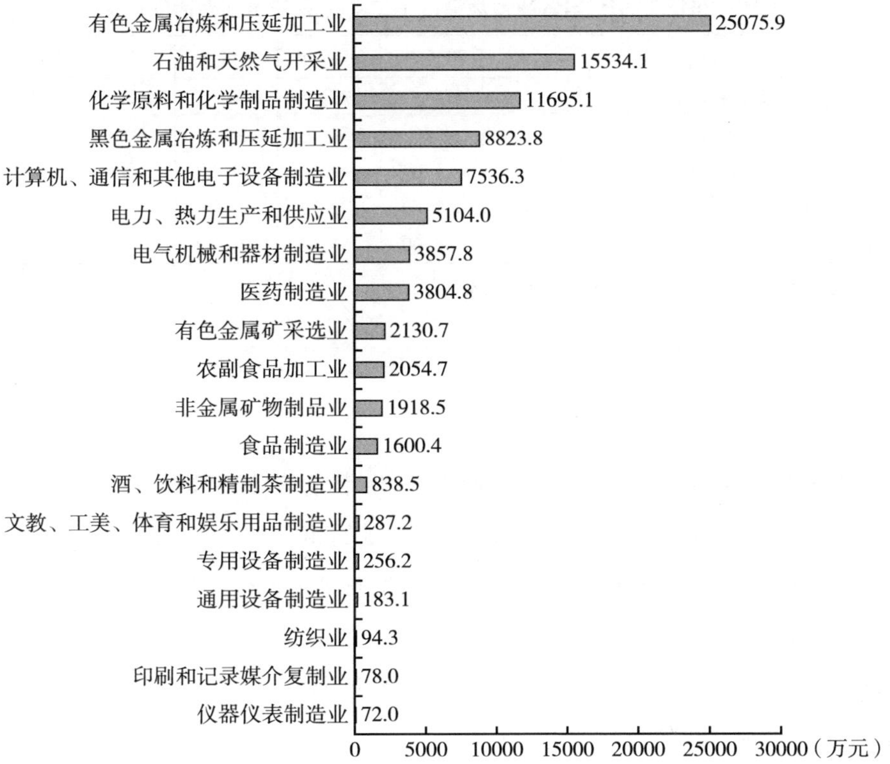

图 12　2019 年青海省规模以上工业企业研发经费按行业分布

业企业中有 R&D 活动的企业占比为 16.92%（见表 16），同比提高 6.24 个百分点，说明青海省规模以上工业企业的创新活动得到不断增强。

表 15　2015～2019 年西北五省区规模以上工业企业数

单位：家

地区	2015 年	2016 年	2017 年	2018 年	2019 年
青海	575	593	569	562	585
甘肃	2141	2097	1905	1917	1825
宁夏	1245	1174	1223	1250	1196
陕西	5413	5862	6271	6426	7037
新疆	2707	2893	2955	3025	3182

资料来源：2016～2020 年《青海科技统计年鉴》。

表 16　2015 ~2019 年青海省规模以上工业企业开展创新活动情况

指标	2015 年	2016 年	2017 年	2018 年	2019 年
规模以上工业企业数(家)	575	593	569	562	585
有 R&D 活动的企业数(家)	35	57	57	60	99
有 R&D 活动的企业占比(%)	6.09	9.61	10.02	10.68	16.92
规模以上工业企业 R&D 经费支出额(亿元)	6.50	7.79	8.33	6.77	9.37
占全省 R&D 经费比重(%)	56.00	55.70	46.40	39.15	45.56

资料来源：2016 ~2020 年《青海科技统计年鉴》。

（三）科技产出不断提升

2019 年，青海省规模以上工业企业共申请专利 1088 件，同比增长 26.66%，其中申请发明专利 438 件，占总量的 40.26%，同比提高 2.89 个百分点。拥有有效发明专利 760 件，同比增长 35.96%，其中实施专利 351 件，占总量的 46.18%。有新产品开发项目 259 项，新产品开发经费支出 91755 万元。拥有注册商标 812 件。发表科技论文 1198 篇，同比增长 26.77%。形成国家或行业标准 27 项。

2019 年，青海省规模以上工业企业研发投入取得一定的成效，但青海省还面临规模以上企业数量少、企业创新活力相对不足等问题，迫切需要提高产业发展水平，增强企业对科技创新的需求，尤其要加强高技术产业的创新活力，使青海省的企业研发水平迈上一个新台阶。

六　2019年度青海省高等学校 R&D 活动分析

国家创新体系主要是由“知识创新系统”“技术创新系统”“制度创新系统”三部分构成，高等学校是“知识创新系统”的执行主体，在“技术创新系统”“制度创新系统”中发挥着不可替代的作用。近年来，高等学校作为国家科技创新体系的重要组成部分，其 R&D 活动推动了全社会科技的发展和经济的繁荣。

2019 年青海省共有普通高等学校 23 所（理工农医类和人文社科类分类计算）。高等学校中，有 R&D 活动机构 14 家；有 R&D 人员 1630 人，折合全时当量为 664 人年；投入 R&D 活动经费 24428 万元；R&D 项目（课题）数 1114 项；发表科技论文 3046 篇；出版科技著作 75 种；申请专利 562 件，其中发明专利申请 218 件；专利授权 255 件，其中发明专利授权 39 件；有效发明专利 134 件，植物新品种权授予数 7 项。

（一）R&D 人力投入情况

1. R&D 人员中高层次人才稳步提升

2019 年，青海省高等学校 R&D 活动人员 1630 人，其中博士研究生 327 人、硕士研究生 784 人，同比提高了 6.17%、2.75%，占全部 R&D 人员的 20.06%、48.10%。按国际可比的全时当量计 R&D 折合全时人员为 664 人年，比上年增加 44 人年，同比增长 7.10%。

2019 年青海省高等学校 R&D 折合全时人员中研究人员为 580 人年，同比提高 3.39%，占 R&D 折合全时人员总量的比重为 87.35%（见图 13），表明高等学校高层次人才高度集中。

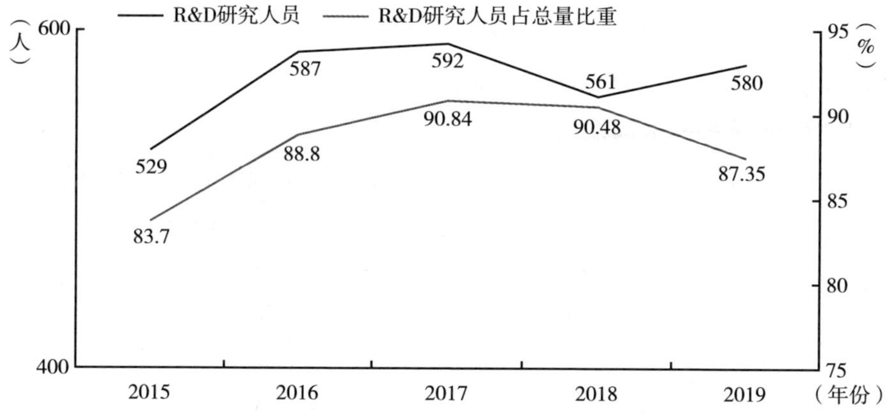

图 13　2015～2019 年青海省高等学校 R&D 折合全时人员中研究人员占比

资料来源：2016～2020 年《青海科技统计年鉴》。

2. 应用研究活动人力投入占比有所上升

2019 年，青海省高等学校 R&D 折合全时人员队伍中，基础研究人员 284 人年，占总量的 42.77%，同比下降 8.68 个百分点；应用研究人员 352 人年，占总量的 53.01%，同比提高 13.82 个百分点；试验发展活动人员为 28 人年，占总量的 4.22%，同比下降 5.13 个百分点。

（二）R&D 经费支出情况

1. R&D 经费支出略有下降

2019 年青海省高等学校 R&D 经费支出为 24428.3 万元，同比下降 6.71%，占青海省 R&D 经费支出的比重为 11.88%，较上年下降 3.26 个百分点。青海省高等学校 R&D 经费支出从 2015 年的 10507 万元，增加到 2019 年的 24428 万元，年均增长 23.48%，支出比重从 2015 年的 9.07% 增长到 2019 年的 11.88%。

2. R&D 经费主要来源于政府资金

从经费来源情况看，2019 年青海省高等学校来自政府的 R&D 资金为 21945 万元，同比下降 10.22%，占 R&D 总经费的 89.84%，占比较上年下降 2.83 个百分点；来自企业的资金为 2306 万元，同比增长 46.04%，占 R&D 经费的比重为 9.44%，同比提高 3.41 个百分点。这表明青海省高等学校研发活动经费主要来源于政府资金。

3. 应用研究经费增幅较大

2019 年青海省高等学校 R&D 经费总支出中，基础研究经费支出为 6608 万元，占总量的 27.05%，同比增长 0.59 个百分点；应用研究经费支出为 17326 万元，占总量的 70.93%，同比提高 23.09 个百分点；试验发展经费支出为 494 万元，占总量的 2.02%，比上年下降了 23.68 个百分点。

（三）科技产出成效显著

2019 年青海省高等学校共发表科技论文 3046 篇，比上年增加 494 篇，同比增长 19.36%；出版科技著作 75 种，同比减少 39.02%。

2019 年青海省高等学校申请专利 562 件，比上年增加 315 件，同比增长 127.53%。其中申请发明专利 218 件，比上年增加 96 件，同比增长 78.69%；专利授权量 255 件，比上年增加 139 件，同比增长 119.83%，其中授权发明专利 39 件，比上年增加 24 件，同比增长 160%；有效发明专利 134 件，比上年增加 41 件，同比增长 44.09%（见表 17）。

表 17　2015～2019 年青海高等学校科技产出情况

科技产出	2015 年	2016 年	2017 年	2018 年	2019 年	年均增速(%)
专利申请量(件)	51	78	120	247	562	82.20
其中:发明专利(件)	28	57	63	122	218	67.04
专利授权量(件)	23	37	72	116	255	82.47
其中:发明专利(件)	5	14	21	15	39	67.12
有效发明专利(件)	48	64	85	93	134	29.26
论文(篇)	2261	2579	2428	2552	3046	7.74
发表科技著作(部)	58	45	66	123	75	6.64

资料来源：2016～2020 年《青海科技统计年鉴》。

（四）承担的科技研发项目有所下降

2019 年青海省高等学校共承担科技研发项目 1114 项，同比下降 17.6%，占青海省科技研发项目的 43.99%。研发项目减少，导致研发项目经费也相应减少，2019 年项目经费 9746 万元，同比下降 38.32%，占青海省科技研发项目经费的 5.16%。高等学校主要承担了青海省的基础研究与应用研究项目，而承担的经费投入比较大的试验发展项目较少。

综上分析，尽管 2019 年青海省高等学校由于承担的科技研发项目有所减少，研发活力有所下降，但研发人员素质稳步提升，科技产出成效显著。

七　青海省科技创新投入展望

2020 年青海省科技部门要持续引导全社会加大对科技创新的投入，提高科技资金使用效率，积极推进统计改革创新，扎实提升统计服务能力，不断提高科技数据质量，为全省创新发展提供有效服务和数据支撑。

（一）持续引导全社会加大研发投入

一是要落实促进全社会研发投入的相关政策，激励和引导企业发挥技术创新投入主体作用，通过技术创新不断提升企业核心竞争力，实现研发经费投入持续稳定增长。二是要进一步完善财政科技投入稳定增长机制，调整和优化省级财政科技支出结构，提高财政资源使用效率，引导财政资源配置向R&D 活动转移，实现全省创新可持续发展需求目标。

（二）强化各部门数据共享和协调联动

推动建立科技数据工作联动、数据共享、责任共担的工作机制，联合各部门做好数据采集、数据审核、质量评估和统计分析。重点加强与本省统计部门的工作协调力度，加强与兄弟省份的交流合作，分析查找青海省科技创新调查的差距和短板，切实提高科技数据质量。

（三）加强科技数据开放合作交流

进一步扩大科技数据渠道，加强科技数据库建设，大力推动互联网和云计算技术在统计工作中的应用，进一步强化科技数据的信息、咨询、监督功能，建立健全科技信息共享机制，发挥科技数据的作用和功能，为推动高质量发展和实施区域创新发展战略提供坚实的数据支撑。

G.11

2020年青海科技成果分析报告*

摘　要： 2020 年，青海省科技成果管理工作不断创新服务方式、简化登记流程，登记数量稳步提高。应用青海省科技成果登记系统，全年以“不见面审批”方式登记各类科技成果 580 项，同比增长 6.42%，其中应用技术成果 415 项，占 71.55%；基础理论成果 149 项，占 25.69%；软科学成果 16 项，占 2.76%。

关键词： 科技成果　登记　青海省

2020 年，青海省科技成果管理工作创新服务方式、简化登记流程，登记数量稳步提高。截至 2020 年 10 月 31 日，全省以“不见面审批”方式共登记各类科技成果 580 项。现将成果登记总体情况做如下分析。

一　基本情况

（一）成果数量

2020 年青海省共登记科技成果 580 项，较上年增长 6.42%。“十三五”期间，全省科技成果登记数量增长明显，如图 1 所示。

* 课题组成员：姚长青、王荔华、王亚军、刘伟、姜山松、王新亮、张扬、班玛东周。

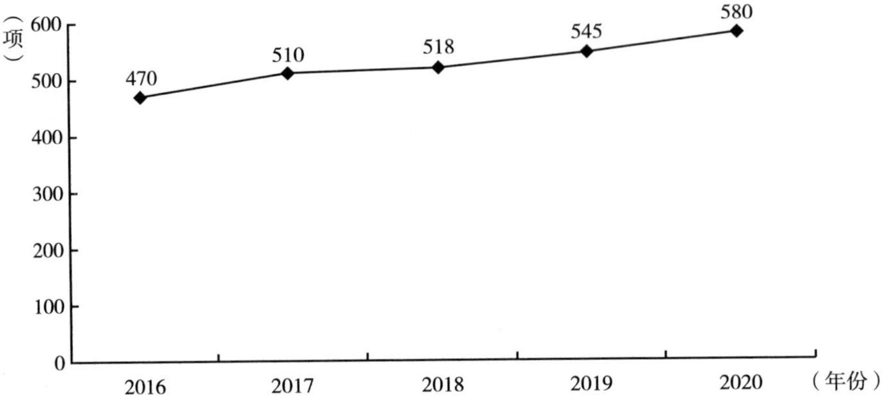

图 1　2016～2020 年青海省科技成果登记数量

资料来源：国家科技成果登记系统。下同。

（二）成果类别

2020 年青海省 580 项科技成果中，应用技术成果 415 项，占 71.55%；基础理论成果 149 项，占 25.69%；软科学成果 16 项，占 2.76%，如图 2 所示。

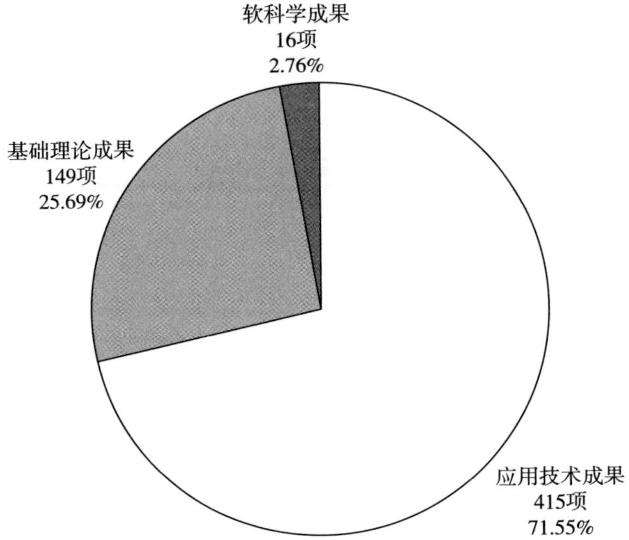

图 2　2020 年青海省科技成果类别构成

（三）评价方式

2020 年青海省 580 项科技成果中，鉴定项目 313 项，占 53.97%；验收项目 101 项，占 17.41%；评审项目 118 项，占 20.35%；行业准入成果 42 项，占 7.24%，为青海省市场监督管理局发布的地方标准、行业主管部门审定的品种；机构评价成果 6 项，占 1.03%，为授权发明专利（见表 1）。

表 1　2019 年和 2020 年青海省科技成果评价方式统计

成果评价方式	2019 年		2020 年	
	成果数(项)	占比(%)	成果数(项)	占比(%)
鉴定	284	52.11	313	53.97
验收	61	11.19	101	17.41
评审	109	20.00	118	20.35
行业准入	56	10.28	42	7.24
机构评价	35	6.42	6	1.03

（四）成果来源

2020 年青海省 580 项科技成果中，国家科技计划 19 项（自然科学基金 3 项、国家科技重大专项 6 项、其他 10 项），占 3.28%；部门计划 21 项，占 3.62%；地方计划 170 项，占 29.31%；民间基金 2 项，占 0.34%；自选项目 219 项，占 37.76%；国际合作 4 项，占 0.69%；横向委托 10 项，占 1.72%；其他成果 135 项，占 23.28%（见图 3）。

其中，青海省科技厅下达的项目登记成果 174 项，进一步按照厅处室进行划分，按照成果数量由高到低依次排序为：政策法规与基础研究处 97 项，农村科技处 31 项，社会发展科技处 20 项，高新技术处 16 项，国际合作交流处 10 项（见表 2）。

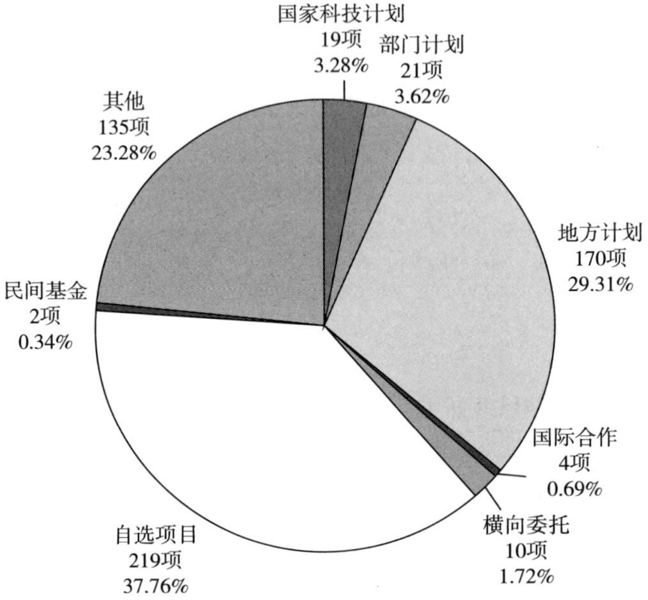

图 3　2020 年青海省科技成果项目来源构成

表 2　2020 年青海省科技厅下达项目登记成果来源分布

成果来源	登记数量(项)	占总量比(%)
政策法规与基础研究处	97	55.75
农村科技处	31	17.82
社会发展科技处	20	11.49
高新技术处	16	9.20
国际合作交流处	10	5.75
合计	174	100

（五）完成单位

2020 年青海省 580 项科技成果中，企业居成果完成主体的首位，达 153 项（其中科研转制型企业完成 19 项），占 26.38%；医疗机构完成 143 项，占 24.66%；独立科研机构完成 104 项，占 17.93%；大专院校完成 90 项，占 15.52%；其他单位（各类事业单位）完成 90 项，占 15.52%（见图 4）。

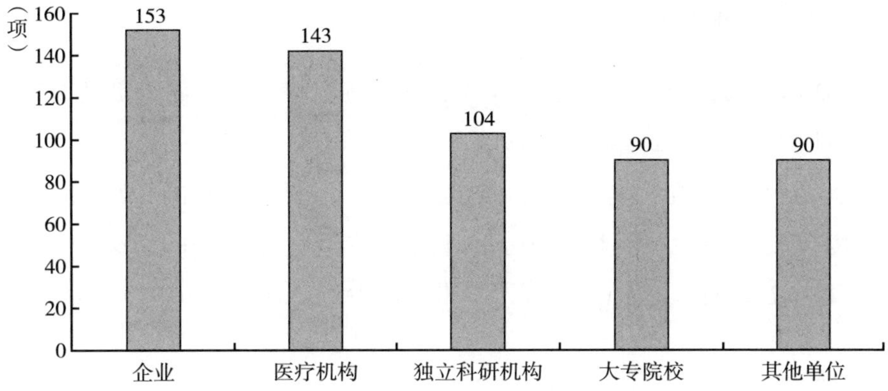

图 4　2020 年青海省科技成果完成单位构成

（六）成果水平

2020 年青海省 580 项科技成果中，国内领先及以上水平的共 237 项，占 40.87%。从图 5 可以看出，达到国际领先水平的成果 11 项，占 1.90%；达到国际先进水平的成果 44 项，占 7.59%；达到国内领先水平的成果 182 项，占 31.38%；达到国内先进水平的成果 222 项，占 38.28%；国内一般水平的成果 36 项，占 6.21%；未评价水平的 85 项，占 14.66%。

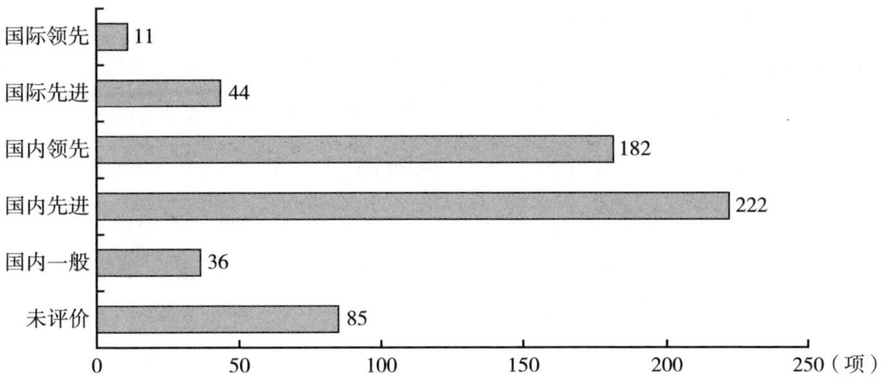

图 5　青海省 2020 年科技成果水平分布

（七）完成人员

2020 年青海省 580 项科技成果中，参与项目研究的科研人员共 7089 人次，平均每个项目 12 名科研工作者。

从学历构成来看，青海省的科技工作者队伍主要以大学本科及以上学历构成。其中博士研究生、硕士研究生和本科学历共 6500 人次，占 91.69%；大专学历为 513 人次，占 7.24%；大专以下文化程度为 76 人次，占 1.07%（见图 6）。

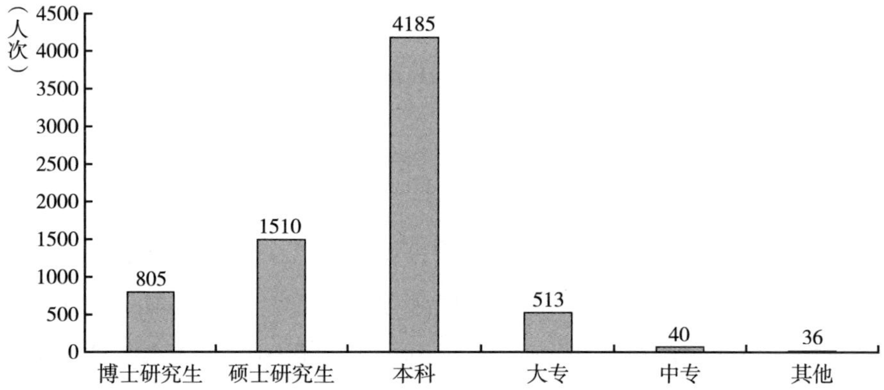

图 6　青海省 2020 年科技成果完成人员学历构成

从年龄结构来看，中青年是科技成果研究人员主体。55 岁及以下科研人员 6509 人次，占 91.82%，其中 35 岁及以下科研人员为 2150 人次、36～45 岁科研人员为 2457 人次、46～55 岁科研人员为 1902 人次；56 岁及以上科研人员为 580 人次，仅占 8.18%（见图 7）。

从专业技术职称来看，具备中级以上专业技术职称的科研人员为 5517 人次，达 77.82%，占据了科研人员的主要比例；初级专业技术职称人员为 1064 人次，占 15.01%；其他科研人员 508 人次，仅占 7.17%（见表 3）。

（八）知识产权情况

2020 年青海省形成知识产权 577 项。其中：发明专利 258 项，占知识

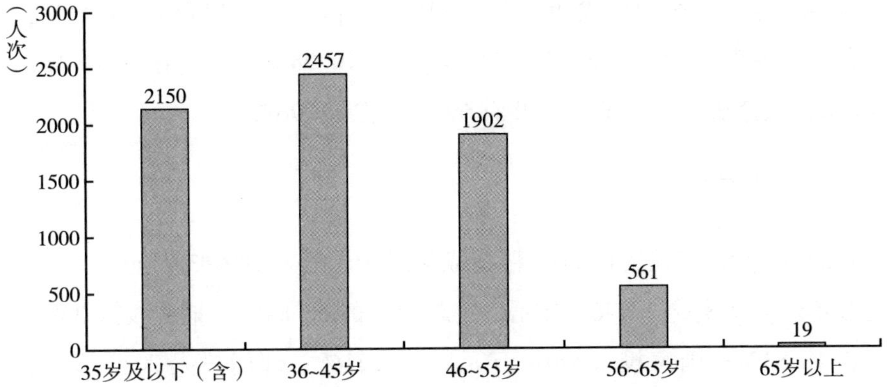

图7　青海省2020年科技成果完成人年龄构成

表3　2020年青海省科技成果完成人员专业技术职称构成

单位：人次

专业技术职称	合计	独立科研机构	大专院校	企业	医疗机构	其他
院士	1	—	—	—	—	1
正高	929	155	176	150	299	149
副高	2106	375	301	480	491	459
中级	2481	369	241	698	626	547
初级	1064	113	97	385	224	245
其他	508	97	134	175	29	73

产权数的44.71%；实用新型专利278项，占48.18%；外观设计专利4件，占0.69%；软件著作权37项，占6.41%（见表4）。

表4　2020年青海省科技成果知识产权产出构成

单位：项

	合计	独立科研机构	大专院校	企业	医疗机构	其他
知识产权数	577	111	72	325	0	69
其中:发明专利数	258	49	37	141	0	31
实用新型专利数	278	53	32	161	0	32
外观设计专利数	4	0	0	4	0	0
软件著作权数	37	9	3	19	0	6

从主体划分，企业形成知识产权 325 项，占知识产权数的 56.33%，是专利的主要来源；独立科研机构 111 项，占 19.24%；大专院校 72 项，占 12.48%；医疗机构和其他单位共有 69 项，占 11.96%。

（九）研发经费投入

2020 年青海省登记的 580 项科技成果经费总投入 190983 万元。其中：成果完成单位自筹资金 131468 万元，占总投入的 68.84%；地方投入 35962 万元，占 18.83%；国家投入 8610 万元，占 4.51%；部门投入 2060 万元，占 1.08%；基金投入 540 万元，占 0.28%；其他资金 12343 万元，占 6.46%。

二　应用技术成果

（一）成果属性

2020 年青海省登记的 580 项科技成果中，应用技术成果 415 项，占总数的 71.55%。415 项应用技术成果中，按照成果属性占比从高到低排列依次为：属于原始性创新的成果 252 项，占应用技术成果数的 60.72%；属于国内技术二次开发的成果 142 项，占 34.22%；属于国外引进消化吸收创新的成果 21 项，占 5.06%（见图 8）。

（二）成果水平

2020 年青海省 415 项应用技术成果按照水平占比从高到低排列依次为：国内先进水平 156 项，占 37.59%；国内领先水平 111 项，占 26.75%；未评价水平 78 项，占 18.80%；国内一般水平 33 项，占 7.95%；国际先进水平 29 项，占 6.99%；国际领先水平 8 项，占 1.93%（见图 9）。

（三）所处阶段

2020 年青海省 415 项应用技术成果中，处于成熟应用阶段的成果 265

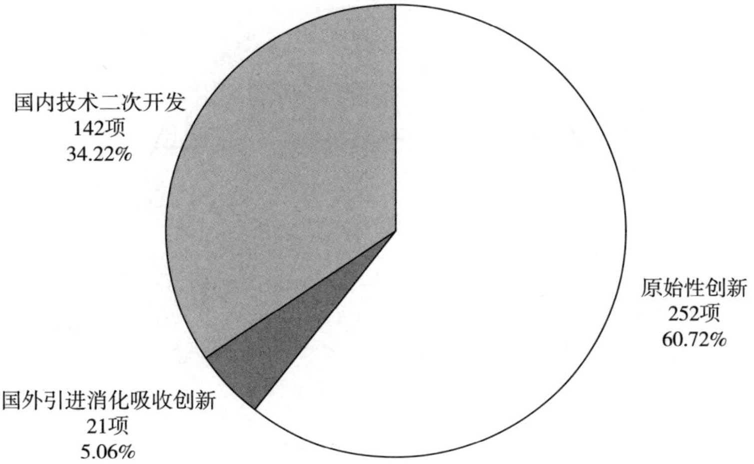

图 8　青海省 2020 年科技成果属性分布

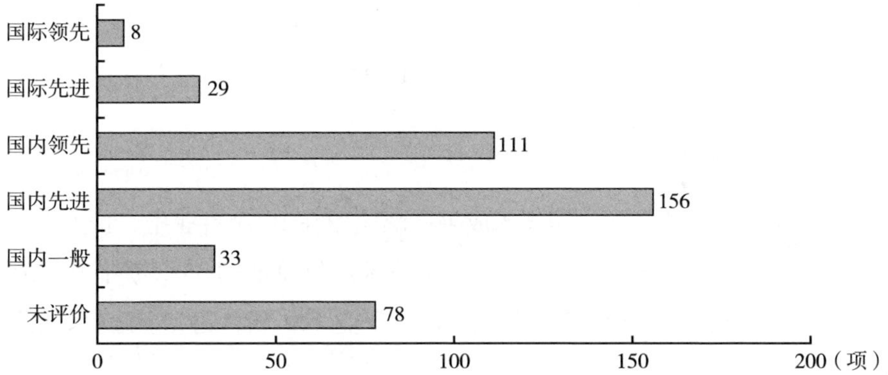

图 9　青海省 2020 年应用技术科技成果水平分布

项，占 63.86%；初期阶段成果 89 项，占 21.45%；中期阶段成果 61 项，占 14.70%（见图 10）。

（四）所属高新技术领域

2020 年青海省 415 项应用技术成果中，有 240 项属于高新技术领域，占比 57.83%。它们分布在 10 个高新技术领域内，按照成果数由高到低排列依次是：现代农业 75 项，生物医药与医疗器械 45 项，新能源与节能 32

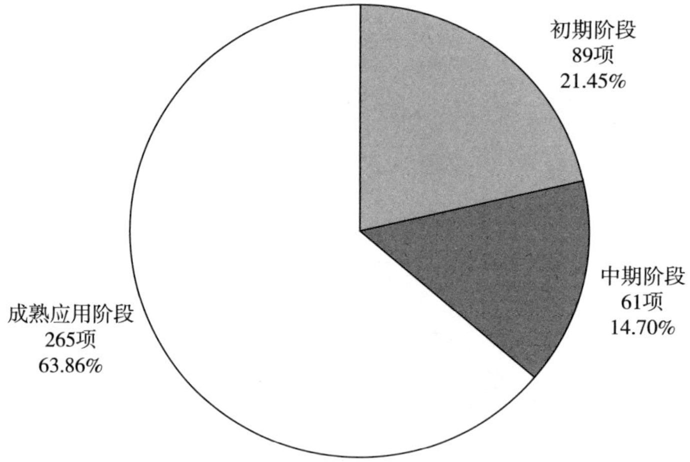

图 10　青海省 2020 年应用技术类成果所处阶段

项，电子信息 21 项，环境保护 17 项，新材料 16 项，现代交通 14 项，地球、空间与海洋 13 项，先进制造 6 项，航空航天 1 项。

（五）行业分布

2020 年青海省 415 项应用技术成果广泛应用在 10 个行业中，按产业分布进行分类统计：第一产业 138 项，占应用技术成果总数的 33. 25%；第二产业 97 项，占应用技术成果的 23. 37%；第三产业 180 项，占应用技术成果的 43. 37% （见表 5）。

表 5　2020 年应用技术成果应用行业分布

应用行业	项目数(项)	占应用技术成果比例(%)
第一产业	138	33. 25
农林牧渔业	138	33. 25
第二产业	97	23. 37
采矿业	21	5. 06
制造业	54	13. 01
电力、热力、燃气及水的生产和供应业	22	5. 30
第三产业	180	43. 37
建筑业	15	3. 61

续表

应用行业	项目数(项)	占应用技术成果比例(%)
交通运输、仓储和邮政业	16	3.86
信息传输、软件和信息技术服务业	12	2.89
科学研究和技术服务业	32	7.71
水利、环境和公共设施管理业	13	3.13
卫生和社会工作	92	22.17

（六）应用情况

2020 年青海省 415 项应用技术成果中，产业化应用成果 213 项，占应用技术成果总数的 51.33%；小批量或小范围应用成果 130 项，占 31.33%；正在试用的成果 40 项，占 9.64%；未应用的成果 32 项，占 7.71%（见图 11）。

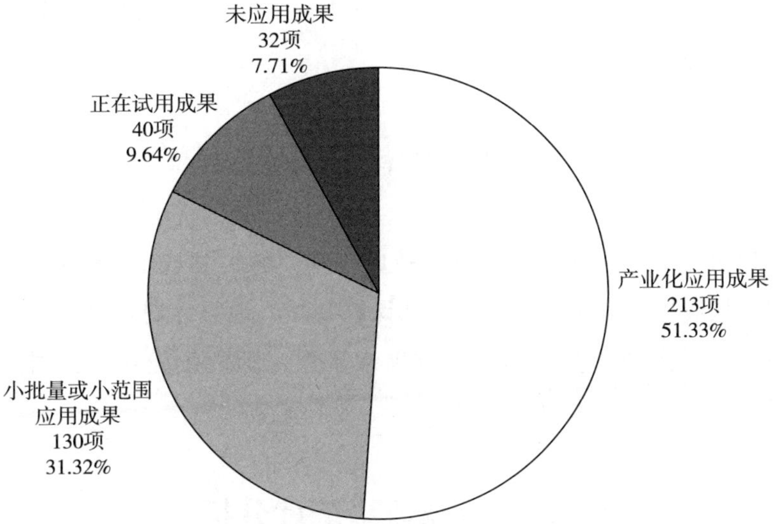

图 11　青海省 2020 年应用技术成果应用情况

（七）经济效益

2020 年青海省 415 项应用技术成果中，从转化方式角度划分，实际产生经济效益的成果 50 项，自我转化总收入 140099 万元，净利润 38661 万元，实缴税金 11709 万元，节约资金 5455 万元；合作转化收入 1610445 万元，其中技术入股股权折价 40 万元。

三　基础理论成果

2020 年青海省登记的 580 项科技成果中，基础理论成果 149 项，占总数的 25.69%。从成果来源统计显示，课题来源仍以地方计划为主，共 67 项，占 44.97%；自选项目次之，共 46 项，占 30.87%；其他厅局计划 18 项，占 12.08%；国家科技计划 7 项，占 4.70%；横向委托 6 项，占 4.03%；部门计划 2 项，国际合作 2 项，各占 1.34%；民间基金 1 项，占 0.67%。从成果水平看，国际领先 3 项，国际先进 15 项，国内领先 65 项，国内先进 60 项，国内一般 2 项，未评价 4 项。国内领先以上水平共 83 项，占基础理论成果的 55.70%。

四　软科学成果

2020 年青海省登记的 580 项科技成果中，软科学成果 16 项，占总数的 2.76%。从成果来源统计显示，自选课题 8 项，地方计划 4 项，其他厅局计划项目 3 项，横向委托 1 项；从成果水平看，国内领先 6 项，国内先进 6 项，国内一般 1 项，未评价 3 项。

五　科技成果统计分析

“十三五”期间，科技成果登记方式不断创新，登记流程不断简化，2017 年《青海省科技成果登记管理办法》修订拓展了登记范围，青海省科技成果登记数量稳步提高，从 2016 年的 470 项增长到 2020 年的 580 项，增长了 23.40%。

（一）科技成果来源分析

2020 年青海省 580 项科技成果来源主要是自选项目和地方计划项目，分别为：219 项（占 37.76%）、170 项（29.31%）。自选项目完成单位以医疗机构、企业为主，分别为 74 项（占 33.79%）和 66 项（占 30.14%）；地方计划项目完成单位以独立科研机构、大专院校为主，分别为 48 项（占 28.24%）和 47 项（占 27.65%）。

580 项科技成果中，其他厅局计划科研项目 135 项，主要完成单位为企业、医疗机构、其他事业单位，分别为 45 项（占 33.33%）、41 项（30.37%）和 32 项（占 23.70%）。

580 项科技成果的完成单位中，企业、医疗机构、独立科研机构占比位居前三位，分别为 26.38%、24.66%、17.93%；而全国 2019 年完成单位占比前三位的为企业、独立科研机构、大专院校，占比分别为 29.86%、20.51%、19.97%。

（二）科技成果应用和转化分析

2020 年青海省 415 项应用技术成果中，产业化应用的成果 213 项，占 51.33%，其中企业完成 95 项，占 44.60%；未应用的成果 32 项，占 7.71%，未应用的主要原因以技术问题和管理问题为主。

按照产业类别分析，第一产业 138 项科技成果中，产业化应用 81 项，占 58.70%；第二产业 97 项科技成果中，产业化应用 64 项，占 65.98%；第三产业 180 项科技成果中，产业化应用 68 项，占 37.78%。

从产业化应用成果完成单位类型看，企业 95 项，占 213 项产业化应用成果的 44.60%；其次为独立科研机构和其他事业单位，均为 31 项，大专院校和医疗机构均为 28 项。

（三）科技成果完成单位分析

不同属性的单位侧重的行业不同，2020 年青海省登记的 580 项科技成果中独立科研机构登记104项，主要应用领域为农林牧渔业（66项）、科学研究和技术服务业（14项）；大专院校登记90项，主要应用领域为农林牧渔业（42项）、科学研究和技术服务业（19项）；企业登记153项，主要应用领域为制造业（55项）、农林牧渔业（37项）；医疗机构登记143项，主要应用领域为卫生和社会工作（140项）；其他事业单位登记90项，主要应用领域为农林牧渔业（43项）。

（四）科技成果完成人员情况分析

2020年青海省科技成果中单个成果平均由12人完成，全国为7人；青海省博士研究生占比11.36%，全国为16.50%；青海省硕士研究生占比21.30%，全国为31.29%；青海省本科占比59.04%，全国为40.09%。近三年科技成果完成人员中，本科学历人员占比在57%～59%，是科技成果研发的主力军。

从各学历层次人员的分布看，博士研究生主要分布于独立科研机构和大专院校（占64.97%）；硕士研究生在独立科研机构、大专院校、企业、医疗机构中的分布基本相同；本科主要分布于企业、医疗机构和其他事业单位，合计占比79.43%。

六　形势与展望

（一）面临的形势

通过不断创新登记方式、拓展登记范围，近年来青海省科技成果登记数量持续增长，取得了良好成效，但仍然面临一些问题。一是科技成果质量有待提高，仍存在片面追求论文、评价水平的问题，高质量成果所占比例不高。二是在科技成果转移转化方面，有效科技成果供给仍显不足。高校、独立科研机构和其他事业单位科技成果产业化应用比例不高，企业创新主体地位还需进一步强化。三是各地区、行业之间差距大，全省各市州登记成果数量差距极大，科技成果产出多集中在第一产业，反映出各地区、行业科技创新发展极不平衡。

（二）工作展望

一是在进一步优化登记程序确保登记数量的同时，要不断提高科技成果质量，优化科技成果构成。二是加强调研，深入筛选、挖掘优秀科技成果。三是加大科技成果转移转化力度，利用各类平台做好科技成果宣传展示，促进省内科研院所、企业与外省科创主体合作与交流，推动产学研合作，推动需求与技术精准对接，畅通科技成果向现实生产力转化的通道，促进科技合作和成果转化。

G.12
2020年青海区域创新能力建设发展报告*

摘　要： 2020年青海区域创新能力建设工作突出青海区域特点和优势，完善优化区域创新体系，深入实施西部大开发战略，深度融入长江黄河保护战略，充分发挥部省会商和科技援青机制，深化厅市（州）科技工作会商协调机制，推进兰－西城市群建设，以科技计划项目为抓手，促进科技创新要素流动，优化科技创新环境，激发创新活力，厅市（州）协同推动区域创新能力建设取得新成绩。2021年青海区域创新能力将多措并举、协同推进，对标国家创新布局和战略需求，继续深化实施科技援青和东西部科技合作，强化科技成果转化体系建设，积极整合协同区域内外创新资源，统筹区域创新主体，促进创新资源区域汇聚。

关键词： 科技创新　区域创新能力　科技成果转移　科技成果转化　青海省

区域创新是国家创新系统在地区的深化，也是贯彻落实创新驱动发展战略、践行五大新发展理念的集中体现。2020年，青海区域创新能力建设工作深入实施西部大开发战略，深度融入长江黄河保护战略，认真落实省委、省政府《保护中华水塔行动纲要（2020～2025年）》，充分发挥部省会商和

---

* 课题组成员：姚长青、王荔华、张春满、陈猛、贾琼。

科技援青机制，深化厅市（州）科技工作会商机制，深入推进兰－西城市群建设，以科技计划项目为抓手，促进科技创新要素流动，优化科技创新环境，激发创新活力，厅市（州）协同推动区域创新能力建设取得新成绩。2020年青海省在全国区域创新能力排行榜中排名第21位，较2019年上升了3个位次。

一　2020年青海区域创新能力建设重点工作开展情况

（一）助力疫情防控，服务“六稳”“六保”

发挥区域创新优势，主动作为，统筹谋划，积极助力疫情防控和“六稳”“六保”各项工作。一是根据青海省政府关于全省重点企业开复工、重大项目开复业及安全生产调研督导工作安排，协调文化、水利、交通等部门，在张黎副省长的带领下，采取面上督导和点上推动、明察与暗访相结合的方法，深入黄南州认真宣讲省委、省政府支持企业复工复产政策措施，详细了解疫情防控、人员返岗、安全生产和复工复产情况，向省政府报送第七调研督导组工作专报2期。二是根据科技部《关于科技创新支撑复工复产和经济平稳运行的若干措施》和《关于开展“百城百园”行动的通知》，青海省科技厅、财政厅和科技部成果转化与区域创新司对接后确定推荐西宁市、青海国家高新技术产业开发区、西宁国家农业科技园区开展“百城百园”行动。三是落实《关于鼓励科研项目开发科研助理岗吸纳高校毕业生就业通知》，鼓励中央引导地方科技发展资金项目、援青专项承担单位开发科研助理岗吸纳高校毕业生。四是指导省生产力促进中心开展技术合同认定登记线上培训，省内高校、研究机构、企业112人参加培训。开展技术合同认定登记线上培训2次，共计培训112人。依托微信公众号，向社会发布168项生物技术和129项盐湖化工等转让专利。

（二）强化系统谋划，推进科技援青工作

一是系统谋划科技援青工作会。制定筹备工作方案和调研方案，提出13项重点工作，细化为30项具体工作任务，并全力推动落实，为第二次科技援青工作会的顺利召开提供有力指导。二是在充分调研的基础上形成《科技援青和东西部科技合作对接落实事项及项目清单》，对接新一轮科研机构间战略合作意向12项、科技园区和科技服务机构间战略合作意向8项、共建科技创新平台意向4个、共建临床医学分中心意向3个、拟通过青海省科技援青专项支持的科技合作项目27项。围绕对接落实事项和项目清单，青海省科技厅领导带队分赴各援青合作省市对接落实新一轮合作框架协议、拟签约项目等，确保座谈会取得成效。三是协调科技部发文，推动青海国家高新区、柴达木循环经济试验区分别与江苏泰州医药高新技术产业开发区、杭州高新区合作。在此基础上，青海省科技厅主要领导带领园区相关负责同志赴泰州医药高新区和杭州高新区对接合作具体事宜。四是编制完成《“十四五”科技援青规划（初稿）》并提交科技部区域司进行对接。五是针对科技发展不平衡问题，积极对接各市（州）科技管理部门凝练重大项目，通过科技援青专项和中央财政引导地方科技发展专项资金，对玉树州、海北州、海南州等科技发展薄弱地区进行支持，实现了玉树州科研项目“破零”。

（三）建立顶层协调机制，推进兰西城市群建设

一是5月甘肃、青海两省政府签署“1+3+10”合作协议及专项领域行动计划，两省科技厅共同签署《绿色循环产业体系建设专项合作行动计划》，根据计划，两省充分发挥其科研院所、高等院校等科技优势，积极开展科技关键核心技术和前沿技术联合攻关和研究，在新兴产业技术研发、创新成果产业化、市场示范应用等方面加强合作，共同推动信息技术、新材料等新兴产业发展。二是在两省政府的高位推动下，甘、青两省科技部门积极在提升产业需求的支撑能力上下功夫，开展关键核心技术、前沿技术联合攻

关和创新成果转化，2020 年，青海省科技部门围绕生态环境保护、生物医药、特色农牧业发展等领域，支持两省科研院所、高等院校间科技合作项目 12 项，项目总经费 2015 万元，其中科技专项经费 1660 万元，较上年分别增加了 200%、619.6% 和 730%。三是积极推动海东工业园区和兰州高新区开展合作，园区间已就科技协同创新合作达成共识。经双方科技管理部门和园区对接，已达成初步合作意向。同时，围绕海东工业园区创新发展，培育高新技术企业 9 家、科技型企业 38 家，推进海东 3 家省级工程技术研究中心建设，为双方园区开展创新合作搭建了平台。四是推动技术转移服务体系建设。西宁科技大市场与兰州科技大市场签订战略合作协议，引入甘肃省科技信息资源，实现双方互联互通和资源共享，构建兰西城市群技术转移服务平台，探索技术转移转化模式。邀请兰州科技大市场参加青海省促进科技成果转化现场会，就甘肃省相关科技成果向青海省企业进行发布，并积极对接相关企业，促进科技成果落地转化。

（四）完善技术转移体系，促进科技成果转移转化

一是着力强化科技成果转化顶层设计。青海省科技厅会同青海省司法厅配合青海省人民代表大会（以下简称省人大）推进《青海省促进科技成果转化条例》立法和政策解读工作，条例经省人大十三届常委会第十七次会议表决通过，并于 2020 年 7 月 1 日颁布实施，为推动全省科技成果转化工作提供了法律保障。二是围绕省政府主要领导提出的“三个问题”，协调有关厅局开展专题调查研究，深入分析青海省科技创新优势、问题，明晰青海创新型省份建设路径，形成《青海省科技创新“三个问题”专题研究报告》，完成张黎副省长《提升科技治理能力　促进科技成果转化》报告。三是提升创新主体能力，开展“企业科技体检”。在中央引导地方科技发展资金中安排科技服务中介机构深入园区企业调研，项目对省内 100 家企业做了调研分析，形成企业诊断报告 100 份、凝练企业技术需求 511 项、促成科技合作项目 59 项、建成青海省企业技术诊断与评估平台，为企业提高生产、技术和管理水平，增强自主创新能力和市场竞争力，提供了政产学研用合作

的渠道，为管理部门制定相关政策提供了参考依据。四是强化技术转移机构建设。批复青海大学科技园成立技术合同登记处，组织对新设立的技术合同登记处进行规范化培训。推荐青海省生产力促进中心成为第二批国家级技术转移人才培训基地，支持西宁市科技大市场和相关科研机构开展科技成果对接活动，举办大型对接会2场，促成科技合作66项，合同成交额1.3亿元。五是技术市场建设成效明显。在第十届中国技术市场协会金桥奖评审中，青海省14项奖励通过评审。

（五）统筹规划，加强科技计划导向

一是组织实施中央引导地方科技发展专项。围绕青海省重大关键问题基础研究、强化科技创新支撑平台和服务体系建设、科技成果转移转化体系建设和科技惠民成果推广、优化区域科技创新环境等方面，争取中央财政资金3300万元，组织实施科技项目20项。二是落实科技援青专项。组织2020年两批科技援青专项立项工作，围绕创新资源优势互补、人才引进、成果转化落地等方面，共安排科技项目25项，总资助经费2650万元。

二　存在的问题和不足

（一）科技成果转化政策需要进一步优化

现有的科技成果转化政策还未完全落实，相关激励政策在高校和科研机构落地困难。同时，需要进一步优化科技管理体系，坚持需求导向，促进高校和科研机构与企业科技成果转化活动紧密结合。

（二）科技成果转移转化体系建设需进一步深入谋划

青海省科技成果转化的最大瓶颈在于有效科技成果供给不足、企业科技需求不清、科技成果转化服务机构发展滞后。一方面高校和科研机构不能提供面向市场需求的科技成果，另一方面企业对科技创新认识不足，需求不

清、主动研发投入不足。另外，技术服务机构专业化程度不够，缺少一批能够提供专业化、市场化的成果中试、熟化基地。

（三）区域创新工作还有差距

科技援青作为区域创新工作的重要抓手，对相关省市科技援青工作进展掌握仍显不足，不能很好地把援青合作与省市技术优势、人才队伍优势、青海省创新发展的科技需求，尤其是市州的科技需求相结合，在推动科技成果跨区域转移、承接东部地区先进成果在青海省落地转化等方面需要进一步加强。

三　发展建议

（一）科技援青和东西部科技合作工作

一是抓好第二次全国科技援青工作座谈会相关工作落实，借力全国科技创新力量解决青海问题。二是完善科技援青和东西部科技合作体制机制，以实施省级科技计划中的“科技援青专项”为重点，协调相关业务处室进一步凝练重大科技问题，积极与东部地区科技资源进行对接，推动构建以“合作共赢”为基础的新型科技合作模式。三是进一步摸清企业科技需求。结合企业技术体检报告，进一步聚焦产业和企业技术需求，鼓励省外科研机构在青设立分支机构，同时鼓励青海省相关机构在东部地区设立“科研飞地”，推动科技援青和东西部科技合作解决共性技术需求。

（二）科技成果转化体系建设工作

一是进一步强化全省科技成果转化工作的顶层设计。围绕全省科技成果转化有效供给不足、信息沟通不畅等问题，指导相关机构对接学习江苏、浙江等省技术市场建设经验，提出青海省科技成果转化平台建设方案，并推动落实。二是推动建立以市场需求为导向的科技项目形成机制改革，引导科研工作者面向市场需求开展技术创新和转移转化。三是强化科技成果转化情况年度报告制度，会同青海省财政厅组织相关机构完成2020年青海省科技成果转化年度报告。四是中介服务机构方面，进一步加强技术市场建设，推动科技成果转化中心逐步理顺职能，与省外成果转化服务机构建立新型合作模式，强化线上线下服务对接能力，促成成果转化。

（三）重大工作任务部署落实工作

围绕黄河流域生态保护与高质量发展、新一轮西部大开发形成新格局等国家重大战略和兰西城市群建设等重点工作，提前谋划，推动工作落实。一是结合兰西城市群建设，强化与甘肃省科技厅对接，重点以海东工业园区与兰州高新区共建为抓手，推动双方创新合作。二是全力支持“百城百园”行动。结合“六稳”“六保”任务，凝练2021年度中央引导资金支持方向，特别做好培育企业、吸纳就业等方面绩效任务安排。三是及时关注科技部“十四五”重大科技政策，做好与科技部区域司对接工作，推动青海省更多重点工作纳入国家战略。

G.13

2020年青海科技人才发展报告*

摘　要： 加快科技人才队伍建设，充分发挥科技人才作用是加快经济发展、推动社会进步的一项十分紧迫的工作。2020 年，青海省科技部门积极开展科技人才的引进、培养、使用等工作，以“项目 + 人才 + 平台”的人才引育模式，通过科研项目资助、科技创新平台建设、人才计划实施以及制度机制创新，不断优化科技人才发展环境，培养造就了一批国内先进学科和技术领域的带头人，带动了全省科技人才队伍建设和发展。

关键词： 科技人才　科技创新　青海省

2020 年，青海省科技管理部门以习近平新时代中国特色社会主义思想为指导，坚持党管人才原则，深入贯彻习近平总书记关于人才工作的一系列讲话、重要论述和指示精神，高度重视科技人才工作，积极推动科技人才发展环境逐步优化，科技人才队伍不断壮大，科技人才创新能力和影响力明显提升，科技人才支撑创新发展作用愈加凸显。

一　科技人才基本情况

（一）R&D 人员数量

截至 2019 年，青海省 R&D 人员达 9661 人，其中：科研机构 1182 人，

---

* 课题组成员：姚长青、叶拴劳、吴玲娜、黄晓凤、颜有奎。

企业5707人，高等学校1630人，事业单位1142人。企业R&D人员数量占比达59.07%，体现了企业的R&D活动主体地位（见表1、图1）。

表1　2016～2019年青海省科技活动人员情况

单位：人

指标名称	2016年	2017年	2018年	2019年
R&D人员	7378	9675	7814	9661
科研机构	906	1137	1167	1182
企业	3797	5924	3940	5707
高等学校	1470	1578	1565	1630
事业单位	1205	1036	1142	1142

资料来源：《青海科技统计年鉴2019》。

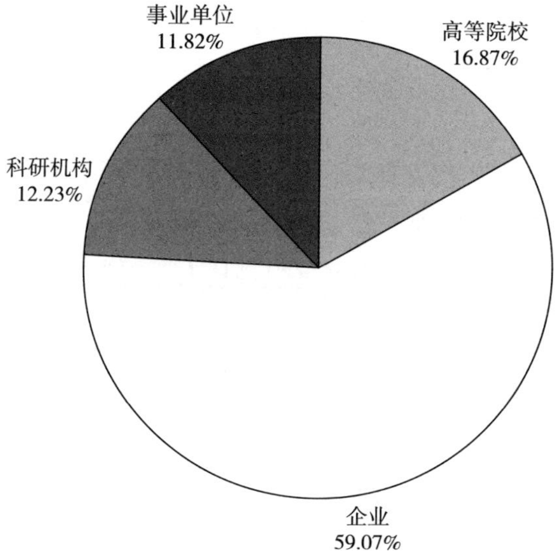

图1　R&D人员执行部门分布

资料来源：《青海科技统计年鉴2019》。

（二）R&D人员折合全时工作量（见表2）

表 2　R&D 人员折合全时工作量按执行部门分类

单位：人年

指标名称	2016 年		2017 年		2018 年		2019 年	
	R&D 折合全时		R&D 折合全时		R&D 折合全时		R&D 折合全时	
	工作量	其中:研究人员	工作量	其中:研究人员	工作量	其中:研究人员	工作量	其中:研究人员
R&D 人员折合全时工作量	4166	2323	5656	2819	4301	2300	5477	2872
科研机构	589	415	752	444	904	488	956	504
企业	2281	954	3694	1436	2176	878	3204	1385
其中:规模以上工业企业	1750	742	1799	671	1157	373	1837	758
高等学校	661	587	652	592	620	561	664	580
事业单位	635	367	558	347	601	373	653	403

资料来源：《青海科技统计年鉴 2019》。

（三）人才效能不断增强

2019 年，青海省 R&D 经费支出 20.57 亿元，比 2015 年的 11.58 亿元增长 77.63%，R&D 经费支出占 GDP 比重的 0.69%。2019 年专利申请量为 5010 件、专利授权量为 3043 件，分别是 2015 年申请量 2590 件、授权量 1217 件的 1.9 倍和 2.5 倍；每万人发明专利拥有量达到 2.71 件，比 2015 年的 1.14 件增加 1.4 倍（见表 3）。

表 3　2016～2019 年青海省科技成果变化情况

科技成果	2016 年	2017 年	2018 年	2019 年
科技成果登记数(项)	470	510	518	545
专利申请量(件)	3284	3182	4437	5010
其中:发明专利(件)	1381	949	1285	1228
专利授权量(件)	1357	1580	2664	3043
其中:发明专利(件)	271	240	295	291
每万人发明专利拥有量(件)	1.53	2.00	2.34	2.71

资料来源：2016～2019 年《青海科技统计年鉴》。

（四）人才素质略有提高

截至2019年，青海省现有中国工程院院士1人、有突出贡献的中青年专家34人、享受国务院政府特殊津贴专家662人、省级优秀专家315人、省优秀专业技术人才608人（见表4）。

表4　青海省高层次人才总体情况

单位：人

指标名称	2016年	2017年	2018年	2019年
中国工程院院士	1	1	1	1
有突出贡献的中青年专家	31	40	40	34
享受政府特殊津贴专家	634	634	662	662
省级优秀专家	285	285	315	315
省级优秀人才	528	568	568	608

资料来源：《青海科技统计年鉴2019》。

二　科技人才工作进展

（一）贯彻全省人才工作部署，保障科技人才优先发展

1. 坚持党管人才，树立强烈的人才意识

习近平总书记指出“要坚持党管人才原则，聚天下英才而用之，加快建设人才强国”“要树立强烈的人才意识，做好团结、引领、服务工作，真诚关心人才、爱护人才、成就人才”。坚持党对人才工作的领导，不断提升科技人才为青海省创新驱动发展提供有力支撑的政治站位和行动自觉。牢固树立人才工作责任意识、使命意识、服务意识，围绕“育才”“养才”“用才”把握好科技人才工作、科技人才队伍建设的方法和方向。在平时工作中，密切配合党委组织部门，统筹科技资源，推进各项人才工作创新发展。

2. 坚持“一把手”抓人才，确保人才工作落到实处

把科技人才工作作为“一把手”工程，厅党组书记、厅长作为科技人

才工作第一责任人，充分发挥省科技厅人才工作领导小组统筹推进作用，在每月厅务会议上，“一把手”主动听取汇报，亲自部署和督促年度工作进展，解决科技人才工作中存在的突出问题。高度重视人才工作，形成“一把手”抓全盘、分管领导抓具体的长效机制，配备专职人员从事科技人才管理和服务工作，及时保障人才工作经费，做到重大人才事项经由主管厅领导组织召开专题会审议后，报厅务会、厅长办公会审定。全年召开人才工作专题会议2次。

3. 重视人才工作，认真谋划科技人才工作发展方向

深刻领会“人才是创新第一资源”的思想内涵和精神实质，切实增强做好科技人才工作的责任感和使命感。一是根据《青海省人才工作领导小组2020年工作要点》，青海省科技厅结合工作实际，制定印发了《青海省科学技术厅2020年科技人才工作要点》，明确了各部门责任分工，把科技人才发展作为主要工作任务来落实，取得了良好的效果。二是为整改好、落实好人才政策落实情况督查问题，制定印发了《青海省科学技术厅贯彻落实全省人才政策落实情况督查问题整改实施方案》，细化分解了工作任务，明确了整改内容和责任主体。各相关处室单位安排工作任务分工，凝心聚力，不折不扣地完成各项整改任务。

（二）推进科技制度改革，激发科研人员创新创造活力

推动科技体制机制改革向纵深发展。完善科技人员成果转化激励机制，积极推进《青海省促进科技成果转化条例》立法工作，条例已正式出台，自2020年7月1日起施行。以省委办公厅和省政府办公厅名义出台了《青海省科学成果奖励办法》（青办发〔2020〕30号）；为充分发挥省内外高层次科技专家的战略咨询和智力支撑作用，以省政府名义印发了《关于印发青海省人民政府科技顾问聘任办法（暂行）通知》（青政〔2020〕35号），经省政府同意，聘请王浩等7名院士为首批省政府科技顾问；为充分释放科研人员创新创造活力，以省委办公厅和省政府办公厅名义出台了《青海省关于优化科技创新体系提升科技创新供给能力的若干政策措施》（青办字

〔2020〕76号），制定的十八条务实举措引领全省科技创新高质量发展；为充分发挥科技创新在应对突发疫情防控重点重要支撑作用，鼓励科技力量勇于担当作为，关心关爱一线科技工作者，印发了《关于加强新冠肺炎疫情防控科技支撑九项举措的通知》（青科发政〔2020〕17号），启动并组织实施7个应急科研专项，支持经费400万元，打破常规采取“包干制”试点。修订印发了《青海省科技型企业认定管理办法》《青海省众创空间认定管理办法》《青海省科技企业孵化器认定管理办法》，制定出台《青海省科技企业孵化器和众创空间绩效评价细则（试行）》《青海省科技创新券管理办法》。

（三）依托科技项目支持，提升人才创新创业能力

进一步发挥科研项目在培养基础研究人才方面的作用。2020年共资助入选“青海省高端创新创业人才”计划和省自然科学与工程技术学科带头人的高层次人才及青年博士、创新团队等75项，资助经费3310万元；组织实施“西部之光”人才培养计划，征集推荐2020年度“西部之光”项目立项10项，资助经费160万元；加强对外合作交流，推动合作共赢，2020年实施省级科技合作项目11项，资助经费620万元。通过省级重大专项、重点研发、基础研究等科技计划项目支持，培养具有创新意识、创新能力的各类科技人才和团队，2020年共组织实施新开科技计划项目349项，安排省级财政科技专项资金46461万元。

（四）加强创新平台建设，搭建科技人才创新创业平台

强化科技创新主体和载体建设，促进人才在实践中成长。支持“省部共建三江源生态与高原农牧业国家重点实验室”建设，2020年支持建设运行经费600万元，通过各类计划项目支持科研经费1823万元。持续推进省部共建藏语智能信息处理及应用国家重点实验室建设；完成先进储能技术国家重点实验室组建方案；黄河上游生态保护与高质量发展实验室正式揭牌。修订《青海省重点实验室建设与运行管理办法》《青海省重点实验室评估办

法》，2020 年新认定省级重点实验室 7 家、联合重点实验室 2 家。新认定高新技术企业 38 家、重新认定 28 家。4 家省级众创空间获国家备案，纳入国家级科技企业孵化器管理体系。

（五）实施各类人才计划，促进科技人才队伍发展壮大

人才计划与工程是培养、支持和凝聚人才的重要抓手。2020 年，推荐青海省 17 名优秀创新创业人员参加国家级人才计划选拔。完成“青海学者”初选和补选工作，向青海省人社厅推荐“青海学者”初选人选 14 名。向省委组织部推荐“青海省高端创新创业人才”引进培养人才 52 人、团队 3 个。组织选拔科技创新领军人才 7 名、科技创业领军人才 1 名、科技创新创业团队 9 个，共资助人才经费 670 万元。持续实施“三区”人才计划科技人员专项，积极开展科技特派员专项工作，实现 696 个贫困村科技特派员覆盖，选派 1000 名“三区”人才深入基层开展科技服务，举办培训班 3 期、培训 257 人。借助“智汇三江源 · 助力新青海”人才项目洽谈会平台，与省外高校、科研院所、企业建立合作关系，本着精准、实用的原则，引进中高层次人才 9 名，着力解决青海省转制科研院所专业人才急需短缺问题。

（六）立足青海实际，稳步开展引才引智工作

根据青海省经济社会发展需要，通过“走出去”和“引进来”相结合的方式，稳步开展青海省引才引智工作。一是深入青海大学、青海师范大学等单位开展 2020 年引智项目和出国（境）培训项目需求及必要性调研，为做好引才引智工作打好基础。二是按照国家安排部署，分别下达 2020 年国家引智项目申报指南和出国（境）培训项目指南，组织各有关单位做好项目申报及审核推荐工作，经认真审核，向科技部（国家外专局）申报引智项目 20 项、出国（境）培训项目 33 项。截至 2020 年底，国家批复青海省引智项目 7 项，支持高等学校学科创新引智计划（“111”计划）2 个，资助经费 221 万元。三是召开外国专家迎新春座谈会，通过听取在岗外国专家及技术人员的意见建议，进一步提高工作水平。四是切

实落实外国人来华工作许可制度，简化办理流程，压缩办理时间，提供优质高效服务。

（七）优化人才评价体系，科学设置评价标准

改革科技人才分类评价，破除“四唯”倾向。2020 年，制定出台了《青海省深化自然科学研究人员职称制度改革实施方案》《青海省自然科学研究（含实验）系列专业技术职务任职资格评审条件（试行）》，开通绿色通道，对长期在艰苦边远地区、野外台站和基层一线工作的自然科学研究人员，侧重考察其实际工作业绩，放宽学历、论文等要求。并完成了 2019 年度和 2020 年度科研系列职称审核评审工作。起草了《青海省科技人才分类评价实施方案》，对主要从事基础研究的人员、从事应用研究和技术开发与推广的人员、从事科技咨询的人员，分类建立健全涵盖品德、知识、能力、业绩和贡献等要素，科学合理、各有侧重的人才评价标准，现正在征求意见中。

（八）倡导科学精神，营造良好的创新社会环境

扎实有效地做好青海省科技厅党组联系服务专家工作，及时印发《关于厅领导联系服务专家工作的通知》，明确了重点服务事项、联系服务方式和具体工作要求。第四个全国科技工作者日之际，厅党组成员、副厅长苏海红陪同张黎副省长看望慰问了王体虎、马成俊等全省优秀科技工作者代表并进行了座谈交流。省科技厅莫重明厅长看望了吴天一院士并进行了座谈。组织召开了党组成员联系厅系统专家座谈会，明确了 5 名厅党组成员每人联系服务 2 名厅系统专家人才，帮助科研人员协调解决实际困难。加强科研诚信建设，营造良好的学术生态，落实《青海省省级科技计划科研诚信管理办法》，完善“一处失信，处处受限”的联合奖惩体系，依规开出青海省科研失信行为首张“罚单”，营造风清气正的科研创新环境。

三　2021年科技人才工作建议

（一）强化创新平台建设，打造青海战略科技人才队伍

围绕全省经济社会发展重大需求，瞄准生态环保、特色产业等领域强化创新人才队伍建设，切实发挥国家重点实验室聚才作用，积极支持藏药新药开发、藏语智能信息处理及应用国家重点实验室、黄河上游生态保护和高质量发展重点实验室建设，加快推进先进储能技术国家重点实验室和牦牛国家技术创新中心筹建，鼓励支持科研人员积极参与重大专项和创新性基础研究等科技计划项目，持续实施“项目＋人才＋平台”的人才培养模式，以项目引才，以平台聚才。

（二）拓展创新合作交流，吸引国内外优秀人才为青海服务

深入开展科技援青和东西部科技交流，进一步强化省院合作，高质量推进“西部之光”计划，继续实施国际合作项目引才引智，利用国内国际双循环相互促进的新发展格局，推动国内外高层次人才向青海聚集，开展项目合作和联合攻关，解决制约青海高质量发展的“卡脖子”技术问题。

（三）继续深化“放管服”改革，激发科技人员的积极性和创造性

持续开展减轻科研人员负担、激发创新活力专项行动，全面落实科技创新体系和人才政策措施，优化配置科技资源，开展基于信任的“帅才科学家”负责制、“揭榜挂帅”改革试点，扩大经费“包干制”试点。完善科研项目资金的管理监督办法，落实科研机构和科研人员经费管理自主权，多措并举打通政策落实“最后一公里”。

（四）切实加强作风学风建设，打造良好的科技创新生态

持续推动科研诚信体系建设，强化内控外防监督，以“零容忍”态度

整治学术不端行为，充分发挥舆论导向作用，大力宣传先进典型，弘扬科学家精神，让对青海做出贡献的科技工作者得到社会充分认可和尊重。

（五）多措并举形成合力，推动科技人才创新发展

搭建“科技人才管理信息系统服务平台”，为科技人才引进、选拔、管理和协作提供支撑。进一步深化创新能力、质量、实效和贡献评价导向的科技人才分类评价标准制度改革，吸引、凝聚、培养更多具有重大技术创新能力的领军人才、青年英才和创新团队，为实施“一优两高”战略、保护地球“第三极”、强化“四种经济形态”引领和建设“五个示范省”提供强有力的智力支撑。

G.14

2020年青海省第二次青藏高原综合科学考察研究工作报告*

摘　要： 2020年，青海省科技部门认真贯彻落实国务院青藏高原综合科学考察研究领导小组工作部署，把保障好、服务好、推动好青藏科考作为重大政治任务和义不容辞的责任，做到对"国之大者"心中有数。青海省主动融入国家战略，积极争当科考"参与者"；认真履行副组长单位职责，主动当好科考"推动者"；发挥青藏科考主场优势，认真做好科考"服务者"。推动形成一批"用得上、有影响、留得下"的重大科考成果，为守护好世界上最后一方净土、建设美丽的青藏高原做出青海贡献。

关键词： 青藏科考　服务保障　科考基地　青海省

为深入贯彻习近平总书记关于第二次青藏高原综合科学考察研究（以下简称"第二次青藏科考"）贺信精神，全面落实国务院第二次青藏科考领导小组安排部署，在省委、省政府的高度重视下，青海省主动融入国家战略，积极展现青海担当，全面履行国务院第二次青藏科考领导小组副组长单位职责，全力推进第二次青藏科考各项工作并取得显著阶段性成效。

---

* 课题组成员：许淳、张银廷、马本元、李长臻、王建德、魏瑜杰。

一　提高站位，主动服务国家战略

第二次青藏科考启动以来，青海省围绕实施“一优两高”战略、统筹“五个示范省”建设、强化“四种经济形态”引领，以服务和保障好第二次青藏科考工作为重点，全面参与并协同推进第二次青藏科考工作，切实把国家重大战略机遇转化为青海省高质量发展的优势和成果。

（一）领导高度重视

党中央、国务院和青海省委、省政府领导高度重视第二次青藏科考工作。一是刘鹤副总理与青海省科考队员进行视频连线互动。8 月 23 日，在全国科技活动周启动仪式上，中央政治局委员、国务院副总理、第二次青藏科考领导小组组长刘鹤分别与参加第二次青藏科考的西藏、青海科考队员进行视频连线互动，详细询问科考工作进展情况，并向科考队表示诚挚问候和热烈祝贺。二是召开省第二次青藏科考领导小组会议。3 月 26 日，青海省组织第二次青藏科考领导小组单位及有关部门，深入学习习近平总书记致第二次青藏高原综合科学考察研究队贺信精神，传达落实科技部王志刚部长、中科院白春礼院长对青海省会议的批示要求和第二次青藏科考研究队姚檀栋队长的意见及要求，会议总结 2019 年度青海省第二次青藏科考进展情况，并研究部署下一步重点工作。三是省领导多次看望慰问科考队员。1 月 23 日，刘宁省长和张黎副省长在春节前夕专程赴中科院西北高原生物研究所、青海盐湖研究所调研第二次青藏科考工作并看望慰问科考人员，与科考人员进行座谈交流。10 月 24 日，张黎副省长深入果洛州黄河源地区看望慰问科考队员并视察指导冰川科考活动。

（二）强化组织保障

为发挥第二次青藏科考领导小组作用，推动各部门协作配合，全面服务保障第二次青藏科考。一是及时召开第二次青藏科考领导小组办公室会议。

5月22日，省第二次青藏科考领导小组办公室组织成员单位、科研院校专家学者，传达学习省第二次青藏科考领导小组会议精神，听取了领导小组各成员单位的需求建议，会议围绕青海省生态安全屏障、绿色发展体系、国家公园示范省建设等重点工作，征集梳理青海省科考需求及建议，并向国家科考办进行反馈争取全面参与。二是开展青海省科考成果转化调研。4月17日，刘宁省长和张黎副省长专程赴青海师范大学调研科考工作，围绕推进青藏科考大数据中心、服务保障基地、成果转化示范基地建设等，要求切实提高科考效能、服务质量和保障水平，加快科考攻关与成果转化，助推青海省生态文明建设和经济社会发展。三是省政府组织专题会议研究推进科考工作。4月22日，张黎副省长组织有关单位召开科考专题会，围绕落实青海省科考成果转化工作并研究青海省数据资源汇交利用，要求推进科考综合服务信息系统建设，讨论并通过《青海省服务第二次青藏高原综合科学考察研究数据资源共享管理办法》。

（三）积极融入国家战略

为积极推动青海省融入国家战略，全面推动第二次青藏科考在青海省顺利实施。一是省政府领导多次对接国家部委，张黎副省长先后于8月28日、11月25日多次带队赴科技部及中科院等国家部委，向第二次青藏科考队队长姚檀栋院士及国家科考办等部门负责人汇报对接，就相关青海省科考重点工作进行交流座谈，姚檀栋院士及相关部委负责人高度肯定青海省科考工作，并就共同推进青藏科考数据中心、青藏科考野外基地建设、科考成果转移转化等工作形成共识。二是举办国家青藏高原数据中心青海分中心签约仪式。11月24日，由中国科学院青藏高原研究所、青海省科学技术厅、青海师范大学在北京签订《共建国家青藏高原科学数据中心青海分中心战略合作协议》，张黎副省长和中科院青藏高原研究所所长陈发虎院士、学术副所长丁林院士以及科技部等部门领导共同出席了签约仪式。三是科技部指导推动青海省科考工作。5月8日，科技部战略规划司围绕推进青海省第二次青藏科考工作，组织国家科技基础条件平台中心等单位，与青海省科技厅召开第二次青藏科考专题工作视频座谈会，研究对接青藏科考野外基地、成果转化基地等重点建设工作，并对青海省推进青藏科考工作、服务地方发展等方面提出了相关建议和意见。四是开展第二次青藏科考任务专题调研。10 月 9 日，科技部及国家科考办相关负责同志围绕“生态系统与生态安全”科考任务的成果转化应用，专程赴青海省玉树州巴塘、隆宝等地开展实地调研；12 月 17 日，科技部战略规划司与国家科技基础条件平台中心相关负责同志，来青海省实地调研第二次青藏科考任务专题承担单位工作开展情况，并分别同中科院西北高原生物研究所、青海盐湖研究所及青海师范大学科考人员进行座谈交流。

二 主动作为，积极履行青海责任

为全面落实省委、省政府关于推进第二次青藏科考的具体工作部署，全力服务保障第二次青藏科考工作，协同推动第二次青藏科考各项工作在青海的顺利实施，青海省围绕推进实施“一优两高”战略，积极谋划、主动作为，全力推进第二次青藏科考工作在青海省顺利开展并取得重要阶段性成果。

（一）开发建设第二次青藏高原综合科考服务保障系统

为实现数据最大共享、有效提升科考管理效能与水平，系统设置科考服务系统 web 端、移动端（App）、在线青藏科考信息存储管理、青藏科考数据中心等模块，提供了科考一张图、科考新闻、信息发布、数据产品定制等个性化业务管理和服务功能，按照《青海省服务第二次青藏高原综合科学考察研究数据资源共享管理办法》，实现青藏高原科学数据最大共享，有效提升科考服务效能与管理水平。第二次青藏高原综合科考服务保障系统已完成与国家青藏科考信息平台对接，并经国家科考办同意已链接至国家科学数据中心服务器开始上线运行使用（http：//service. step. ac. cn）。

（二）推进国家青藏高原科学数据中心青海分中心建设

为全面推动青藏高原科学数据资源共享，推动科学数据领域的科研合作，全面服务第二次青藏科考，按照国家青藏高原科学数据中心与青海省签订的《共建国家青藏高原科学数据中心青海分中心战略合作协议》要求，围绕青藏高原科学数据的收集、汇交、存储、管理、集成、挖掘、分析、共享服务和国际合作，国家数据中心和青海分中心已经建立数据传输通道，开始传输共享国家数据中心的数据资源。同时，国家青藏高原科学数据中心平台专门开辟青海省数据资源专题，青海省相关科学数据也开始同步汇交上传。

（三）谋划建设青藏科考青海野外综合基地

为充分发挥青海省在第二次青藏科考中的地理交通区位优势，在青海省前期协调对接的基础上，经与国家科考办、中科院青藏高原研究所和西北高原生物研究所等部门沟通协商，青海省拟在海西州格尔木市重点围绕可可西里、昆仑山、青海湖、祁连山国家公园等生态体系，建设格尔木生态野外综合科考基地；拟在果洛州重点围绕河源冰川－湖泊自然公园生态体系，建设果洛河源野外综合科考基地；拟在玉树州重点围绕江源冰冻圈－水－草地生态体系，建设玉树江源野外综合科考基地。现已初步达成共识并已制定基地建设方案，计划在青海省打造集科考服务保障、野外长期观测、科学教育普及、服务地方发展、对外合作交流等功能于一体的综合性野外科考基地。

（四）积极推进青藏科考成果转移转化

为充分发挥“中科院三江源国家公园研究院”“高原科学与可持续发展研究院”等科研与转化平台作用，青海省不断强化服务保障能力，利用技术、人才、资本、服务创新资源深度融合与优化配置，通过持续支持“青海生态环境价值评估及大生态产业发展综合研究”等专项研究转化工作，积极服务青海省生态文明建设和绿色可持续发展。同时，青海省结合第二次青藏科考及时设立青海省第二次青藏科考成果转化等科技计划专项，组织省内外高水平大专院所和科研力量，积极参与承接科考成果转化，加快构建青藏科考成果转移转化体系。

（五）全力保障科考取得多项成果

2020 年青海省科技厅组织推动了三江源、可可西里地区等多次科考，特别是第二次青藏科考队长姚檀栋院士团队开展的三江源冰川科考，在海拔 6000 米黄河源区的阿尼玛卿和海拔 5500 米澜沧江源区的昂瓜冰川，分别成功钻取长度 170 米、93 米高质量山地透底冰芯，首次在北纬 35°发现海洋性冰川，填补多项科研空白；中科院西北高原生物研究所首次利用直升机搭载远红外、激光雷达等设备，对可可西里地区 3000 平方公里区域全面开展了有蹄类野生动物、草地生态、微生物以及地形地貌等综合科考，获得藏原羚、岩羊、雪豹等珍贵生物基因样本以及大量高清科学影像等第一手资料。

（六）主动开展科考各项服务工作

按照青藏科考野外安全管理办法，青海省及时主动跟进、积极对接，全方位、全过程提供各类科考服务保障。先后为中科院、北京师范大学、兰州大学以及青海省相关科研院校等省内外 100 余批（次）1500 余名科考队员提供了相关服务，有力保障了第二次青藏科考任务在青海省顺利推进。同时，组织召开全国科考项目管理培训会，为进一步提升第二次青藏科考项目专业化管理水平，12 月 17 日，青海省受国家科考办委托在西宁举办全国第二次青藏科考项目管理培训会，围绕青藏科考项目管理分别开展国家科技计划专项预算与资金使用、青藏科考数据管理汇交、科研项目档案管理与实践、科技报告制度与撰写规范等培训，近 100 名人员通过线上、线下形式参加了培训。

三　落实部署，全力保障青藏科考

为深入落实国务院第二次青藏科考领导小组第二次会议部署和省委、省政府的工作要求，青海省将加强与科技部、中科院沟通衔接，全力为第二次青藏科考提供全方位支持和保障，持续做好第二次青藏科考服务保障、推进青藏科考野外基地建设及完善科考信息系统等各项工作。

（一）围绕青藏科考支撑推进青海省深度融入国家战略

一是积极履行国家第二次青藏科考领导小组副组长单位职责，围绕青海省主动参与第二次青藏科考，为筑牢生态安全屏障和国家公园示范省建设服务，支撑青海省深度融入国家战略。二是重点聚焦水、生态、人类活动，积极凝练青藏高原环境变化、生态保护与资源承载力等重大科学问题，做好相关研究并提出系统性的应对方案和工程举措。三是围绕亚洲水塔保护、生态安全屏障、资源保护利用、区域绿色发展等领域，以及打造青藏高原生态文明高地青海行动方案，结合青藏科考加大相关方面的研究，及时谋划和凝练一批重大工程、重大项目及重大建议，并将相关青海省绿色发展的重大工程项目纳入国家战略，支撑推动青海省形成生态系统保护修复、高质量绿色发展模式。

（二）积极推进青藏科考综合服务平台建设

一是按照“立足青藏高原、摸清本底数据、服务地方发展”原则，积极推进与国家青藏高原科学数据中心的互联互通、资源集成与共建共享，围绕支撑和服务第二次青藏科考工作，助力青海省实施“一优两高”战略、服务青藏高原绿色可持续发展。二是加快建设专业化、系统化、集成化、标准化、实用化的青藏高原科学数据青海分中心，完善数据集成、资源共享、科学研究、模型分析、预测应用、咨询决策、服务发展等功能，为服务国家重大战略和推动青藏高原绿色可持续发展提供决策咨询。三是按照《国家青藏高原科学大数据中心青海分中心战略合作框架协议》积极推进并争取挂牌运行，围绕构建模型青藏高原实现对青藏高原多分辨率、多要素、多尺度、多过程的三维描述，全面提升青海省服务第二次青藏科考能力和支撑经济社会高质量发展的水平。

（三）着力推动青藏科考野外综合基地建设

一是格尔木科考基地在前期与中科院西北高原生物研究所对接的基础上，按照重点辐射柴达木盆地、青海湖流域、祁连山国家公园等生态区域的布局，加大与格尔木市政府的协调对接力度，积极推进基地前期工程建设。二是三江源科考基地继续加强与中科院青藏高原研究所以及果洛州政府、玉树州政府的对接，围绕辐射长江源区、黄河源区、澜沧江源区“一地三站”规划布局，尽快优化完善《第二次青藏高原综合科学考察研究青海基地建设方案》并积极推进果洛、玉树基地建设工作。三是围绕打造第二次青藏科考服务保障和成果转化的窗口和平台，推动打造集青藏科考服务保障、生态监测、科学研究、科普教育、成果展示、服务地方功能于一体的野外综合科考基地，并积极争取国家部委的进一步支持，力争将青藏野外综合科考基地建设成为青海省深入融入和支撑国家战略的重要突破点和着力点。

（四）积极谋划推进科考成果转移转化

一是坚持需求导向、目标导向，围绕青海省产业特点和重点领域，及时发掘科考成果与青海省生态保护、经济发展和民生改善的结合点，摸清阶段性科考成果和青海省地方问题需求。二是加强与第二次青藏科考十大任务单位的交流沟通，通过联合科考队与青海省相关单位召开专题研讨会、座谈等形式，进一步掌握科考成果及资源，做好科考成果承接及转移转化，加强科考成果集成创新和落地应用。三是结合环境变化、绿色发展、灾害风险等方面的突出瓶颈制约问题，会同地方一同开展专题调研，全面梳理摸查青海省生态保护、产业发展等方面的问题和需求，围绕成果、人才、服务等资源的融合与对接，及时建立与省外相关院所的科研合作与交流机制，形成纵向互动、横向联合的成果转化模式。

（五）深化与科考任务专题团队的合作交流

以第二次青藏科考为契机，一是依托青海省科研院所和大专院校联合相关省区的科研力量，不断加强与行业部门和高等院校的协同合作，特别是围绕青藏高速公路、国家公园、冰川冻土、生态保护、绿色发展等领域，进一步加强和参与青藏科考任务专题团队开展跨区域、跨部门、跨学科的深入合作交流，力争推动形成一批“用得上、有影响、留得下”的重大科考成果。二是发挥第二次青藏科考在集成优势、集聚资源、优势互补上的效应，争取国家团队在平台建设、项目合作、学科交流等方面给予青海省支持和帮助。三是依托第二次青藏科考与青藏科考十大任务承担单位开展人才培养、学术论坛、培训交流等形式，为青海省储备和建设一支高水平研究青藏高原的科技人才队伍。

四 2021年工作展望

2021年，青海省将加强同科技部、中科院的沟通衔接，在全力为第二次青藏科考提供全方位支持和保障的同时，围绕青海省实施“一优两高”战略，着眼科考成果转化，谋划重大科技工程和项目，支撑推动青海省生态保护和绿色发展，主要考虑推进以下重点工作。

（一）推进青藏高原科学大数据中心青海分中心建设

按照“立足青藏、优势互补、共建共享、服务发展”的原则，围绕支撑保障第二次青藏科考工作、助力青海省实施“一优两高”战略、服务青藏高原绿色可持续发展三个层面，通过开放共享、协同合作的方式，积极推进与国家青藏高原科学数据中心的互联互通、资源集成与共建共享，全面提升青海省服务第二次青藏科考能力和支撑经济社会高质量发展的水平。

（二）推动青藏科考野外综合基地建设

积极加大与中科院青藏高原研究所、中科院西北高原生物研究所、海西州政府等部门的协调对接力度，围绕科考成果展示、数据共享、科普教育、生态监测和综合服务等要素功能，编制《第二次青藏高原综合科学考察研究青海基地建设方案》，积极对接科技部和中科院等国家部委并争取资金、政策、人才等方面的支持，力争将青藏科考野外基地建设成为青海省深入融入和支撑国家战略的重要着力点。

（三）积极谋划推进科考成果转移转化

在摸清阶段性科考成果和青海省地方问题需求的前提下，一方面，加强与青藏科考十大任务单位的交流沟通，通过联合科考队与青海省相关单位召开专题研讨会、座谈等形式，进一步掌握科考成果及资源；另一方面，会同地方一同开展专题调研，全年梳理摸查青海省生态保护、产业发展等方面的问题和需求，围绕成果、人才、服务等资源的融合与对接，及时建立与省外相关院所的科研合作与交流机制，形成纵向互动、横向联合的成果转化模式。同时，紧盯青藏科考新技术、新手段、新发现、新成果，全方位、全过程地开展青藏科考系列报道，不断加大青海省科考工作的宣传力度。

Contents

Ⅰ General Report

Abstract: in 2020, Qinghai science and technology department adhere to Xi Jinping Thought on Socialism with Chinese Characteristics for a New Era as guidance, surrounding major decision deployment of provincial committee and the further implement the strategy of innovation driven development, continuing to deepen reform of science and technology innovation system and mechanism and promote scientific and technological innovation and economic and social development depth fusion, the provincial science and technology innovation work has made positive progress. After five year's efforts, the "13th Five-Year" scientific and technological innovation work successfully concluded, the province's scientific and technological undertakings sustained and healthy development, scientific and technological innovation ability to achieve overall improvement. In 2021, based on the new development stage, implement the new development concept and integrate into the new development pattern, provincial science and technology work will start the new journey of the construction of innovative province in the "14th Five-year plan". The key work is: adhere to the guidance of strategic

① Research group members: Mo Chongming, Su Haihong, Xu Chun, Zhang Yinting, Yao Changqing, Miao Xichun, Du Shuai planning, fully implement the construction strategy of innovative province; Actively integrate into the new development pattern, build Qinghai strategic scientific and technological force; We will strengthen basic research and applied basic research, and enhance our capacity and potential for innovation. We will strengthen the dominant position of enterprises in technological innovation and create an integrated ecosystem of production, education, research and application. We will fight a critical battle against key and core technologies and guide the high-quality development of key industries and increase the supply of science and technology to ensure people's health and well-being. We will comprehensively deepen the reform of the science and technology system and improve the innovation system and organizational system. We are going to build a team of high-level scientific and technological professionals and a high-level innovation ecosystem. Expanding science and technology assistance to Qinghai and cooperation between east and west, accelerating the gathering of innovative resources to Qinghai; Strengthen the construction of style of study and create a good atmosphere for scientific and technological innovation.

Keywords: Qinghai science and technology; Innovation development; Science and Technology System Mechanism

Abstract: In 2020, Qinghai science and technology department strengthen the top-level design, with a spirit of reform to promote innovation, deepen the reform in innovative way, around the innovation-driven development strategy,

① Research group members: Su Haihong, Qu Wenrong, Zhao Changjian, Zhao Yilian, Yan Youkui, Duo Jiecuo, Yu Cheng, Li Bing, Yang Can, Peng Wenbo, Sun Yanli, Fu Linlin enhance key laboratory and engineering technology research center, clinical medical research center, and other kinds of basic sci-tech condition platform of science and technology innovation platform construction, reinforce the introduction and training of innovative talents of science and technology, We have accelerated the construction of an innovation-oriented province, and constantly strengthened the construction of a scientific and technological innovation system with Qinghai's characteristics, with enterprises as the main body, the market as the guidance, and the deep integration of enterprises, universities and research institutes. The vitality and capacity of scientific and technological innovation subjects have continued to increase.

Keywords: Science and Technology System Reform:; Science and Technology Innovation System; Qinghai Province

Ⅱ Sub-report

Abstract: The year of 2020 is a year for consolidating the fight against poverty. It is also a crucial year for reviewing the 13th Five-Year Plan and laying the foundation for a smooth start to the 14th Five-Year Plan. Around strengthen poverty engines agricultural rural science and technology work, implement the strategy of rejuvenating the country, strive to promote "a optimal projects" strategy, to create organic livestock products demonstration provinces as the goal, to the plateau characteristics of modern ecological agriculture industrialization and mass transfer efficiency as the key point, strictly implement the "four pick" requirement, strengthen promote poverty alleviation works of science and technology achievements; Centering on the improvement of agricultural and

① Research group members: Xu Chun, Wang Jieyuan, Yang Jun, Chang Lina, Lei Mengtong, Gui Lijuan animal husbandry science and technology innovation ability, organize and implement science and technology projects to help the green development of provincial characteristic agricultural and animal husbandry industry; Plan the layout in advance, speed up the construction of the "14th Five-Year plan" major projects, closely around the rural revitalization strategy, green organic agricultural and livestock products demonstration province construction goal, further strengthen the integration of agricultural science and technology chain, innovation chain, industry chain layout, for the 14th five-year plan for Qinghai province's agricultural and animal husbandry science and technology innovation to lay a foundation.

Keywords: Scientific and Technological Rural Revitalization Agricultural; Qinghai Province

G.4 Qinghai Science and Technology Supported Social Development Report 2020① / 065

Abstract: Guided by Xi Jinping Thought on Socialism with Chinese Characteristics for a New Era, Qinghai scientific and technological work for social development in 2020 will thoroughly implement the innovation-driven development strategy, based on the new stage of development, adhere to the new development concept, thoroughly fulfill the major requirements of "four solid steps", and continuously promote the "one excellent and two high standards". We worked together to solve key scientific and technological problems in the areas of ecological environment, bio-medicine, public security, and improvement of people's livelihood, and achieved remarkable results. 2021 is the first year of "the 14th Five-Year Plan" and social development of Qinghai science and technology will work to foster "four kind of economic form", to create "five demonstration

① Research group members: Su Haihong, Zhang Yan, Qiao Shunlu, Liu Shiming, Wang Xingfang province" as the guidance, promoting the construction of ecological civilization system support the characteristic of biological industry of science and technology quality, increase efficiency, the solid safeguard and improve people's livelihood in order to contribute scientific and technological construction of a beautiful, wealthy, healthy and safe new Qinghai.

Keywords: Scientific and Technological Innovation; Ecological Civilization; Biological Industry; People's Livelihood Improvement

Abstract: In 2020, Qinghai scientific and technological cooperation solved the "bottleneck" problem restricting economic and social development as the starting point, enlarged the cooperation areas, innovate the cooperation mode, improved the cooperation quality, and constantly expanded the external influence, and the channels of scientific and technological cooperation and exchange. Through the combination of "going global" and "bringing in", We will steadily carry out the work of attracting talents and wisdom to Qinghai Province. Actively doing a good job in the 21st "Youth Investment and Investment Meeting" during the science and technology work, six tasks are successfully completed; Adhering to the principle of "facing the public" and "leading and demonstrating", the popularization of science has been carried out extensively. Qinghai science and technology cooperation and exchange has made new progress.

Keywords: International Cooperation, Introduction of Wisdom and Talents, Provincial Cooperation, Qinghai Province

① Research group members: Yao Changqing, Ye Shuanlao, Wu Lingna, Huang Xiaofeng, Yan Youkui

G.6 Qinghai Mass Entrepreneurship and Innovation Development Report 2020[①] / 087

Abstract: In 2020, Qinghai province continued to promote mass entrepreneurship and innovation. The policy environment was continuously optimized, service capacity was continuously improved, main body vitality was continuously unleashed, and the social atmosphere of mass entrepreneurship and innovation was continuously warming up, and remarkable results were achieved. However, at the same time, there are still problems such as insufficient integrated development of large and medium-sized enterprises and incomplete whole-chain incubation services. Continuous efforts should be made to strengthen the integration of innovation and entrepreneurship resources, improve the ability of professional incubation services and improve the incentive mechanism for innovative talents to promote high-quality development of innovation and entrepreneurship.

Keywords: Mass Entrepreneurship; Mass Innovation; Incubation Service; Subject Cultivation

G.7 Qinghai Science and Technology Enterprise Development Report in 2020[②] / 108

Abstract: In recent years, Qinghai province has attached great importance to scientific and technological innovation and taken innovation as the primary driving force for development. With the concerted efforts of the whole province,

---

① Research group members: Xu Chun, Li Yan, Zhao Yilian, Gao Yafeng, Zhang Huifang, Fan Xinshan, Mi Jie, Peng Wenbo, Yang Fa, Zhu Hong, Zhou Chenglu, Shen Liling, Liu Hong, Wang Li

② Research group members: Xu Chun, Li Yan, Zhao Yilian, Gao Yafeng, Zhang Huifang, Fan Xinshan, Mi Jie, Zhang Junjian, Yang Can, Peng Wenbo, Ma Minglan scientific and technological undertakings in Qinghai province have made great progress. As the most innovative and dynamic enterprise group in the province, high-tech enterprises play an important role in implementing the innovation-driven development strategy, building a modern industrial system and promoting the high-quality development of economic life. As an effective means to encourage and promote the scientific and technological innovation ability of small and medium-sized enterprises, as a backup force to cultivate high-tech enterprises, scientific and technological enterprises play a positive role in fostering and expanding the main body of scientific and technological innovation in Qinghai Province. By the end of 2020, the number of high-tech enterprises in the province has reached 218, and the number of technology-based enterprises has reached 457, fulfilling the "double" target set by the provincial Party Committee and the provincial government during the 13th Five-Year Plan period.

Keywords: High-tech Enterprise; Science and Technology Enterprise; Qinghai Province; Innovation Development

Abstract: After several years of construction, Qinghai Agricultural science and technology Park has become an important platform for independent innovation and transformation of agricultural science and technology in Qinghai Province, and an important base to support innovation and entrepreneurship in agriculture and rural areas. By the end of 2019, Qinghai had 38 provincial-level agricultural science and technology parks, with a core area of 240, 000 mu. The report evaluates the 24 provincial agricultural science and technology parks in 2020 from three aspects of innovation support, innovation level and innovation performance,

① Research group members: Xu Chun, Wang Jieyuan, Yang Jun, Chang Lina, Lei Mengtong, Li Bing, Chen Xiaoyan, Zhao Yanping, Yang Yongchun and draws the following conclusions based on the evaluation results: (1) There are great differences in innovation ability among different parks and regions, among huzhu County, Minhe County, Xunhua County and Henan County of Haidong City are in the leading position in the innovation level of agricultural science and technology parks in the whole province; (2) There are significant structural differences in the innovation capability index of each park, and the overall performance of innovation performance is prominent, and the work of innovation performance has made some progress.

Keywords: Provincial Science and Technology Agricultural Park; Innovation Ability; Evaluation

Ⅲ Special Report

Abstract: In 2020, according to the goals and tasks set in the 13th Five-Year Plan, Qinghai science and technology departments constantly increased the efforts in scientific and technological innovation, and carefully organized major science and technology projects, key research and transformation plans, basic research plans, innovation platform construction projects and other kinds of science and technology projects focusing on the strategic needs of "one excellent and two high". During the year, a total of 476 million yuan was allocated as special funds for science and technology at the provincial level, and 349 innovative science and technology projects of various kinds were organized and implemented. Positive progress was made in building a green industrial technology system, carrying out major science and technology innovation projects, and promoting major science and technology initiatives.

① Research group members: Xu Chun, Cao Hui, Bai Weimin, Zhang Weishan, Gong Zhijuan, Li Qin, Ma Guankui, Yan Jinpeng, Zhao Runshen, Xiang Mengyun

Keywords: Science and Technology Plan; Major Science and Technology Project; Industrial Technology System; Qinghai Province

Abstract: In 2019, Qinghai province paid more attention to the intensity of R&D investment, government investment in R&D activities maintained a growing trend, and the role of government guidance in R&D innovation activities was further enhanced. The R&D expenditure of enterprises, scientific research institutions and public institutions increased significantly, while the R&D expenditure of colleges and universities decreased. Local government spending on science and technology declined, mainly due to a decline in spending on technology research and development activities. Although the foundation of innovation ability is weak in Qinghai Province, the government attaches more and more importance to scientific and technological innovation, and the development potential of scientific and technological innovation is prominent. In the future, we should combine our own advantages and keep up with the cutting-edge innovation fields to inject new vitality into the economic development of Qinghai Province.

Keywords: Science and Technology Input; Science and Technology Activity; Science and Technology Innovation; Qinghai Province

① Research group members: Xu Chun, Bai Weimin, Zhang Weishan, Hu Yongqiang, Ma Guankui, Li Qin, Yan Jinpeng, Li Tingjuan, Xue Zhongping, Song Fei, Zhao Runshen

G.11 Qinghai Scientific and Technological Achievements Analysis Report in 2020[①] / 217

Abstract: In 2020, the management of scientific and technological achievements in Qinghai province continued to innovate service methods, simplify registration procedures and steadily increase the number of registrations. The registration system of Scientific and technological achievements of Qinghai Province was applied to register 580 scientific and technological achievements without meeting for approval, up 6.42% year on year, among which 415 were applied technological achievements, accounting for 71.55%. 149 basic theoretical achievements, accounting for 25.69%; There were 16 soft science achievements, accounting for 2.76%.

Keywords: Scientific and Technological Achievements; Registration; Qinghai Province

G.12 Qinghai Regional Innovation Capacity Construction development Report 2020[②] / 232

Abstract: 2020 regional innovation capability construction in Qinghai regional characteristics and advantages, improve the optimization of regional innovation system, in-depth implementation of the western development strategy, depth into the Yangtze river Yellow River protection strategies, give full play to the provincial consultation and technology transfer mechanisms, deepen the room of the city (state) science and technology work in consultation with coordination mechanism, promoting the construction of the Lanzhou-West Spain city cluster,

① Research group members: Yao Changqing, Wang Lihua, Wang Yajun, Liu Wei, Jiang Shansong, Wang Xinliang, Zhang Yang, Ban Ma Dongzhou

② Research group members: Yao Changqing, Wang Lihua, Zhang Chunman, Chen Meng, Jia Qiong

With science and technology planning projects as the starting point, the flow of science and technology innovation factors will be promoted, the environment for science and technology innovation will be optimized, and innovation vitality will be stimulated. New achievements will be made in regional innovation capacity building in coordination with the departments, cities and prefectures. 2021 Qinghai regional innovation ability will be more measures simultaneously, we will, of the national innovation layout and the strategic needs, continue to deepen the implementation of technology transfer green with eastern and western science and technology cooperation, strengthen the transformation of scientific and technological achievements system, actively integrating regional innovation resources inside and outside, together as a whole the regional innovation main body, promote innovation resources area.

Keywords: Scientific and Technological Innovation; Regional Innovation Ability; Scientific and Technological Achievements Transfer and Transformation; Qinghai Province

Abstract: It is an urgent task to speed up economic development and promote social progress to accelerate the construction of scientific and technological talents and give full play to their role. In 2020, Qinghai Science and Technology Department will actively carry out the work of introducing, cultivating and using scientific and technological talents, and constantly optimize the development environment of scientific and technological talents by means of scientific research project funding, scientific and technological innovation platform construction, talent plan implementation and system and mechanism innovation with the talent

---

① Research group members: Yao Changqing, Ye Shuanlao, Wu Lingna, Huang Xiaofeng, Yan Youkui introduction and cultivation mode of "project + talent + platform". It has cultivated a number of domestic leaders in advanced disciplines and technology fields, and driven the construction and development of scientific and technological personnel in the province.

Keywords: Science and Technology Talents; Project; Platform

Abstract: In 2020, under the guidance of Science and Technology Ministry and support of National Research Office, provincial party committee attaches great importance to the main leaders of the provincial government, conscientiously implement the State Council leading group for the Qinghai-Tibet plateau comprehensive scientific survey research work, good security, good service and Tibetan research promotion as a major political task and obligatory responsibility, being aware of the "great man of the nation". Qinghai actively integrates into the national strategy and strives to be the "participant" of scientific research; Conscientiously perform the duties of the deputy group leader and take the initiative to be the "promoter" of scientific research; We will give full play to the advantage of being the host of the Qinghai-Tibet scientific expedition, and do a good job as a scientific expedition "server". We will promote the formation of a number of major scientific research achievements which are "useful, influential and retained", and make Qinghai's contribution to safeguarding the world's last pure land and building the Qinghai-Tibet Plateau into a beautiful place.

Keywords: the Second Qinghai-Tibet Scientific Expedition; Base; Service Guarantee; Qinghai Province

① Research Group members: Zhang Yinting, Ma Benyuan, Li Changzhen, Wang Jiande, Wei Yujie

皮 书

智库成果出版与传播平台

皮书定义

皮书是对中国与世界发展状况和热点问题进行年度监测，以专业的角度、专家的视野和实证研究方法，针对某一领域或区域现状与发展态势展开分析和预测，具备前沿性、原创性、实证性、连续性、时效性等特点的公开出版物，由一系列权威研究报告组成。

皮书作者

皮书系列报告作者以国内外一流研究机构、知名高校等重点智库的研究人员为主，多为相关领域一流专家学者，他们的观点代表了当下学界对中国与世界的现实和未来最高水平的解读与分析。截至 2021 年底，皮书研创机构逾千家，报告作者累计超过 10 万人。

皮书荣誉

皮书作为中国社会科学院基础理论研究与应用对策研究融合发展的代表性成果，不仅是哲学社会科学工作者服务中国特色社会主义现代化建设的重要成果，更是助力中国特色新型智库建设、构建中国特色哲学社会科学“三大体系”的重要平台。皮书系列先后被列入“十二五”“十三五”“十四五”时期国家重点出版物出版专项规划项目；2013~2022 年，重点皮书列入中国社会科学院国家哲学社会科学创新工程项目。

皮书网

（网址：www.pishu.cn）

发布皮书研创资讯，传播皮书精彩内容
引领皮书出版潮流，打造皮书服务平台

栏目设置

◆关于皮书

何谓皮书、皮书分类、皮书大事记、
皮书荣誉、皮书出版第一人、皮书编辑部

◆最新资讯

通知公告、新闻动态、媒体聚焦、
网站专题、视频直播、下载专区

◆皮书研创

皮书规范、皮书选题、皮书出版、
皮书研究、研创团队

◆皮书评奖评价

指标体系、皮书评价、皮书评奖

◆皮书研究院理事会

理事会章程、理事单位、个人理事、高级
研究员、理事会秘书处、入会指南

所获荣誉

◆2008 年、2011 年、2014 年，皮书网均在全国新闻出版业网站荣誉评选中获得“最具商业价值网站”称号；

◆2012 年,获得“出版业网站百强”称号。

网库合一

2014年，皮书网与皮书数据库端口合一，实现资源共享，搭建智库成果融合创新平台。

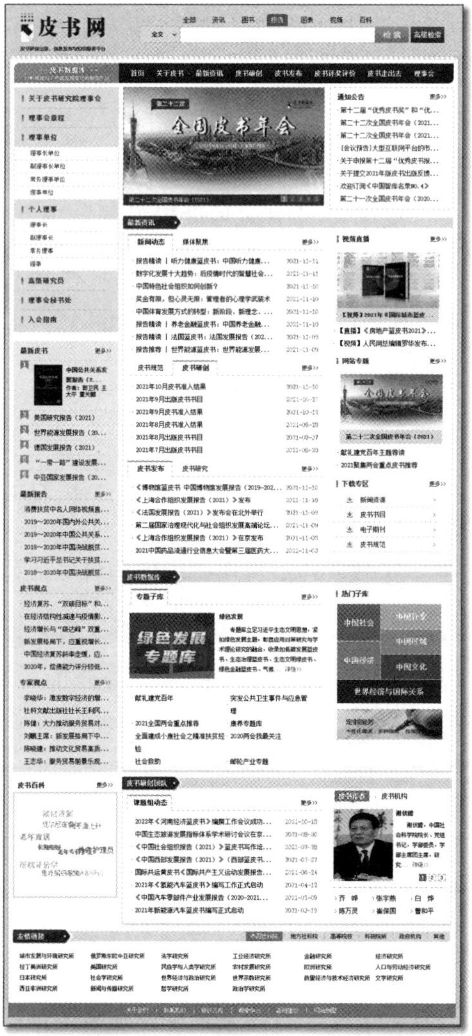

皮书网

“皮书说”
微信公众号

皮书微博

S 基本子库
SUB DATABASE

中国社会发展数据库（下设 12 个专题子库）

紧扣人口、政治、外交、法律、教育、医疗卫生、资源环境等 12 个社会发展领域的前沿和热点，全面整合专业著作、智库报告、学术资讯、调研数据等类型资源，帮助用户追踪中国社会发展动态、研究社会发展战略与政策、了解社会热点问题、分析社会发展趋势。

中国经济发展数据库（下设 12 专题子库）

内容涵盖宏观经济、产业经济、工业经济、农业经济、财政金融、房地产经济、城市经济、商业贸易等12个重点经济领域，为把握经济运行态势、洞察经济发展规律、研判经济发展趋势、进行经济调控决策提供参考和依据。

中国行业发展数据库（下设 17 个专题子库）

以中国国民经济行业分类为依据，覆盖金融业、旅游业、交通运输业、能源矿产业、制造业等 100 多个行业，跟踪分析国民经济相关行业市场运行状况和政策导向，汇集行业发展前沿资讯，为投资、从业及各种经济决策提供理论支撑和实践指导。

中国区域发展数据库（下设 4 个专题子库）

对中国特定区域内的经济、社会、文化等领域现状与发展情况进行深度分析和预测，涉及省级行政区、城市群、城市、农村等不同维度，研究层级至县及县以下行政区，为学者研究地方经济社会宏观态势、经验模式、发展案例提供支撑，为地方政府决策提供参考。

中国文化传媒数据库（下设 18 个专题子库）

内容覆盖文化产业、新闻传播、电影娱乐、文学艺术、群众文化、图书情报等 18 个重点研究领域，聚焦文化传媒领域发展前沿、热点话题、行业实践，服务用户的教学科研、文化投资、企业规划等需要。

世界经济与国际关系数据库（下设 6 个专题子库）

整合世界经济、国际政治、世界文化与科技、全球性问题、国际组织与国际法、区域研究 6 大领域研究成果，对世界经济形势、国际形势进行连续性深度分析，对年度热点问题进行专题解读，为研判全球发展趋势提供事实和数据支持。

法律声明